普通高等教育"十三五"规划教材

信息技术基础及应用教程

曾洁玲　蒋厚亮　主编

王　慧　邓贞嵘　胡　敏　　　　　　吴　俊　吴劲芸　副主编

U0320994

科学出版社

北　京

内 容 简 介

　　本书全面、系统地介绍了信息技术基础知识，内容包括计算机基础知识、Office 2010 相关软件的应用等，每章后面附有思考与练习，有助于加深读者对各章知识的理解。本书突出培养读者的计算机应用能力，采用案例讲解方式，具有较强的可操作性和实用性。

　　本书可作为高等院校非计算机专业信息技术基础及应用等课程的教材，也可作为计算机爱好者的参考书。

图书在版编目（CIP）数据

信息技术基础及应用教程/曾洁玲，蒋厚亮主编. —北京：科学出版社，2018.8
（普通高等教育"十三五"规划教材）
ISBN 978-7-03-058211-9

Ⅰ．①信⋯　Ⅱ．①曾⋯　②蒋⋯　Ⅲ．①电子计算机-高等学校-教材
Ⅳ.①TP3

中国版本图书馆 CIP 数据核字（2018）第 149460 号

责任编辑：戴　薇　王国策　袁星星/ 责任校对：陶丽荣
责任印制：吕春珉 / 封面设计：东方人华平面设计部

科 学 出 版 社 出版
北京东黄城根北街 16 号
邮政编码：100717
http://www.sciencep.com

三河市铭浩彩色印装有限公司印刷
科学出版社发行　　各地新华书店经销
*

2018 年 8 月第　一　版　　开本：787×1092　1/16
2020 年 9 月第四次印刷　　印张：22 1/4
字数：525 000

定价：56.00 元
（如有印装质量问题，我社负责调换〈铭浩〉）
销售部电话 010-62136230　编辑部电话 010-62135397-2047

前　　言

随着计算机科学和信息技术的飞速发展，计算机技术的应用领域不断扩大。国家高度重视高校教育的发展，重视信息技术人才的培养，党的十九大以来，信息技术人才培养被提升到一个新的高度。

系统地学习和掌握计算机知识，从而具备较强的计算机应用能力已成为信息社会对大学生的基本要求。信息技术基础及应用是高等院校非计算机专业教育的公共必修课，是学习其他计算机相关课程的基础，也是其他非计算机课程的一个有力的辅助工具。为了培养和提高大学生计算机理论方面的素养和实际操作能力，编者编写了本书。本书编写的宗旨是使读者较全面地了解计算机基础知识，培养其应用计算机解决实际问题的能力，并能熟练使用信息技术进行学习及相关领域的研究。

本书以培养和提高学习者的计算机应用能力为目的，采用案例讲解方式，注重实用性。本书编写力求语言简洁、层次清晰、图文并茂，做到基本原理、基础知识、操作技能三者有机结合。本书由多位从事计算机基础课程教学、具有丰富教学经验的教师集体编写而成。编者在编写时注重理论与实践相结合，突出实用性与可操作性；案例的选取注重结合日常学习和工作的需要；内容深入浅出、通俗易懂。

全书共 4 章，主要包括计算机基础知识、Word 2010 的应用、Excel 2010 的应用、PowerPoint 2010 的应用。每章后面附有思考与练习，有助于加深读者对各章知识的理解。

本书由湖北中医药大学曾洁玲、蒋厚亮担任主编，王慧、邓贞嵘、胡敏、吴俊、吴劲芸担任副主编。

由于信息技术的发展速度很快，本书涉及案例较多，加之编者水平有限、时间仓促，书中难免存在不足与疏漏之处，敬请广大读者和同行批评指正。

编　者

2018 年 5 月

目　　录

第1章
计算机基础知识

1.1 概　述

电子计算机（electronic computer），又称计算机，俗称电脑（computer），诞生于 20 世纪 40 年代，它是一种能够按照事先存储的程序，自动、高速地进行大量数值计算和各种信息处理的电子设备。

1.1.1 计算机的发展

1946 年 2 月，美国军方和宾夕法尼亚大学莫尔学院联合研制的世界上第一台通用计算机 ENIAC（electronic numerical integrator and calculator，电子数字积分计算机）在美国加州问世。ENIAC 用了 18000 个电子管和 86000 个其他电子元件，总体积约 90 立方米，重达 30 吨，占地 170 平方米，功率 174 千瓦，它能进行平方运算和立方运算，运算速度却只有每秒 300 次各种运算或每秒 5000 次加法运算，耗资 100 多万美元。尽管 ENIAC 有许多不足之处，但它毕竟是计算机的始祖，揭开了计算机时代的序幕。

多年来，人们以计算机物理器件的变革为标志，把计算机的发展划分为 4 个时代。

（1）1946～1959 年，这段时期称为"电子管时代"。这一代计算机主要用于科学研究和工程计算，其内部元件使用的是电子管。由于一台计算机需要几千个电子管，每个电子管都会散发大量的热量，因此，如何散热是一个令人头痛的问题。电子管的寿命最长只有 3000 小时，计算机运行时常常出现由于电子管被烧坏而死机的情况。

（2）1960～1964 年，由于在计算机中采用了比电子管更先进的晶体管，所以将这段时期称为"晶体管时代"。这一代计算机主要用于商业、大学教学和政府机关。晶体管比电子管小得多，不需要预热时间，能量消耗较少，处理更迅速、更可靠。第二代计算机的程序语言从机器语言发展到汇编语言。接着，高级语言 FORTRAN 语言和 COBOL 语言相继开发出来并被广泛使用。这时，开始使用磁盘和磁带作为辅助存储器。第二代计算机的体积和价格都下降了，使用的人也多起来了，从而使计算机工业迅速发展。

（3）1965～1970 年，集成电路被应用到计算机中，因此这段时期被称为"中小规模集成电路时代"。集成电路（integrated circuit，IC）是做在硅晶片上的一个完整的电子电路，这个晶片比手指甲还小，却包含了几千个晶体管元件。第三代计算机的代表是 IBM 公司花了 50 亿美元开发的 IBM 360 系列，其特点是体积更小、价格更低、可靠性更高、计算速度更快。

（4）1971年至今，被称为"大规模集成电路时代"。第四代计算机使用的元件依然是集成电路，不过，这种集成电路已经大大改善，它包含着几十万到上百万个晶体管，人们称之为大规模集成电路（large-scale integrated circuit，LSI）和超大规模集成电路（very large scale integrated circuit，VLSI）。采用VLSI是第四代计算机的主要特征，其运算速度可达每秒几百万次，甚至上亿次基本运算，计算机也开始向巨型机和微型机两个方向发展。

1.1.2　计算机的特点

（1）运算速度快。计算机的运算速度指计算机在单位时间内执行指令的平均速度，可以用每秒能完成多少次操作（如加法运算）或每秒能执行多少条指令来描述。随着半导体技术和计算机技术的发展，计算机的运算速度已经从最初的每秒几千次发展到每秒几十万次、几百万次，甚至每秒几十亿次、上百亿次，这是传统的计算工具所不能比拟的。

（2）计算精度高。计算机中数的精度主要表现为数据表示的位数，一般称为机器字长，字长越长，精度越高。目前已有字长128位的计算机。

（3）具有"记忆"和逻辑判断功能。计算机不仅能进行计算，而且可以把原始数据、中间结果、运算指令等信息存储起来，供使用者调用，这是电子计算机与其他计算装置的一个重要区别。计算机还能在运算过程中随时进行各种逻辑判断，并根据判断的结果自动决定下一步应执行的命令。

（4）程序运行自动化。计算机内部的运算处理是根据人们预先编制好的程序自动控制执行的，只要把解决问题的处理程序输入计算机中，计算机便会依次取出指令，逐条执行，完成各种规定的操作，不需要人工干预。

1.1.3　计算机的分类

计算机种类很多，可以从不同的角度对计算机进行分类。计算机按照用途分类，可分为专用计算机和通用计算机。

专用计算机是为某种特定目的而设计的计算机。例如，用于数控机床、轧钢控制、银行存款等的计算机。专用计算机针对性强、效率高、结构比通用计算机简单。通用计算机是为解决各类问题而设计的计算机。通用计算机可以进行科学计算、工程计算，又可用于数据处理和工业控制等，它是一种用途广泛、结构复杂的计算机。

计算机按照其运算速度、存储容量和用户数等性能分类，可分为巨型计算机（super computer）、大型计算机（mainframe）、中小型计算机（minicomputer）、个人计算机（personal computer，PC）和工作站（workstation）5大类。

1）巨型计算机

巨型计算机（超级计算机）实际上是一个巨大的计算机系统，主要用来承担重大的科学研究、国防尖端技术和国民经济领域的大型计算课题及数据处理任务。例如，大范围天气预报，整理卫星照片，原子核物理的探索，研究洲际导弹、宇宙飞船，制定国民经济的发展计划等，项目繁多，时间性强，要综合考虑各种各样的因素，依靠巨型计算机能较顺利地完成。我国新一代百亿亿次超级计算机"天河三号"原型机于2018年6

月部署，并将于 2018 年底正式投入使用。巨型计算机是一个国家科研实力的体现，它对国家安全、经济和社会发展具有举足轻重的意义，是国家科技发展水平和综合国力的重要标志。

2）大型计算机

大型计算机包括大型机和中型机，价格比较高，运算速度没有巨型计算机那么快，一般只有大中型企事业单位才有必要配置和管理它。以大型计算机和其他外部设备为主，配备众多的终端，组成一个计算中心，才能充分发挥大型计算机的作用。美国 IBM 公司生产的 IBM360、IBM370、IBM9000 系列，就是国际上有代表性的大型计算机。

3）中小型计算机

中小型计算机一般为中小型企事业单位或某一部门所用。例如，高等院校的计算中心都以一台小型计算机为主机，配以几十台甚至上百台终端机，以满足大量学生学习的需要。当然其运算速度和存储容量都比不上大型计算机。美国 DEC 公司生产的 VAX 系列机、IBM 公司生产的 AS/400 机，以及我国生产的太极系列机都是小型计算机的代表。

4）个人计算机

个人计算机又称为 PC，是第四代计算机时期出现的一个新机种。它虽然问世较晚，但发展迅猛，初学者接触和认识计算机，多数是从 PC 开始的。PC 的特点是轻、小、价廉、易用。今天，PC 的应用已遍及各个领域：从工厂的生产控制到政府的办公自动化，从商店的数据处理到个人的学习娱乐，几乎无处不在，无所不用。目前，PC 占整个计算机装机量的 95%以上。

5）工作站

工作站是介于 PC 和小型计算机之间的一种高档微型机。1980 年，美国 Apollo 公司推出世界上第一台工作站 DN-100。多年来，工作站迅速发展，现已成长为专于处理某类特殊事务的一种独立的计算机系统。著名的 Sun、HP 和 SGI 等公司，是目前较大的几个生产工作站的厂家。工作站通常配有高档 CPU、高分辨率的大屏幕显示器和大容量的内外存储器，具有较强的数据处理能力和高性能的图形处理功能。它主要用于图像处理、计算机辅助设计（computer aided design，CAD）等领域。

1.1.4 计算机的发展趋势

计算机技术是世界上发展较快的科学技术之一，产品不断升级换代。当前计算机正朝着巨型化、微型化、智能化、网络化等方向发展，计算机本身的性能越来越优越，应用范围也越来越广泛，计算机已成为工作、学习和生活中必不可少的工具。

1）多极化

如今，PC 已席卷全球，但随着计算机应用的不断深入，人们对巨型计算机、大型计算机的需求稳步增长。巨型计算机、大型计算机、小型计算机、微型计算机有各自的应用领域，从而形成了一种多极化的形势。巨型计算机主要应用于天文、气象、地质、核反应、航天飞机和卫星轨道计算等尖端科学技术领域和国防事业领域，它标志着一个国家计算机技术的发展水平。十亿亿次级别的巨型计算机已投入使用，目前中、美、日及欧洲各国都在研究速度达到百亿亿次级别的巨型计算机。

2）智能化

智能化使计算机具有模拟人的感觉和思维过程的能力，使计算机成为智能计算机，这是目前正在研制的新一代计算机要实现的目标。智能化的研究包括模式识别、图像识别、自然语言的生成和理解、博弈、定理自动证明、自动程序设计、专家系统、学习系统和智能机器人等。目前，已研制出多种具有人的部分智能的机器人。

3）网络化

网络化是计算机发展的又一个重要趋势。从单机走向联网是计算机应用发展的必然结果。所谓计算机网络化，是指用现代通信技术和计算机技术把分布在不同地点的计算机互连起来，组成一个规模大、功能强、可以互相通信的网络结构。网络化的目的是使网络中的软件、硬件和数据等资源能被网络上的用户共享。目前，大到世界范围的通信网，小到实验室内部的局域网已经很普及，因特网（Internet）已经连接包括我国在内的240多个国家和地区。计算机网络实现了多种资源的共享和处理，提高了资源的使用效率，因而深受广大用户的欢迎，得到了越来越广泛的应用。

4）多媒体化

多媒体计算机是当前计算机领域中较引人注目的高新技术之一。多媒体计算机就是利用计算机技术、通信技术和大众传播技术来综合处理多种媒体信息的计算机。这些信息包括文本、视频图像、图形、声音、文字等。多媒体技术使多种信息建立了有机联系，并集成为一个具有人机交互性的系统。多媒体计算机将真正改善人机界面，使计算机朝着人类接收和处理信息的最自然的方式发展。

1.1.5　计算机的应用领域

计算机的应用领域越来越广泛，已渗透到社会的各行各业，正在改变着传统的工作、学习和生活方式，推动着社会的发展。

1．科学计算（数值计算）

科学计算是计算机应用的一个重要领域，是指利用计算机来完成科学研究和工程技术中提出的数学问题的计算。计算机运算速度快、运算精度高、存储容量大，且具有连续运算和逻辑判断能力，因此可以解决现代科学技术工作中大量的、复杂的、人工无法处理的各种科学计算问题。

2．数据处理（信息处理）

数据处理是计算机应用较广泛的一个领域，是指利用计算机来收集、整理、加工、管理与操作任何形式的数据资料。目前，数据处理已广泛地应用于办公自动化、企事业计算机辅助管理与决策、情报检索、图书管理、电影电视动画设计、会计电算化等各行各业。

3．辅助技术

计算机辅助技术是在人的主导下，以计算机为工具，在特定应用领域内完成任务的理论、方法和技术，主要包括计算机辅助设计、计算机辅助制造（computer aided manufacturing，CAM）、计算机辅助测试（computer aided testing，CAT）和计算机辅助教学（computer aided instruction，CAI）4 个方面。

4. 过程控制（实时控制）

过程控制是利用计算机及时采集检测数据，按最优值迅速地对控制对象进行自动调节或自动控制。采用计算机进行过程控制，不仅可以大大提高控制的自动化水平，而且可以提高控制的及时性和准确性，从而改善劳动条件、提高产品质量及合格率。因此，计算机过程控制已在机械、冶金、石油、化工、纺织、水电、航天等部门得到广泛的应用。

5. 人工智能（智能模拟）

人工智能（artificial intelligence，AI）是计算机模拟人类的智能活动，诸如感知、判断、理解、学习、问题求解和图像识别等。现在人工智能的研究已取得不少成果，有些已开始走向实用阶段。例如，能模拟高水平医学专家进行疾病诊疗的专家系统、具有一定思维能力的智能机器人等。

6. 多媒体技术

媒体是指表示和传播信息的载体，人们利用计算机技术和通信技术将文本、音频、视频、动画、图形和图像等各种媒体综合起来形成多媒体，使信息的呈现方式多样化。在医疗、教育、商业、银行、保险、行政管理、军事、工业、广播、交流和出版等领域中，多媒体的应用发展很快。

7. 网络应用

计算机网络能够实现不同单位、不同地区、不同国家计算机之间的资源共享，使人们的交流不受时间和空间的限制，给人们的工作、学习、生活带来了极大的方便，如网上购买火车票、飞机票，网上浏览检索信息，收发电子邮件，网上购物，网上投票，远程医疗等。

1.2 信息的表示与存储

21 世纪是信息化的崭新时代，信息技术的应用更是日新月异、突飞猛进，给人类社会带来了前所未有的变革，同时也对人们提出了更高的要求。如何应用信息科学的原理和方法对信息进行综合的研究和处理，已成为衡量科学技术水平的一个重要标准。

1.2.1 数据与信息

数据是对某一目标定性、定量描述的原始资料，包括数字、文字、符号、图形、图像，以及它们能够转换成的数值等形式。信息是向人们或机器提供关于现实世界新的事实的知识，是数据、消息中所包含的意义。

信息是客观事物属性的反映，是经过加工处理并对人类客观行为产生影响的数据表现形式。数据是反映客观事物属性的记录，是信息的具体表现形式。任何事物的属性都是通过数据来表示的。数据经过加工处理之后成为信息；而信息必须通过数据才能传播，才能对人类有影响。

信息是较宏观的概念，它由数据有序排列组合而成，能传达给读者某个概念方法。数据是构成信息的基本单位，离散的数据没有任何实用价值。由此可知，数据与信息的联系和区别如下。

（1）信息与数据是不可分离的。信息由与物理介质有关的数据表达，数据中所包含的意义就是信息。信息是对数据的解释、运用与解算，即使是经过处理以后的数据，也只有经过解释才有意义，才能成为信息。就本质而言，数据是客观对象的表示，而信息则是数据内涵的意义，只有数据对实体行为产生影响时才称为信息。

（2）数据是记录下来的某种可以识别的符号，具有多种多样的形式，也可以加以转换；但其中包含的信息内容不会改变，即不随载体的物理设备形式的改变而改变。

（3）信息可以离开信息系统而独立存在，也可以离开信息系统的各个组成和阶段而独立存在；而数据的格式往往与计算机系统有关，并随承载它的物理设备的形式而改变。

（4）数据是原始事实，而信息是数据处理的结果。

（5）知识不同、经验不同的人，对于同一数据的理解，可得到不同的信息。

1.2.2　信息处理

由于信息通常加载在一定的信号上，对信息的处理总是通过对信号的处理来实现的，因此信息处理往往和信号处理具有类同的含义。进行信息处理的主要目的如下。

（1）提高有效性。根据信宿的性质和特点压缩信息量就是出于这一目的。

（2）提高抗干扰性。为了提高抗干扰的能力，针对干扰的性质和特点，对加载信息的信号进行适当的变换和设计。

（3）改善主观感觉效果。这类技术主要应用于图像处理方面。

（4）识别和分类。

（5）选择与分离。

信息处理一般是对电信号进行处理，但也有对光信号、超声信号等进行直接处理的。在图像处理中，通常采用串行处理。为了适应复杂图像实时处理等需要，还要研究并行处理的技术。在计算机技术不断发展的基础上，如能加上对事物的理解、推理和判断能力，信息处理的效果就会有更大的改进。

信息处理的一个基本规律是"信息不增原理"。这个原理表明，对加载信息的信号所做的任何处理，都不可能使它所加载的信息量增加。一般来说，处理的结果总会损失信息，而且处理的环节和次数越多，这种损失的机会就越大，只有在理想处理的情况下，才不会丢失信息，但是也不能增加信息。虽然信息处理不能增加信息量，但可以突出有用信息，提高信息的可利用性。随着信息理论和计算机技术的发展，信息处理技术得到越来越广泛的应用。

被转换的十进制整数反复地除以 2，直到商为 0，所得的余数（从末位读起）就是这个数的二进制数。简单地说，就是"除 2 取余法"。

例如，将十进制整数$(156)_{10}$转换成二进制整数的过程如下：

```
2 | 156          ------------余0
2 | 78           ------------余0
2 | 39           ------------余1
2 | 19           ------------余1
2 | 9            ------------余1          ↑
2 | 4            ------------余0
2 | 2            ------------余0
    1            ------------余1
```

于是，$(156)_{10}=(10011100)_2$。

掌握十进制整数转换成二进制整数的方法后，十进制整数转换成八进制或十六进制就很容易。十进制整数转换成八进制整数的方法是"除 8 取余法"，十进制整数转换成十六进制整数的方法是"除 16 取余法"。

（2）十进制小数转换成二进制小数。十进制小数转换成二进制小数的方法如下：将十进制小数连续乘以 2，选取进位整数，直到满足精度要求为止，把每次所进位的整数，按从上往下的顺序写出，简称"乘 2 取整法"。

例如，将十进制小数$(0.8125)_{10}$转换成二进制小数（结果保留 4 位有效数字）的过程如下：

```
        0.8125
   ×)        2
        1.6250      取整数，1
        0.6250
   ×)        2
        1.2500      取整数，1
        0.2500
   ×)        2
        0.5000      取整数，0
   ×)        2
        1.0000      取整数，1
```

将十进制小数 0.8125 连续乘以 2。把每次所进位的整数，按从上往下的顺序写出。于是，$(0.8125)_{10}=(0.1101)_2$。

掌握十进制小数转换成二进制小数的方法后，十进制小数转换成八进制或十六进制小数就很容易。十进制小数转换成八进制小数的方法是"乘 8 取整法"，十进制小数转换成十六进制小数的方法是"乘 16 取整法"。

当十进制数既有整数又有小数，转换成二进制数时，要将十进制数的整数部分和小数部分分别进行转换，最后将结果合并起来。

3）二进制数与八进制数、十六进制数之间的转换

由于二进制数与八进制数、十六进制数之间存在特殊的关系，即 $8^1=2^3$，$16^1=2^4$，因此，每位八进制数可用 3 位二进制数表示，每位十六进制数可用 4 位二进制数表示。

（1）二进制数转换成八进制数。转换方法如下：将二进制数从小数点开始，整数部分从右向左 3 位一组，小数部分从左向右 3 位一组，不足 3 位用 0 补足，每组对应 1 位八进制数。

例如，将 $(11110101010.11111)_2$ 转换成八进制数的过程如下：

```
011   110   101   010   .   111   110
 ↓     ↓     ↓     ↓         ↓     ↓
 3     6     5     2     .   7     6
```

于是，$(11110101010.11111)_2=(3652.76)_8$。

（2）八进制数转换成二进制数。转换方法如下：以小数点为界，向左或向右每 1 位八进制数用相应的 3 位二进制数取代，然后将其连在一起即可。

例如，将 $(5247.601)_8$ 转换成二进制数的过程如下：

```
 5     2     4     7     .   6     0     1
 ↓     ↓     ↓     ↓         ↓     ↓     ↓
101   010   100   111   .   110   000   001
```

于是，$(5247.601)_8=(101010100111.110000001)_2$。

（3）二进制数转换成十六进制数。二进制数的每 4 位，刚好对应于十六进制数的 1 位 $(16^1=2^4)$，其转换方法如下：将二进制数从小数点开始，整数部分从右向左 4 位一组，小数部分从左向右 4 位一组，不足 4 位用 0 补足，每组对应 1 位十六进制数。

例如，将二进制数 $(111001110101.100110101)_2$ 转换成十六进制数的过程如下：

```
1110   0111   0101   .   1001   1010   1000
  ↓      ↓      ↓          ↓      ↓      ↓
  E      7      5      .   9      A      8
```

于是，$(111001110101.100110101)_2=(E75.9A8)_{16}$。

（4）十六进制数转换成二进制数。转换方法如下：以小数点为界，向左或向右每 1 位十六进制数用相应的 4 位二进制数取代，然后将其连在一起即可。

例如，将 $(7FE.11)_{16}$ 转换成二进制数的过程如下：

```
  7      F      E    .    1      1
  ↓      ↓      ↓         ↓      ↓
0111   1111   1110   .   0001   0001
```

于是，$(7FE.11)_{16}=(11111111110.00010001)_2$。

3. 常见的信息编码

1）BCD 码（二-十进制编码）

BCD（binary code decimal）码是用若干个二进制数表示一个十进制数的编码，BCD 码有多种编码方法，常用的有 8421 码。表 1-1 所示是十进制数与 BCD 码的对照表。

表 1-1 十进制数与 BCD 码的对照表

十进制	二进制	八进制	十六进制	BCD
0	0	0	0	0000
1	01	1	1	0001
2	10	2	2	0010
3	11	3	3	0011
4	100	4	4	0100
5	101	5	5	0101
6	110	6	6	0110
7	111	7	7	0111
8	1000	10	8	1000
9	1001	11	9	1001
10	1010	12	A	0001 0000
11	1011	13	B	0001 0001
12	1100	14	C	0001 0010
13	1101	15	D	0001 0011
14	1110	16	E	0001 0100
15	1111	17	F	0001 0101
16	10000	20	10	0001 0110
⋮	⋮	⋮	⋮	⋮
$(255)_D$	$(11111111)_B$	$(377)_O$	$(FF)_H$	$(0010\ 0101\ 0101)_{BCD}$

8421 码是将十进制数码 0～9 中的每个数分别用 4 位二进制编码表示，8、4、2、1 这种编码方法比较直观、简要，对于多位数，只需将它的每一位数字按表 1-1 中所列的对应关系用 8421 码直接列出即可。例如，十进制数转换成 BCD 码如下：

$$(1209.56)_{10}=(0001\ 0010\ 0000\ 1001.0101\ 0110)_{BCD}$$

8421 码与二进制之间的转换不是直接的，要先将 8421 码表示的数转换成十进制数，再将十进制数转换成二进制数。例如：

$$(1001\ 0010\ 0011.0101)_{BCD}=(923.5)_{10}=(1110011011.1)_2$$

2）ASCII 码

在计算机系统中，字符编码必须确定标准。英文字符的编码是以当今世界上使用最广泛的 ASCII 码为标准的。ASCII 码是由美国国家标准研究所（American National Standards Institude，ANSI）提出的，后由国际标准化组织（International Standards Organizatin，ISO）确定为国际标准字符编码。ASCII 码全称是美国国家信息交换标准代码（American Standard Code for Information Interchange）。ASCII 码用 7 位二进制数表示一个字符，共定义了 128 个字符，包括 10 个阿拉伯数字、52 个英文大小写字母、32 个标点符号和运算符，以及 34 个控制码，如表 1-2 所示。

表 1-2 ASCII 字符编码

$b_4b_3b_2b_1$ \ $b_7b_6b_5$	000	001	010	011	100	101	110	111
0000	NUL	DLE	SP	0	@	P	`	p
0001	SOH	DC1	!	1	A	Q	a	q
0010	STX	DC2	"	2	B	R	b	r
0011	ETX	DC3	#	3	C	S	c	s
0100	EOT	DC4	$	4	D	T	d	t
0101	ENQ	NAK	%	5	E	U	e	u
0110	ACK	SYN	&	6	F	V	f	v
0111	BEL	ETB	'	7	G	W	g	w
1000	BS	CAN	(	8	H	X	h	x
1001	HT	EM	)	9	I	Y	i	y
1010	LF	SUB	*	:	J	Z	j	z
1011	VT	ESC	+	;	K	[	k	{
1100	FF	FS	,	<	L	\	l		
1101	CR	GS	-	=	M	]	m	}
1110	SO	RS	.	>	N	^	n	~
1111	SI	US	/	?	O	_	o	DEL

表中 34 个控制符，注释如下：

NUL（空白）	SOH（序始）	STX（文始）	ETX（文终）
EOT（送毕）	ENQ（询问）	ACK（应答）	BEL（告警）
BS（退格）	HT（横表）	LF（换行）	VT（纵表）
FF（换页）	CR（回车）	SO（移出）	SI（移入）
DLE（转义）	DC1（设控 1）	DC2（设控 2）	DC3（设控 3）
DC4（设控 4）	NAK（否认）	SYN（同步）	ETB（组终）
CAN（作废）	EM（载终）	SUB（取代）	ESC（扩展）
FS（卷隙）	GS（勘隙）	RS（录隙）	US（元隙）
SP（空格）	DEL（删除）		

ASCII 码在存储时占 1 字节，有 7 位 ASCII 码和 8 位 ASCII 码两种，7 位 ASCII 码称为标准 ASCII 码，8 位 ASCII 码称为扩充 ASCII 码。

3）汉字的编码

我国用户在使用计算机进行信息处理时，大多要用到汉字，因此，必须解决汉字输入/输出及汉字处理等一系列问题。1981 年 5 月，我国国家标准总局颁布了《信息交换用汉字编码字符集 基本集》（GB 2312—1980），简称国家标准汉字编码，也称国标码。国家标准 GB 2312—1980 规定了汉字信息交换用的基本图形字符及其二进制编码，这是一种用于计算机汉字处理和汉字通信系统的标准交换代码。

GB 2312—1980 中规定了信息交换用的 6763 个汉字和 682 个非汉字图形符号（包括几种外文字母、数字和符号）的代码。6763 个汉字又根据所使用频率、组词能力及用途大小分成 3755 个一级常用汉字和 3008 个二级汉字，每个汉字占用 2 字节。

此标准的汉字编码表有 94 行 94 列，其行号称为区号，列号称为位号。双字节中，用高字节表示区号，低字节表示位号。非汉字图形符号置于 1～11 区，一级汉字 3755 个置于第 16～55 区，二级汉字 3008 个置于第 56～87 区。

国家标准 GB 18030—2005《信息技术 中文编码字符集》是我国继 GB 2312—1980 和 GB 13000—1993 之后最重要的汉字编码标准，是我国计算机系统必须遵循的基础性标准之一。GB 18030 有两个版本：GB 18030—2000 和 GB 18030—2005。GB 18030—2000 是 GBK 的取代版本，它的主要特点是在 GBK 基础上增加了 CJK 统一汉字扩充 A 的汉字。GB 18030—2005 的主要特点是在 GB 18030—2000 基础上增加了 CJK 统一汉字扩充 B 的汉字。GB 18030—2005 是以汉字为主并包含多种我国少数民族文字（如藏、蒙古、傣、彝、朝鲜、维吾尔文等）的超大型中文编码字符集，其中收入汉字 70000 余个。

1.3　计算机系统的基本组成与工作原理

半个世纪以来，计算机已发展成为一个庞大的家族，尽管各种类型的计算机在性能、结构、应用等方面存在着差别，但它们的基本组成结构是相同的。

1.3.1　计算机系统的基本组成

一个完整的计算机系统包括两大部分，即硬件系统和软件系统。所谓硬件，是指构成计算机的物理设备，即由机械、电子器件构成的具有输入、存储、计算、控制和输出功能的实体部件。软件也称"软设备"，广义地说，软件是指系统中的程序，以及开发、使用和维护程序所需的所有文档的集合。硬件和软件是相辅相成的。没有任何软件支持的计算机称为裸机。裸机本身几乎不具备任何功能，只有配备一定的软件，才能发挥其功能。计算机系统的构成如图 1-1 所示。

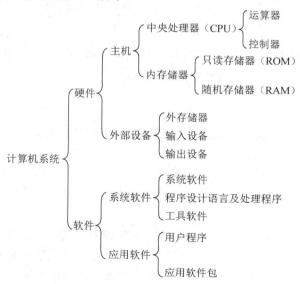

图 1-1　计算机系统的构成

1.3.2　基于冯·诺依曼模型的计算机

　　早期的计算机都是在存储器中储存数据,利用配线或开关进行外部编程。每次使用计算机时,都需重新布线或调节成百上千的开关,效率很低。针对 ENIAC 在存储程序方面存在的致命弱点,美籍匈牙利科学家冯·诺依曼于 1946 年 6 月提出了一个"存储程序"的计算机方案。

　　(1) 采用二进制数的形式表示数据和指令。

　　(2) 将指令和数据按执行顺序都存放在存储器中。

　　(3) 由控制器、运算器、存储器、输入设备和输出设备五大部分组成计算机。

　　其工作原理的核心是"存储程序"和"程序控制",就是通常所说的"顺序存储程序"的概念。人们把按照这一原理设计的计算机称为"冯·诺依曼型计算机"。

　　冯·诺依曼提出的体系结构奠定了现代计算机结构理论,被誉为计算机发展史上的里程碑。直到现在,各类计算机仍没有完全突破冯·诺依曼结构的框架。冯·诺依曼模型结构如图 1-2 所示。

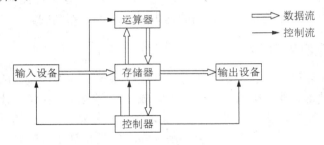

图 1-2　冯·诺依曼模型结构

1.4　微型计算机的硬件系统

　　从外观上看,微型计算机主要由主机、显示器、键盘和鼠标等组成,有时根据需要还可以增加打印机、扫描仪、音箱等外部设备。

1.4.1　中央处理器

　　中央处理器(central processing unit,CPU)是微型计算机硬件系统的核心,一般由高速电子线路组成,主要包括运算器和控制器及寄存器组,有的还包含高速缓冲存储器(Cache)。CPU 从存储器或高速缓冲存储器中取出指令,放入指令寄存器,并对指令译码,它把指令分解成一系列的微操作,然后发出各种控制命令,执行微操作系列,从而完成一条指令的执行。

　　由于 CPU 在微机中的关键作用,人们往往将 CPU 的型号作为衡量和购买机器的标准。决定 CPU 性能的指标很多,其中主要是时钟频率、前端总线频率和 Cache。

　　时钟频率是指 CPU 内数字脉冲信号振荡的速度,也称为主频。相同类型的 CPU 主频越高,运算速度越快,性能就越好。CPU 主频的单位是 GHz,目前主流 CPU 的主频都在 3.0GHz 以上。

前端总线是 CPU 与内部存储器之间的通道，前端总线频率是指 CPU 与内部存储器交换数据的速度。前端总线频率越大，CPU 与内存交换数据的能力越强，CPU 性能越好。目前主流的 CPU 前端总线频率一般为 1.6GHz。

随着微机 CPU 工作频率的不断提高，内存的读写速度相对较慢，为解决内存速度与 CPU 速度不匹配，从而影响系统运行速度的问题，在 CPU 与内存之间设计了一个容量较小（相对主存）但速度较快的 Cache（简称快存）。CPU 访问指令和数据时，先访问 Cache，如果目标内容已在 Cache 中（这种情况称为命中），CPU 则直接从 Cache 中读取，否则为非命中，CPU 就从主存中读取，同时将读取的内容存于 Cache 中。Cache 可看作主存中面向 CPU 的一组高速暂存存储器。这种技术早期在大型计算机中使用，现在应用在微机中，使微机的性能大幅度提高。Cache 的容量并不是越大越好，过大的 Cache 会降低 CPU 在 Cache 中查找的效率。

1.4.2　总线与主板

主板不但是整个计算机系统平台的载体，还负担着系统中各种信息的交流。总线是系统中传递各种信息的通道，也是微机系统中各模块间的物理接口，它负责 CPU 和其他部件之间信息的传递。

1. 总线

为了简化硬件电路设计、简化系统结构，常用一组线路配置适当的接口电路，与各部件和外部设备连接，这组共用的连接线路称为总线。

微机的总线分为内部总线、系统总线和外部总线。内部总线是指在 CPU 内部的寄存器之间和算术逻辑部件与控制部件之间传输数据的通路；系统总线是指 CPU 与内存和输入/输出设备接口之间进行通信的通路。通常所说的总线一般指系统总线，系统总线分为数据总线（data bus，DB）、地址总线（address bus，AB）和控制总线（control bus，CB）。外部总线则是微机和外部设备之间的总线，微机作为一种设备，通过该总线和其他设备进行信息与数据交换，它用于设备之间的互联。

数据总线用来传输数据。数据总线是双向的，既可以从 CPU 送到其他部件，也可以从其他部件传输到 CPU。数据总线的位数，也称宽度，与 CPU 的位数相对应。

地址总线用来传递由 CPU 送出的地址信息，和数据总线不同，地址总线是单向的。地址总线的位数决定了 CPU 可以直接寻址的内存范围。

控制总线用来传输控制信号，其中包括 CPU 送往存储器或输入/输出接口电路的控制信号，如读信号、写信号和中断响应信号等；还包括系统其他部件送到 CPU 的信号，如时钟信号、中断请求信号和准备就绪信号等。

2. 主板

主板是一块多层印制信号电路板，外表两层印制信号电路，内层印制电源和地线。主板插有 CPU，它是微机的核心部分；还有 6～8 个长条形插槽，用于插显卡、声卡、网卡（或内置 modem）等各种选件卡；还有用于插内存的插槽及其他接口等，其结构如图 1-3 所示。主板性能的好坏对微机的总体指标将产生举足轻重的影响。

图 1-3　主板示意图

（1）北桥（north bridge）芯片。北桥芯片是主板芯片组中起主导作用的、最重要的组成部分，也称为主桥（host bridge）。一般来说，芯片组的名称就是以北桥芯片的名称来命名的。例如，Intel 965P 芯片组的北桥芯片是 82965P，975P 芯片组的北桥芯片是 82975P。北桥芯片负责与 CPU 联系并控制内存，PCI-E 数据在北桥内部传输，提供对 CPU 的类型和主频、系统的前端总线频率、内存的类型（DDR3、DDR4 等）和最大容量、PCI-E 插槽、ECC 纠错的支持。北桥芯片通常在主板上靠近 CPU 插槽的位置，这主要是考虑其与 CPU 之间的通信最密切，为了提高通信性能而缩短传输距离。因为北桥芯片的数据处理量非常大，发热量也越来越大，所以现在的北桥芯片都覆盖着散热片用来加强散热。

（2）南桥（south bridge）芯片。南桥芯片是主板芯片组的重要组成部分，一般位于主板上离 CPU 插槽较远的下方，在 PCI 插槽的附近，这种布局是考虑到它所连接的 I/O 总线较多，离 CPU 远一点有利于布线。南桥芯片负责 I/O 总线之间的通信，如 PCI 总线、USB、LAN、SATA、音频控制器、键盘控制器、实时时钟控制器、高级电源管理等。南桥芯片的发展方向主要是集成更多的功能，如网卡、RAID、IEEE 1394，甚至 WiFi 无线网络等。

（3）CPU 插槽。CPU 需要通过某个接口与主板连接才能进行工作。CPU 经过这么多年的发展，采用的接口方式有引脚式、卡式、触点式、针脚式，对应到主板上就有相应的插槽类型。不同类型的 CPU 具有不同的 CPU 插槽，因此选择 CPU，就必须选带有与之对应插槽类型的主板。CPU 插槽类型不同，插孔数、体积、形状都有变化，所以不能互相接插。

（4）内存插槽。内存插槽是指主板上所采用的内存插槽类型和数量。主板所支持的内存种类和容量都由内存插槽来决定。目前常见的内存插槽为 SDRAM、DDR 内存插槽。不同内存插槽的引脚、电压、性能和功能是不尽相同的，不同的内存在不同的内存插槽上不能互换使用。

1.4.3　存储器

外存储器（简称外存）可用来长期存放程序和数据。外存不能被 CPU 直接访问，其中保存的信息必须调入内存后才能被 CPU 使用。微机的外存相对于内存来讲大得多，一般指硬盘存储器、光盘存储器和移动式存储器等。

1. 硬盘存储器

硬盘由硬质合金材料构成的多张盘片组成，硬盘与硬盘驱动器作为一个整体被密封在一个金属盒内，合称为硬盘存储器，硬盘存储器通常固定在主机箱内。

2. 光盘存储器

光盘存储器由光盘和光盘驱动器组成。光盘驱动器使用激光技术实现对光盘信息的读出和写入。

3. 移动式存储器

为适应移动办公存储大容量数据发展的需要，新型的、可移动的外存已广泛使用，如移动硬盘、闪存盘等。

1.4.4　适配器

适配器就是一个接口转换器，它可以是一个独立的硬件接口设备，允许硬件或电子接口与其他硬件或电子接口相连，也可以是信息接口。在计算机中，适配器通常内置于可插入主板上插槽的卡中（也有外置的），卡中的适配信息在处理器和适配器支持的设备间进行交换。

1. 音频适配器

音频适配器又称声卡，是多媒体技术中基本的组成部分，是实现声波/数字信号相互转换的一种硬件。声卡的基本功能是把来自传声器、光盘的原始声音信号加以转换，输出到耳机、扬声器、扩音机、录音机等声响设备，或通过音乐设备数字接口（music instrument digital interface，MIDI）使乐器发出美妙的声音。

2. 显示适配器

显示适配器又称显卡，是将计算机系统所需要的显示信息进行转换驱动，并向显示器提供行扫描信号，控制显示器的正确显示。显卡是连接显示器和计算机主板的重要元件，是人机对话的重要设备之一，承担着输出显示图形的任务。

3. 视频采集卡

视频采集卡也称视频卡，是将模拟摄像机、录像机、LD 视盘机、电视机等输出的视频数据或者视频音频的混合数据输入计算机，并转换成计算机可辨别的数字数据，存储在计算机中，成为可编辑处理的视频数据文件。

4. 网络适配器

网络适配器又称网卡，是使计算机联网的设备。

1.4.5　输入和输出设备

输入和输出设备是人或外部与计算机进行交互的一种装置，用于把原始数据和处理这些数据的程序输入计算机或将计算机处理的结果进行展示。

1. 输入设备

微机常用的输入设备有键盘、鼠标、扫描仪、数码照相机、数码摄像机、光笔、手写板、游戏杆、语音输入装置等。

（1）键盘。键盘是向计算机发布命令和输入数据的重要输入设备，是必备的标准输入设备。键盘结构通常由 3 部分组成：主键盘、小键盘和功能键。主键盘即通常的英文打字机用键（键盘中部），小键盘即数字键组（键盘右侧，与计算器类似），功能键组（键盘上部，标 F1～F12）。

（2）鼠标。鼠标是一种指点式输入设备，其作用可代替光标移动键进行光标定位操作和替代 Enter 键操作。

（3）扫描仪。扫描仪是一种计算机外部仪器设备，是利用光电技术和数字处理技术，以扫描方式将图形或图像信息转换为数字信号的装置。

（4）数码照相机。数码照相机是一种利用电子传感器把光学影像转换成电子数据的照相机。它集成了影像信息的转换、存储和传输等部件，具有数字化存取模式、与计算机交互处理和实时拍摄等特点。

2. 输出设备

输出设备的主要作用是把计算机处理的数据、计算结果等内部信息转换成人们习惯接受的信息形式（如字符、图像、表格、声音等）输出。常见的输出设备有显示器、打印机、绘图仪等。

（1）显示器。显示器通过显卡接到系统总线上，两者一起构成显示系统。显示器是微机最重要的输出设备，是人机对话不可缺少的工具。

（2）打印机。打印机也是计算机系统常用的输出设备。在显示器上输出的内容只能当时查看，便于用户查看与修改，但不能保存。为了将计算机输出的内容留下书面记录以便保存，就需要用打印机打印输出。

（3）绘图仪。绘图仪是一种常用的图形输出设备。绘图仪在绘图软件的支持下可绘制出复杂、精确的图形。

1.5 计算机软件系统

软件系统一般指为计算机运行工作服务的全部技术和各种程序。计算机系统的软件分为系统软件和应用软件。

1.5.1 系统软件

系统软件是指控制和协调计算机及外部设备，支持应用软件开发和运行的系统，是无须用户干预的各种程序的集合，主要功能是调度、监控和维护计算机系统；负责管理计算机系统中各种独立的硬件，使它们可以协调工作。系统软件包括操作系统、语言编译程序、数据库管理系统和联网及通信软件。

1. 操作系统

操作系统是最基本、最重要的系统软件，负责管理计算机系统的全部软件资源和硬件资源，合理地组织计算机各部分协调工作，为用户提供操作和编程界面。目前，常见的操作系统有 Windows、Linux、Mac OS、iOS、Android 等。

2. 语言编译程序

人和计算机交流信息使用的语言称为计算机语言或程序设计语言。计算机语言通常分为机器语言（machine language）、汇编语言（assemble language）和高级语言（high level language）3 类。

1）机器语言

机器语言是一种用二进制代码"0"和"1"形式表示的，能被计算机直接识别和执行的语言。用机器语言编写的程序，称为计算机机器语言程序。它是一种低级语言，用机器语言编写的程序不便于记忆、阅读和书写。

2）汇编语言

汇编语言是一种用助记符表示的面向机器的程序设计语言。汇编语言的每条指令对应一条机器语言代码，不同类型的计算机系统一般有不同的汇编语言。用汇编语言编制的程序称为汇编语言程序，机器不能直接识别和执行，必须由"汇编程序"（或汇编系统）翻译成机器语言程序才能运行。

3）高级语言

高级语言是一种比较接近自然语言和数学表达式的计算机程序设计语言。一般用高级语言编写的程序称为源程序，计算机不能识别和执行。要把用高级语言编写的源程序翻译成机器指令，通常有编译和解释两种方式。编译是将源程序整个编译成目标程序，然后通过链接程序将目标程序链接成可执行程序。解释是将源程序逐句翻译，翻译一句执行一句，边翻译边执行，不产生目标程序，由计算机执行解释程序自动完成。

3. 数据库管理系统

数据库管理系统（database management system，DBMS）的作用是管理数据库。数据库管理系统是有效地进行数据存储、共享和处理的工具。数据库管理系统软件的种类有很多，针对不同人群的不同需求，目前常用的数据库管理系统软件有 Oracle、Access、MySQL、SQL Server、Sybase、DB2 等。

4. 联网及通信软件

网络上的信息和资料管理比单机上要复杂得多，因此，出现了许多专门用于联网和网络管理的系统软件。例如，局域网操作系统有 Windows Server 2003、Windows Server 2012、Windows NT 等；通信软件有 Internet 浏览器软件，如腾讯的 QQ 浏览器、微软的 IE 浏览器、奇虎的 360 浏览器等。

1.5.2　应用软件

应用软件是用户可以使用的各种程序设计语言，以及用各种程序设计语言编制的应用程序的集合，分为应用软件包和用户程序。应用软件包是利用计算机解决某类问题而设计的程序的集合，供多用户使用。

1. 办公软件

办公软件指可以进行文字的处理、表格的制作、幻灯片的制作、简单数据库的处理等日常工作的软件，包括文字处理软件、表格处理软件、幻灯片制作软件、公式编辑器、绘图软件等，如微软 Office 系列、金山 WPS 系列等。

2. 互联网软件

互联网软件是指在互联网上完成语音交流、信息传递、信息浏览等事务的软件，包括即时通信软件、电子邮件客户端、网页浏览器、FTP 客户端和下载工具等软件，如QQ、Foxmail、Internet Explorer、迅雷等。

3. 多媒体软件

多媒体软件是指媒体播放器、图像编辑软件、音频编辑软件、视频编辑软件、计算机辅助设计软件、计算机游戏软件、桌面排版软件等，如 Photoshop、Flash 等。

4. 分析软件

分析软件指计算机代数系统、统计软件、数字计算、计算机辅助工程设计等，如SPSS、AutoCAD 等。

5. 商务软件

商务软件是指为企业经营提供支持的各类软件，如会计、企业工作流程分析、客户关系管理、企业资源规划、供应链管理、产品生命周期管理等软件。

1.6 计算机基本操作

操作系统是计算机软件的核心，本节介绍操作系统中基本且常用的一些技巧。

1.6.1 操作系统的桌面设置

1. 桌面的组成

启动计算机，进入操作系统后看到的界面就是操作系统的桌面。操作系统的桌面由桌面图标、桌面空白区域及任务栏所组成。

1）桌面图标

默认情况下，桌面上有以下几个图标：计算机、网络、回收站、Internet Explorer 等，如图 1-4 所示。其中，"计算机"主要管理计算机磁盘信息、操作文件、设置计算机属性等；"网络"主要管理网络信息，包括网络属性的显示和网络属性的设置；"回收站"主要负责对删除的文件的保存与管理；"Internet Explorer"主要用于浏览网络资源信息。双击某个图标即可启动该应用程序，用户还可以把一些常用的应用程序或文件夹的图标添加到桌面上。

图 1-4　桌面图标

（1）系统图标。安装完 Windows 系统后自动生成的图标，如计算机、网络、回收站等图标。

（2）快捷图标。应用程序的快捷启动方式，左下角有箭头标志。

（3）普通图标。保存在桌面上的文件或文件夹。

2）任务栏

任务栏的主要作用是方便用户对应用程序的切换、启动相关应用程序或完成一些属性的设置。任务栏一般由"开始"按钮、文件夹快速切换区、应用程序快速启动区、应用程序切换区、应用程序通知区这 5 个功能部分组成，如图 1-5 所示。

图 1-5　任务栏的组成

（1）"开始"按钮。包括应用程序的启用与卸载、文件的搜索、计算机属性的设置、计算机的管理、计算机关闭与重新启动等操作。

（2）文件夹快速切换区。如果用户同时打开了多个文件夹，可以根据需要在不同的文件夹之间进行切换，将鼠标指针放在最小化在任务栏里的文件或文件夹上，会列出文件或文件夹的列表（图1-6），将鼠标指针放在其中一个文件或文件夹上面，则显示预览窗口（图1-7）。

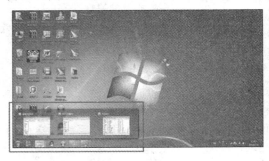

图1-6　文件列表　　　　　　　　　　图1-7　文件预览窗口

（3）应用程序快速启动区。用于快速方便地启动应用程序。单击其中的图标，即可启动相应的程序。

（4）应用程序切换区。用于快速将应用程序切换到最前台。

（5）应用程序通知区。位于任务栏的右侧，用于显示时间、一些程序的运行状态和系统图标。单击图标，通常会打开与该程序相关的设置，也称系统托盘区域。

2. 桌面的设置

1）桌面图标的排列

（1）按名称排序。一般情况是按照文件名的第一个字符的英文顺序排序；如果文件名是汉字则按照汉字的拼音顺序排序。

（2）按大小排序。按文件的存储大小排序。

（3）按项目类型排序。按文件的类型进行分类排序，将同一类型的文件排列在一起。

（4）按修改日期排序。按文件所创建时间顺序进行排序。

桌面图标排序的操作过程：在桌面空白处右击，在弹出的快捷菜单中选择"排序方式"命令，在展开的子菜单中将会看到排序方式，如图1-8所示。

2）屏幕分辨率的设置

计算机的屏幕分辨率是由计算机的显卡、显卡的驱动程序及显示器的特性所决定的。不同的显示器或不同的应用程序，对屏幕分辨率有不同的要求。为了更好地发挥应用程序的性能，要对屏幕分辨率进行适当设置。一般情况，屏幕分辨率越高，所显示的图像越精细，屏幕所显示的文字信息越清晰（但文字字体显示相对越小）。屏幕分辨率是由两组数字所组成的，其中第一组数字表示屏幕横向显示的像素点，第二组数字表示屏幕纵向显示的像素点。例如，屏幕分辨率为1024像素×768像素，表示屏幕横向显示为1024像素，屏幕纵向显示为768像素。但值得注意的是，并不是所有的显示器都支持高分辨率。如果分辨率设置过高，显示器超负荷工作，则容易烧坏显示器。

设置屏幕分辨率的方法：在桌面空白处右击，在弹出的快捷菜单中选择"屏幕分辨率"命令，弹出"屏幕分辨率"窗口，单击"分辨率"一栏右边的下拉按钮，往下拖动设置屏幕分辨率的滑块，如图1-9所示。设置完后，单击窗口下方的"确定"按钮，即可完成对屏幕分辨率的调整。

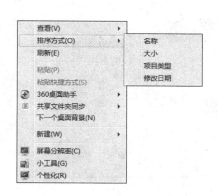

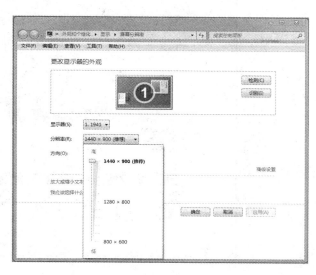

图 1-8　桌面图标排序

图 1-9　屏幕分辨率的设置

3）个性化桌面背景的设置

个性化设置主要包括桌面背景、窗口颜色、屏幕保护程序、桌面图标、鼠标指针、任务栏和"开始"菜单等设置。

设置桌面背景的具体操作：在桌面空白处右击，在弹出的快捷菜单中选择"个性化"命令，弹出个性化设置窗口，如图 1-10 所示。

图 1-10　个性化设置窗口

在个性化设置窗口中，单击"桌面背景"图标，弹出选择桌面背景图片的窗口，如图 1-11 所示。

图 1-11　桌面背景图片的设置

　　在桌面背景图片设置窗口中有很多小图片。如果要将自己喜欢的图片设置为桌面背景图片，只需将鼠标指针移到该图片上，在图片左上角出现一个复选框后勾选该复选框，则该图片被设置为桌面背景图片。

　　如果希望桌面背景可以动态地在多张图片之间切换，可以在桌面背景图片设置窗口中同时选中多张图片，即先按住键盘上的 Ctrl 键，再单击并选中多张图片。还可以对"图片位置"及"更改图片时间间隔"进行设置。设置好后，单击"保存修改"按钮。

　　图片位置有居中、平铺、拉伸、适应和填充等几种格式。

　　更改图片时间间隔有 10 秒、30 秒、1 分等选项，用户可以根据情况选择具体的时间间隔。

　　4）任务栏和"开始"菜单的设置

　　在个性化设置窗口（图 1-10）中，选择左下方的"任务栏和「开始」菜单"选项，弹出"任务栏和「开始」菜单属性"对话框，如图 1-12 所示。

（a）任务栏的设置

（b）"开始"菜单的设置

图 1-12　任务栏和"开始"菜单的设置

第1章 计算机基础知识 25

（1）对任务栏的设置。主要包括任务栏的外观、任务栏的位置、任务栏上的按钮、通知区域的图标等。

（2）对"开始"菜单的设置。主要包括开始菜单上应用程序项的显示、电源按钮操作等。

1.6.2 文件的管理

一个磁盘上通常存有大量的文件，文件是一系列信息的集合，在其中可以存放文本、图像、声音及数值数据等各种信息。文件名的命名规则如下所示：

$$\underbrace{\times\times\times\times\times\times\times\times\times\times\times\times\times\times}_{\text{主文件名}}.\underbrace{\times\times\times}_{\text{扩展名}}$$

（1）文件名由主文件名和扩展名两部分组成。

（2）主文件名最好见名知意，便于用户识别。

（3）扩展名表示文件的类型。

（4）可使用多分隔符，最后一个"."后是扩展名。

（5）不能出现 \ / : * ? " < > |。

（6）不区分大小写。

（7）通配符？代表任意一个字符，*代表任意一个字符串。

1. 文件或文件夹的显示方式

文件或文件夹的显示有 8 种不同的方式，即超大图标、大图标、中等图标、小图标、列表、详细信息、平铺、内容。查看文件或文件夹的显示有 3 种方式，如图 1-13 所示。

（a）第 1 种方式

（b）第 2 种方式

（c）第 3 种方式

图 1-13　文件或文件夹的显示方式

第 1 种方式：在文件或文件夹所在的文件夹的空白处右击，在弹出的快捷菜单中选择"查看"命令，在展开的子菜单中将会看到显示方式。

第 2 种方式：在文件或文件夹所在的文件夹窗口中，工具栏的右侧有一个"视图按钮"，单击其旁边的下拉按钮，将会看到显示方式。

第 3 种方式：在文件或文件夹所在的文件夹窗口中，在菜单栏中单击"查看"命令，将会看到显示方式。

2. 文件或文件夹的创建

文件或文件夹的创建有以下 3 种方式，如图 1-14 所示。

第 1 种方式：利用鼠标右键创建文件或文件夹。在窗口工作区或桌面空白处右击，在弹出的快捷菜单中选择"新建"→"文件夹"命令或相应的文件类型，再根据需要修改文件或文件夹的名称即可。

第 2 种方式：利用工具栏按钮创建文件夹。单击窗口工具栏中的"新建文件夹"按钮，在该窗口的工作区中就创建了一个名为"新建文件夹"的文件夹，再根据需要修改文件夹的名称即可。

第 3 种方式：利用菜单命令创建文件或文件夹。在窗口上方菜单栏中单击"文件"→"新建"→"文件夹"命令或相应的文件类型，再根据需要修改文件或文件夹的名称即可。

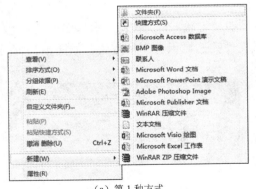
（a）第 1 种方式

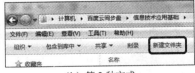
（b）第 2 种方式

（c）第 3 种方式

图 1-14　文件或文件夹的创建

3. 文件或文件夹的选定与取消

（1）文件或文件夹的选定操作如表1-3所示。

表1-3 文件或文件夹的选定操作

选定对象	操作
单个对象	单击所要选定的对象
多个连续的对象	单击第一个对象，按住 Shift 键，单击最后一个
多个不连续的对象	单击第一个对象，按住 Ctrl 键不放，单击剩余的每一个对象
选择全体	单击"编辑"→"全选"命令或按组合键 Ctrl+A
反向选择	单击"编辑"→"反向选择"命令

（2）文件或文件夹的取消方法如下。

① 若取消已选定的对象，只需在窗口任意空白处单击即可。

② 若取消部分选定的对象，按住 Ctrl 键，单击要取消选定的对象即可。

4. 文件或文件夹的复制

复制文件或文件夹的方法有很多种，常用的方法如下：

1）通过鼠标左键拖动

这种方法通常先打开两个窗口，在源窗口中用鼠标左键按住目标文件或文件夹（即要复制的文件或文件夹），直接将其拖动到目标窗口中，即可完成文件或文件夹的复制操作。

用这种方法复制文件或文件夹，源窗口和目标窗口所指的盘符必须不为同一盘符。换句话说，不能将 C 盘下名称为 1 的文件夹下的一个文件直接拖到 C 盘下名称为 2 的文件夹里去。在同一盘符下用鼠标左键拖动文件，这种操作被认定为文件的移动操作。

2）通过菜单先复制后粘贴

例如，要将 C 盘下的文件 123.txt 复制到 D 盘根目录下。其操作是，在桌面上双击"计算机"图标，在打开的计算机窗口中双击"C 盘"，在"C 盘"窗口中，单击 123.txt 文件将该文件选中，在该窗口菜单栏中单击"编辑"→"复制"命令；将窗口切换到 D 盘或重新打开"D 盘"窗口，在该窗口的菜单栏中单击"编辑"→"粘贴"命令，完成文件的复制操作。

3）通过菜单中"复制到文件夹"

例如，要将 C 盘下的文件 123.txt 复制到 D 盘根目录下。其操作是，在桌面上双击"计算机"图标，在打开的计算机窗口中双击"C 盘"，在"C 盘"窗口中，单击 123.txt 文件将该文件选中，在该窗口菜单栏中单击"编辑"→"复制到文件夹"命令；在弹出的窗口中选择"D 盘"，单击"确定"按钮即可。

4）通过鼠标右键先复制后粘贴

打开要复制文件或文件夹的源窗口，选中文件或文件夹，右击，在弹出的快捷菜单中选择"复制"命令；然后，打开目标窗口，在窗口工作区的空白处右击，在弹出的快捷菜单中选择"粘贴"命令即可。

5）通过快捷键

打开要复制文件或文件夹的源窗口，选中文件或文件夹，按组合键 Ctrl+C；然后，打开目标窗口，按组合键 Ctrl+V 即可。

6）通过鼠标右键发送

把计算机中的文件或文件夹复制到闪存盘等移动磁盘，有另一种更有效的方法。打开要复制的文件或文件夹的源窗口，右击要复制的目标文件或文件夹，在弹出的快捷菜单中选择"发送到"命令，在展开的子菜单中将看到闪存盘的盘符或移动磁盘的提示信息，单击选择即可。

5．文件或文件夹的删除

常用的删除文件或文件夹的方法有以下几种。

1）通过菜单删除

选择要删除的文件或文件夹，在窗口的菜单栏中单击"文件"→"删除"命令，弹出删除文件的对话框，单击"是"按钮，则将该文件或文件夹删除；单击"否"按钮，则取消删除。

2）通过右键删除

选择要删除的文件或文件夹，右击，在弹出的快捷菜单中选择"删除"命令，弹出删除文件对话框，单击"是"按钮，则删除该文件或文件夹；单击"否"按钮，则取消删除。

3）通过键盘删除

选择要删除的文件或文件夹，直接按键盘上的 Delete 键即可删除文件或文件夹，弹出删除文件对话框，单击"是"按钮，则删除该文件或文件夹；单击"否"按钮，则取消删除。

以上 3 种方法删除的文件或文件夹都是放在回收站里的，没有真正地从磁盘上删除该文件或文件夹。如果是误删，还可以通过回收站找回。

如果直接使用组合键 Shift+Delete 来删除文件，则被删除的文件不经过回收站。这种方法删除文件更有效、更快捷，但在实际工作中，不建议使用这种操作方法，因为一旦文件被删除，就不容易恢复。

6．文件或文件夹的移动

文件或文件夹的移动是指把一个或多个文件或文件夹从一个位置移动到另一个位置，其主要有以下几种方法。

1）通过鼠标左键拖动

在同一盘符里，将一个文件夹中的文件或文件夹移动到该盘符下另一个文件夹中，使用鼠标左键拖动的方法非常简单。

首先，打开源文件夹窗口，同时打开目标文件夹窗口，在源文件夹窗口中选中要移动的文件或文件夹，拖动鼠标到目标文件夹窗口中，然后松开鼠标，则完成文件或文件夹的移动。

2）通过菜单先剪切后粘贴

打开源文件夹窗口，选中要移动的文件或文件夹，单击该窗口菜单栏中的"编辑"→"剪切"命令；打开目标文件夹窗口，单击"编辑"→"粘贴"命令，完成文件或文件夹的移动。

3）通过菜单中"移动到文件夹"

打开源文件夹窗口，选中要移动的文件或文件夹，单击该窗口菜单栏中的"编辑"→"移动到文件夹"命令；在弹出的"移动项目"对话框中选择目标文件夹，单击"确定"按钮即可。

4）通过鼠标右键先剪切后粘贴

打开要移动文件或文件夹的源文件夹窗口，选中要移动的文件或文件夹，右击，在弹出的快捷菜单中选择"剪切"命令；然后，打开目标文件夹，在其空白处右击，在弹出的快捷菜单中选择"粘贴"命令，即可完成文件或文件夹的移动。

5）通过快捷键

打开要移动文件或文件夹的源文件夹窗口，选中要移动的文件或文件夹，按组合键 Ctrl+X；然后，打开目标文件夹窗口，按组合键 Ctrl+V，即可完成文件或文件夹的移动。

7. 文件或文件夹的重命名

文件或文件夹的重命名主要有以下几种方法。

1）通过鼠标右键

右击要重命名的文件或文件夹，在弹出的快捷菜单中选择"重命名"命令，文件名处于被选中状态，输入要更改的新文件名，在空白处单击或直接按Enter键即可。

2）通过鼠标左键

单击要重命名的文件或文件夹，隔 2 秒左右再单击该文件或文件夹（注意两次单击间隔时间不能太短，也不能太长），文件名处于被选中状态，输入要更改的新文件名，在空白处单击或直接按 Enter 键即可。

3）通过菜单栏

选中文件或文件夹后，单击窗口菜单栏中的"文件"→"重命名"命令，也可完成文件或文件夹的重命名。

8. 文件或文件夹的搜索

文件或文件夹的搜索有以下两种方法。

（1）单击"开始"菜单，在"搜索程序和文件"框中输入文件全名或部分名称。

（2）双击桌面上的"计算机"图标，在"搜索框"输入要搜索的文件全名或部分名称，在"地址栏"中输入搜索的范围。

1.7　计算机网络基础及应用

计算机网络主要是由一些通用的、可编程的硬件（包括一般的计算机、智能手机）互联而成的，而这些硬件并非专门用来实现某一特定目的（例如，传送数据或视频信号），这些可编程的硬件能够用来传送多种不同类型的数据，并能支持广泛的和日益增长的应用。

1.7.1　计算机网络的发展

自 20 世纪 90 年代以后，以 Internet 为代表的计算机网络得到了飞速发展。计算机网络经历了由简单到复杂、由低级到高级的发展过程。纵观计算机网络的发展史，大致可以划分为 4 个阶段。

第 1 个阶段是远程终端联机系统阶段，时间可以追溯到 20 世纪 50 年代末。人们将地理位置分散的多个终端通信线路连接到一台中心计算机上，通过分时访问技术使用资源进行信息处理，处理结果再通过通信线路回送到用户终端显示或打印。这种以单个主机为中心的联机系统称为面向终端的远程联机系统。

第 2 个阶段是以通信子网为中心的计算机网络，时间可以追溯到 20 世纪 60 年代。第二代计算机网络以多个主机通过通信线路互联起来，为用户提供服务，兴起于 60 年代后期，典型代表是美国国防部高级研究计划局协助开发的 ARPANET。其主机之间不是直接用线路相连的，而是由接口报文处理机（interface message processor，IMP）转接后互联的。

第 3 个阶段是网络体系结构和网络协议的开放式标准化阶段。ISO 在 1884 年正式制订并颁布了 OSI（open systems interconnection，开放系统互连）参考模型。随之，各计算机厂商相继宣布支持 OSI 标准，并积极研制开发符合 OSI 模型的产品，OSI 模型为国际社会接受，成为计算机网络体系结构的基础。

第 4 个阶段是进入 20 世纪 90 年代后，由于局域网技术发展成熟，出现了光纤及高速网络技术、多媒体网络、智能网络，整个网络就像一个对用户透明的大的计算机系统，发展为以 Internet 为代表的互联网，它的特点是综合化和高速化。

1.7.2　计算机网络的分类与功能

1.　计算机网络的分类

计算机网络类型的划分方法有许多种，若按照网络的作用范围来划分，计算机网络可以划分为局域网（local area network，LAN）、城域网（metropolitan area network，MAN）和广域网（wide area network，WAN）3 种。

1）局域网

局域网指覆盖在较小的局部区域范围内，将内部的计算机、外部设备互联构成的计算机网络。一般比较常见于一间房间、一幢大楼、一个学校或者一个企业园区，它所覆盖的范围较小。局域网有以太网（Ethernet）、令牌环网、光纤分布式接口网络几种类型。目前常见的局域网是采用以太网标准的以太网。以太网的传输速率为 10Mb/s～10Gb/s。

2）城域网

城域网的规模局限在一座城市的范围内，一般是一个城市内部的计算机互联构成的城市地区网络。城域网比局域网覆盖的范围更广，连接的计算机更多，可以说是局域网在城市范围的延伸。在一个城市区域，城域网通常由多个局域网构成。这种网络的连接距离在 10～100km 的区域。

3）广域网

广域网覆盖的地理范围更广，它一般是由不同城市和不同国家的局域网、城域网互联构成的。网络覆盖跨越国界、洲界，甚至遍及全球范围。局域网是组成其他两种类型网络的基础，城域网一般加入了广域网。广域网的典型代表是因特网。

2. 计算机网络的功能

计算机网络的功能主要体现在 3 个方面：信息交换、资源共享、分布式处理。

1）信息交换

信息交换主要完成计算机网络中各个结点之间的系统通信。用户可以在网上传送电子邮件，发布新闻消息，进行电子购物、电子贸易、远程电子教育等。

2）资源共享

所谓的资源是指构成系统的所有要素，包括软、硬件资源，如计算处理能力、大容量磁盘、高速打印机、绘图仪、通信线路、数据库、文件和其他计算机上的有关信息。资源共享增强了网络上计算机的处理能力，提高了计算机软、硬件的利用率。

3）分布式处理

一项复杂的任务可以划分成许多部分，由网络内各计算机分别协作并行完成有关部分，使整个系统的性能大为增强。

1.7.3 计算机网络协议与体系结构

1. 计算机网络协议

计算机网络各结点之间要不断交换数据和控制信息，要保证数据交换的顺利进行，每个结点都必须遵守一些事先规定的通信规则、标准。这些规则和标准规定了网络结点同层对等实体之间交换数据及控制信息的格式和有关同步的问题（在一定条件下应当发生什么事件，如应当发送一个应答信息，含有时序的意思）。协议是定义在相同层次对等实体之间交换的数据格式和含义的规则的集合，是实现计算机之间、网络之间相互识别并正确进行通信的一组标准和规则，它是计算机网络工作的基础。网络协议由 3 个要素组成：①语法，即数据与控制信息的结构或格式；②语义，即需要发出何种控制信息、完成何种动作及做出何种响应；③同步，即事件实现顺序的详细说明。

网络协议是计算机网络不可缺少的组成部分，若想让联网的计算机做点事情，如下载文件，都需要有协议。但若是在 PC 上进行存储文件操作，就不需要任何网络协议，除非存储文件的磁盘是网络上某个服务器的磁盘。

2. TCP/IP 协议

TCP/IP 即传输控制协议（transmission control protocol，TCP）和因特网协议（Internet protocol，IP），它是因特网采用的协议标准，也是目前全世界采用的最广泛的工业标准。TCP/IP 定义了电子设备如何连入因特网，以及数据如何在它们之间传输的标准。通常所说的 TCP/IP 是指因特网协议簇，它包括了很多种协议，如电子邮件、远程登录、文件传输等，而 TCP 和 IP 是保证数据完整传输的两个基本的重要协议。通常用 TCP/IP 来代表整个因特网协议系列。TCP/IP 协议是目前应用最为广泛的协议，既可以应用于局域网内部，也可以应用于广域网。

3. 计算机网络的体系结构

1）OSI 参考模型

相互通信的两台计算机必须高度协调工作才能完成信息传送、文件传输等任务，为了解决这种"协调"，设计出复杂的计算机网络，出现了分层次的网络体系结构。不同的公司相继推出自己公司的体系结构，然而，由于全球经济的发展，用户迫切希望不同的体系结构之间能够相互交换信息。为了使不同体系结构的计算机网络能够互联，ISO 提出了著名的开放系统互连参考模型（open systems interconnection reference model，OSI/RM），即 OSI 参考模型。遵照这个共同的开放模型，各个网络产品生产厂商就可以开发兼容的网络产品。

OSI 参考模型将计算机网络划分为 7 层，由下至上依次是物理层、数据链路层、网络层、传输层、会话层、表示层和应用层，如图 1-15 所示。OSI 只是一个参考模型，而不是一个具体的网络协议，但是每一层都定义了明确的功能，每一层都对它的上一层提供一套确定的服务，并且使用相邻下层提供的服务与远方计算机的对等层进行通信。在 OSI 参考模型中，不同系统对等层之间按相应协议进行通信，同一系统不同层之间通过接口进行通信。

2）TCP/IP 参考模型

TCP/IP 参考模型是因特网使用的参考模型。TCP/IP 参考模型共有 4 层：应用层、传输层、网际层和网络接口层。与 OSI 参考模型相比，TCP/IP 参考模型没有表示层和会话层，将其功能合并到应用层。网际层相当于 OSI 模型的网络层，网络接口层相当于 OSI 模型中的物理层和数据链路层。TCP/IP 参考模型与 OSI 参考模型的对应关系如图 1-16 所示。

OSI参考模型		TCP/IP参考模型
7	应用层	应用层（各种应用层协议）
6	表示层	
5	会话层	
4	传输层	传输层（TCP、UDP）
3	网络层	网际层（IP）
2	数据链路层	网络接口层
1	物理层	

应用层
表示层
会话层
传输层
网络层
数据链路层
物理层

图 1-15 OSI 参考模型 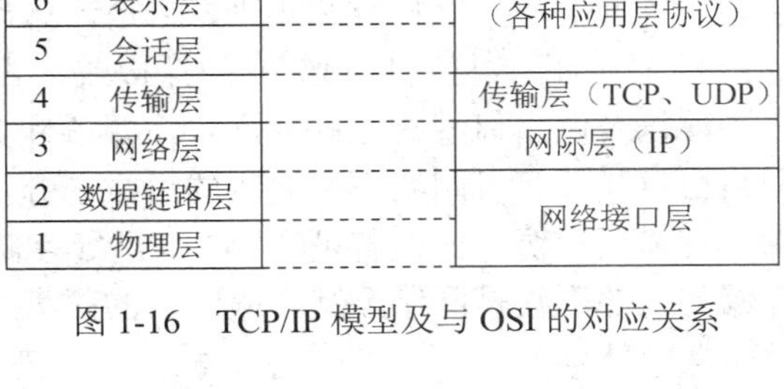   图 1-16 TCP/IP 模型及与 OSI 的对应关系

1.7.4 计算机网络的组成

计算机网络系统是一个集计算机硬件设备、通信设施、软件系统及数据处理能力为一体的能够实现资源共享的现代化综合服务系统。

1. 计算机系统和终端

计算机系统和终端提供网络服务界面。计算机系统负责整个网络的软、硬件资源的管理，以及网络通信和任务的调度，并提供用户与网络之间的接口。目前常用的计算机网络操作系统有 Linux、UNIX、Windows 2003 Server 等。终端是网络中数量大、分布广的设备，是用户进行网络操作、实现人机对话的工具。一台典型的终端看起来很像一台 PC，有显示器、键盘和一个串行接口。与 PC 不同的是终端没有 CPU 和主存。在局域网中，PC 代替了终端，既能作为终端使用，又可作为独立的计算机使用，被称为工作站。

2. 服务器

服务器是指向网络用户提供特定服务的计算机。服务器与客户机由于其处理数据的要求不同，要求有较强的数据处理能力，一般用较高档次的计算机或专用计算机作为服务器。专用服务器一般比较耐用，内存和主板采用特殊的技术，有较强的校验功能而防止意外死机，同时为了防止偶然的停电等问题，一般配备不间断电源（uninterruptible power supply，UPS）提供后备保护。网络服务器是网络资源管理和共享的核心。网络服务器的性能对整个网络的资源共享起着决定性的影响。

3. 传输介质

传输介质是网络中的信息传输媒体，是网络通信的物质基础。传输介质的性能特点对数据传输速率、通信距离、可连接的网络结点的数目和数据传输的可靠性等均有很大影响，必须根据不同的通信要求，选择不同的传输介质。常用的传输介质有双绞线、光纤、无线等。

1）双绞线

双绞线是现在较常用的传输介质，它由两条相互绝缘的铜线组成，典型直径为 1 毫米。两根线铰接在一起是为了防止其电磁感应在邻近线对中产生干扰信号。现行双绞线电缆中一般包含 4 个双绞线对。双绞线价格便宜，易于安装使用，具有较好的性价比，但是在传输速率和传输距离上有一定的限制。双绞线用于传输数字信号时一般要求不超过 100 米，实际综合布线工程中不能超过 90 米。双绞线示意如图 1-17 所示。

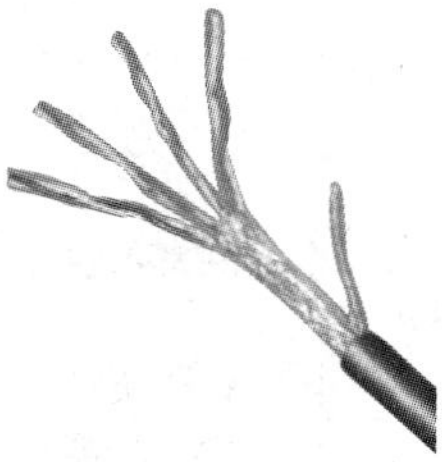

双绞线分为屏蔽双绞线（STP）和非屏蔽双绞线（UTP），屏蔽双绞线在双绞线外层包有金属屏蔽层，对电磁干扰具有较强的抵抗

图 1-17 双绞线

能力，适用于网络流量较大的高速网络协议应用，但是价格要比非屏蔽双绞线贵些。

　　根据性能的划分，双绞线可以划分为 5 类、超 5 类、6 类和 7 类等。目前综合布线工程中主要采用超 5 类双绞线和 6 类双绞线。超 5 类双绞线主要应用在 100Mb/s 网络布线环境中，6 类双绞线主要应用于 1000Mb/s 的网络传输中。在双绞线线缆的外皮上都会印有双绞线的种类，便于用户识别。例如，超 5 类双绞线印有 CAT5e 标识，6 类双绞线则印有 CAT6 的标识。

　　2）同轴电缆

　　同轴电缆是局域网常用的传输介质。同轴电缆由内、外两个导体构成，内导体是一根铜质导线或多股铜线，外导体是圆柱形铜箔或用细铜丝纺织的圆柱形网，内、外导体

图 1-18　同轴电缆

之间用绝缘物充填。同轴电缆的组成由里往外依次是铜芯、塑胶绝缘层、细铜丝组成的网状导体及塑料保护膜。铜芯与网状导体同轴，故名同轴电缆，如图 1-18 所示。

　　3）光纤

　　光纤是用光导纤维作为信息传输介质，传输信息时先把电信号转换成光信号，接收后再把光信号转换成电信号。光纤的制作材料为能传送光波的超细玻璃纤维，外包一层比玻璃折射率低的材料。进入光纤的光波在两种材料的界面上形成全反射，从而不断地向前传播。

　　光纤如图 1-19 所示。光纤电缆的芯线一般是直径为 0.11 微米的石英玻璃丝，它具有宽带域信号传输的功能及质量小的特点。由终端发送的信息，先经光发送器的元件，将电信号转换成光的强弱变化信号，然后送到光纤光缆上传输。在接收端，由光接收器中的感光元件将光纤光缆上传输的光信号还原为电信号，再输给计算机进行处理。

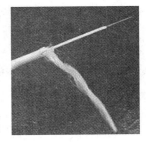

图 1-19　光纤

　　光纤具有传输信息量大、质量小、体积小、可靠性好、安全保密性好、抗电磁干扰能力强、误码率低等优点。光纤可携带巨量信息做较长距离的迅速传递，其通信容量是没有限制的。

　　4）无线传输介质

　　无线传输常用于一些不便于安装有线介质的特殊地理环境，或者作为地面与有线介质传输的备份线路。在无线传输中，微波通信使用较多。

　　卫星通信是以人造卫星为中继站，卫星接收到来自地面发送站发送来的电磁波后，再以广播方式发向地面，被地面所有工作站接收，也可以看作微波通信。

　　此外，还有激光通信和红外线通信等。

　　4．网络连接设备

　　网络中使用的连接设备主要包括路由器、交换机、网关、网络适配器（网卡）等。

　　网卡又称网络接口卡（network interface card，NIC），或称网络适配器。网卡是连接计算机与网络的硬件设备。无论是双绞线连接、同轴电缆连接还是光纤连接，都必须借助于网卡才能实现数据的通信。

我们日常使用的网卡都是以太网网卡。目前网卡按其传输速度来分可分为 10Mb/s 网卡、10/100Mb/s 自适应网卡及千兆网卡。如果只是作为一般用途，如日常办公等，比较适合使用 10Mb/s 网卡和 10/100Mb/s 自适应网卡两种。如果应用于服务器等产品领域，就要选择千兆级的网卡。网卡如图 1-20 所示。

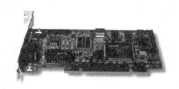

图 1-20 网卡

1.7.5 网络拓扑结构

网络的拓扑结构是抛开网络物理连接来讨论网络系统的连接形式，网络中各站点相互连接的方法和形式称为网络拓扑。拓扑图给出网络服务器、工作站的网络配置和相互间的连接，它的结构主要有星形结构、总线结构、树形结构、网状结构等。

常见的网络拓扑结构有 5 种：总线型、星形、环形、树形和网状形，如图 1-21 所示。

1. 总线型结构

总线型结构［图 1-21（a）］是指所有接入网络的设备均连接到一条公用通信传输线路上，传输线路上的信息传递总是从发送信息的结点开始向两端扩散。为了防止信号在线路终端发生反射，需要在两端安装终结器。

总线型结构的网络特点如下：结构简单，可扩充性好；使用的电缆少，且安装容易；缺点是网络维护难，分支结点故障查找困难。

2. 星形结构

星形结构是指以中央结点为中心，所有接入网络的设备都与中央结点直接相连，各结点之间必须通过中央结点进行通信，如图 1-21（b）所示。

星形结构具有如下特点：结构简单，便于管理；控制简单，便于建网；网络延迟时间较小，传输误差较低。但缺点也是明显的：成本高、可靠性较低、中央结点负载较重。

3. 环形结构

环形结构由网络中所有结点通过点到点的链路首尾相连形成一个闭合的环，如图 1-21（c）所示。

环形结构使公共传输电缆组成环形连接，数据在环路中沿着一个方向在各个结点间传输，信息从一个结点传到另一个结点。特点如下：信息流在网中是沿着固定方向流动的，其传输控制简单，实时性强，但是可靠性差，不便于网络扩充。

4. 树形结构

树形结构［图 1-21（d）］是分级的集中控制式网络，与星形结构相比，它的通信线路总长度短，成本较低，结点易于扩充，寻找路径比较方便，但除了叶结点及其相连的线路外，任一结点或其相连的线路故障都会使系统受到影响。

5．网状结构

在网状拓扑结构中，网络的每台设备之间均有点到点的链路连接，如图 1-21（e）所示。这种连接安装复杂，成本较高，但系统可靠性高，容错能力强。

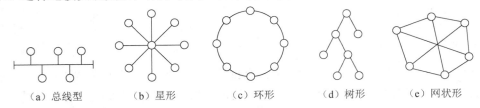

（a）总线型　　（b）星形　　（c）环形　　（d）树形　　（e）网状形

图 1-21　网络的 5 种拓扑结构

1.7.6　IP 地址与域名系统

1．IP 地址

IP 地址是网络上任一设备用来区别于其他设备的标志，目前主要有两个版本的 IP 地址，即 IPv4 和 IPv6。以下以 IPv4 为例。

一个完整的IP地址由一个32位二进制数表示。例如，11001010100011001100000101111110就是一个 IP 地址。显然 IP 地址的这种表现形式很难记忆。IP 地址在实际使用过程中不是直接使用二进制，而是采用点分十进制表示，即 IP 地址分为 4 段，每段 8 位，用相应的十进制数表示，每段的数值范围为 0～255。上述 IP 地址采用点分十进制可表示为202.140.193.126。

IP 地址的分配与管理由 ICANN（the Internet Corporation for Assigned Names and Numbers，互联网名称与数字地址分配机构）负责，它确保网络 IP 的唯一性。IP 地址由两部分组成：网络标识（网络 ID）和主机标识（主机 ID）。网络 ID 用于确定某一特定的网络；主机 ID 用于确定该网络中某一特定的主机。网络 ID 类似于长途电话号码中的区号，主机 ID 类似于市话中的电话号码。同一网段上所有的主机拥有相同的网络 ID，但是在同一网段中，绝对不能出现主机 ID 相同的两台计算机。

目前，常用的 IP 地址可以分为 A、B、C 三类，它们的特征如表 1-4 所示。

表 1-4　IP 地址分类

类别	标识			
	第 1 个字节	第 2 个字节	第 3 个字节	第 4 个字节
A	0 　　　网络 ID	主机 ID		
B	1　0	网络 ID	主机 ID	
C	1　1　0	网络 ID		主机 ID

1）A 类地址

A 类地址用于超大规模网络，目前主要被 IBM 等为数不多的几家大公司所占用。A 类地址的最高位为 0，紧跟 7 位（即第一个字节的后 7 位）表示网络 ID（即 0xxxxxxx），剩下的 24 位表示主机 ID。

A 类 IP 地址的第一个字节范围为 1～126，凡是第一个字节在 1～126 范围内的 IP 地址均为 A 类地址。例如，110.110.129.130 即是一个 A 类地址，其中 110 是网络 ID，110.129.130 是主机 ID。A 类网络虽然只有 2^7-2（即 126）个，但是每个网络最多可以容纳 $2^{24}-2$（即 16777214）台主机。

2）B 类地址

B 类地址用于大、中规模网络。B 类地址的前两个字节为网络 ID，后两个字节为主机 ID 地址。网络 ID 的第一个字节的前两位固定为 10，所以 B 类地址第一个字节的范围为 128～191。例如，156.127.129.130 即是一个 B 类地址，其中 156.128 是网络 ID，129.130 是主机 ID。实际上，B 类网络地址 128.0.0.0 是不指派的，因此 B 类网络共有 $2^{14}-1$（即 16383）个，每个网络可以容纳 $2^{16}-2$（即 65534）台主机。

3）C 类地址

C 类地址用于小型网络。它的前 3 个字节为网络 ID 地址，第 4 个字节为主机 ID，且网络 ID 的第一个字节的前 3 位固定为 110，所以 C 类地址第一个字节的范围为 192～223。例如，202.103.24.68 即是一个 C 类地址，其中 202.103.24 是网络 ID，68 是主机 ID。C 类网络地址 192.0.0.0 也是不指派的，因此 C 类网络共有 $2^{21}-1$（即 2097151）个，每个网络可以容纳 2^8-2（即 254）台主机。

4）特殊的 IP 地址

为了满足像企业网、校园网、办公室、网吧等内部网络使用 TCP/IP 的需要，ICANN 将 A、B、C 类地址的一部分保留下来，作为私有 IP 地址使用。私有 IP 地址的范围如下：

$$10.0.0.0～10.255.255.255$$
$$172.16.0.0～172.31.255.255$$
$$192.167.0.0～192.167.255.255$$

私有 IP 地址不需要申请，任何人在任何网络中都可以使用。也正因为这样，私有 IP 地址只能在内部网络中使用，而不能与其他网络互连。

2. 域名地址与域名管理系统

1）域名地址

IP 地址的定义严格且易于划分子网，但它不易记忆。为了便于记忆，每台主机又可以取一个便于记忆的名字，即域名地址。例如，IP 地址为 217.197.176.10 的主机对应的域名地址是 www.hbtcm.edu.cn。

一个完整的域名地址由若干部分组成，各部分之间由小数点隔开，每部分有一定的含义，且从右到左各部分之间大致上是上层与下层的包含关系，域名的级数通常不超过 5。例如，湖北中医药大学 WWW 服务器的域名是 www.hbtcm.edu.cn，其中：

顶级域名　　cn　　（代表中国）
网络名　　　edu　　（代表教育科研网）
单位　　　　hbtcm　（代表湖北中医药大学）

主机名　　www　　（代表该主机提供 WWW 服务）

除美国之外的其他国家的互联网管理机构还使用 ISO 组织规定的国别代码作为域名后缀来表示主机所属的国家。这时，域名地址的右边第一部分是域名的国别代码。各种域名及其含义如表 1-5 所示。

表 1-5　各种域名及其含义

国家地区顶级域名			
域名	含义	域名	含义
cn	中国	jp	日本
hk	中国香港	ch	瑞士
mo	中国澳门	de	德国
tw	中国台湾	in	印度
fr	法国	uk	英国
ca	加拿大		
通用顶级域名			
域名	含义	域名	含义
com	商业组织	mil	军事机构
edu	教育机构	net	网络服务商
gov	政府部门	org	非营利性组织

2）域名管理系统

在域名管理系统（domain name system，DNS）中，采用层次式的管理机制。例如，cn 域由中国互联网信息中心（China Internet Network Information Center，CNNIC）管理，cn 的一个子域 edu.cn 由中国教育和科研计算机网（China Education and Research Network，CERNET）网络中心负责管理，edu.cn 的子域 hbtcm.edu.cn 由湖北中医药大学信息中心管理。域名系统采用层次结构的优点是，每个组织可以在它们的域内再划分域，只要保证组织内的域名唯一性，就不用担心与其他组织内的域名冲突。

1.7.7　计算机网络安全

随着网络的日益普及，人们之间的信息交流也越来越频繁。如果对自己的计算机及网络没有采取任何安全措施，那么所有的资源都将被访问你的每一个计算机用户获取，你的计算机上的许多信息秘密将对别人公开，这将是极其危险的。因此对计算机采用适当的安全防范措施尤为重要。目前采用的安全机制主要有以下几种。

1．口令

很多计算机系统采用口令机制来控制对系统资源的访问，当用户要求访问被保护的资源时，就要求输入口令。在传统的计算机系统中，简单的口令就能取得良好的效果，因为系统本身不会把口令泄露出去。而在网络系统中，这样的口令很容易被窃听。例如，当某用户从网络上登录到一台远程计算机上时，其他用户就很容易从网络传输线路上窃听到他的口令，这样的技术称为在线窃听。在线窃听在局域网上很容易实现，因为大多数局域网是总线型结构，任何一台计算机都很容易截取网上的所有信息，因此必须采取其他保护措施。

2. 加密和保密

为了保证在线窃听情况下的保密性，必须对数据加密。加密的基本思想是将信息以另外一种方式表示，使只有合法的接收方才能读懂信息，任何其他人即使截取了该加密信息，也很难解开、读懂，从而保证了信息传送的保密性。目前主要有如下几种加密技术。

1）对称密钥加密

一种传统的加密技术是发送方和接收方使用相同密钥的加密算法。发送方用该密钥对发送的数据进行加密，然后将数据报文传送至接收方，接收方再用相同的密钥对收到的数据报文进行解密。

对称加密算法的优点在于加、解密的高速度和使用长密钥时的难破解性。其缺点在于：假设两个用户需要使用对称加密方法加密然后交换数据，则用户最少需要 2 个密钥并交换使用，如果企业内用户有 n 个，则整个企业共需要 $n \times (n-1)$ 个密钥，密钥的生成和分发将成为企业信息部门的噩梦。对称加密算法的安全性取决于加密密钥的保存情况，但要求企业中每一个持有密钥的人都保守秘密是不可能的，他们通常会有意无意地把密钥泄露出去——如果一个用户使用的密钥被入侵者所获得，入侵者便可以读取该用户密钥加密的所有文档，如果整个企业共用一个加密密钥，那整个企业文档的保密性便无从谈起。

2）非对称加密

在很多加密方法中，密钥是必须保密的。但也有公开密钥的加密方法，称为公共密钥加密法。它给每个用户分配 2 个密钥：一个称私有密钥（简称私钥），是保密的；一个称公共密钥（简称公钥），是众所周知的。假设两个用户要加密交换数据，双方交换公钥，使用时一方用对方的公钥加密，另一方即可用自己的私钥解密。由于公钥是可以公开的，用户只要保管好自己的私钥即可。

这种方法是安全的，因为加密和解密的过程具有单向性质。也就是说，仅知道了公共密钥并不能伪造由相应私钥加密过的数据报文。只要发送方使用接收方的公钥来加密，就只有接收方能够读懂数据报文，因为要解密必须要知道接收方的私钥。

3）数字签名

数字签名又称公钥数字签名、电子签章，是一种类似写在纸上的普通的物理签名，但是使用了公钥加密领域的技术实现，用于鉴别数字信息。数字签名可用于辨别数据签署人的身份，并表明签署人对数据信息中包含的信息的认可。一套数字签名通常定义两种互补的运算，一个用于签名，另一个用于验证。使用数字签名的文件的完整性很容易验证，而且数字签名具有法律效应。

简单地说，所谓数字签名就是附加在数据单元上的一些数据，或是对数据单元所做的密码变换。这种数据或变换允许数据单元的接收者用于确认数据单元的来源和数据单元的完整性并保护数据，防止被人（如接收者）进行伪造。它是对电子形式的消息进行签名的一种方法，一个签名消息能在一个通信网络中传输。基于公钥密码体制和私钥密码体制都可以获得数字签名，目前主要是基于公钥密码体制的数字签名，包括普通数字签名和特殊数字签名。

数字签名技术是不对称加密算法的典型应用。数字签名的应用过程是，数据源发送方使用自己的私钥对数据校验或对其他与数据内容有关的变量进行加密处理，完成对数据的合法"签名"。数据接收方则利用对方的公钥来解读收到的数字签名，并将解读结果用于对数据完整性的检验，以确认签名的合法性。数字签名技术是在网络系统虚拟环境中确认身份的重要技术，完全可以代替现实过程中的"亲笔签字"，在技术和法律上有保证。在数字签名应用中，发送者的公钥可以很方便地得到，但其私钥则需要严格保密。

由于每个用户的私钥是唯一的，因此其他用户除了可以通过信息发送者的公钥来验证信息的来源是否真实，还可以确保发送者无法否认曾发送过该信息。

3. 防火墙技术

防火墙技术是一种允许接入外部网络，但同时又能够识别和抵抗非授权访问的安全技术。防火墙扮演的是网络中"交通警察"的角色，指挥网上信息合理有序地安全流动，同时也处理网上的各类"交通事故"。防火墙可分为外部防火墙和内部防火墙。前者在内部网络和外部网络之间建立起一个保护层，从而防止"黑客"的侵袭，其方法是监听和限制所有进出通信，挡住外来非法信息并控制敏感信息被泄露；后者将内部网络分隔成多个局域网，从而限制外部攻击造成的损失。

4. 入侵检测技术

入侵检测技术的主要目标是扫描当前网络的活动，监视和记录网络的流量，根据定义好的规则来过滤从主机网卡到网线上的流量，提供实时报警。大多数的入侵监测系统可以提供非常详尽的关于网络流量的分析。

5. 网络隔离

网络隔离主要是指把两个或两个以上可路由的网络（如 TCP/IP）通过不可路由的协议（如 IPX/SPX、NetBEUI 等）进行数据交换而达到隔离目的。由于其原理主要是采用了不同的协议，所以通常也称协议隔离。

隔离概念是在为了保护高安全度网络环境的情况下产生的；隔离产品的大量出现，也是经历了五代隔离技术不断的实践和理论相结合后得来的。

6. 云安全

云安全（cloud security）是网络时代信息安全的最新体现，它融合了并行处理、网格计算、未知病毒行为判断等新兴技术和概念，通过网状的大量客户端对网络中软件行为的异常监测，获取互联网中木马、恶意程序的最新信息，推送到 Server 端进行自动分析和处理，再把病毒和木马的解决方案分发到每一个客户端。

1.7.8　Internet 的应用

共享资源、交流信息、发布和获取信息是 Internet 的三大基本功能。Internet 上具有极其丰富的信息资源，能为用户提供各种各样的服务和应用。Internet 提供的信息服务大多采用的是客户机/服务器（client/server）交互模式。客户机（安装有客户端程序）和服务器（安装有服务程序）是指在网络中进行通信时所涉及的两个软件。下面介绍几种常用的信息服务及功能。

1. 万维网

万维网（world wide web，WWW），简称 3W 或 Web。WWW 使用超文本（hypertext）组织、查找和表示信息，利用链接从一个站点跳到另一个站点。

WWW 采用客户机/服务器交互模式。WWW 服务器是指在 Internet 上保存并管理运行 WWW 信息的计算机。在它的磁盘上装有大量供用户浏览和下载的信息。客户机是指在 Internet 上请求 WWW 文档的本地计算机。客户机与服务器之间遵循超文本传输协议（hyper text transfer protocol，HTTP）。客户机通过运行客户端程序访问 WWW 服务器，客户端程序又称为 Web 浏览器（browser）。目前在 Windows 平台上用得最多的是 IE（Internet Explore）浏览器。

以下是 WWW 涉及的一些重要概念。

（1）超文本（hypertext）。一种人机界面友好的计算机文本显示技术或称为超链接技术（hyperlink），它将菜单嵌入文本中。即每份文档都包括文本信息和用以指向其他文档的嵌入式菜单项。这样用户就可实现非线性式的跳跃式阅读。

（2）超媒体（hypermedia）。将图像、音频和视频等多媒体信息嵌入文本的技术。可以说，超媒体是多媒体的超文本。

（3）网页（web page）。指 WWW 上的超文本文件。在诸多的网页中为首的那个称为主页（home page）。主页是服务器上的默认网页。

（4）超文本标记语言（hyper text markup language，HTML）。是一种专门用于 WWW 超文本文件的编程语言。用于描述超文本或超媒体各个部分的构造，告诉浏览器如何显示文本，怎样生成与别的文本或多媒体对象的链接点等。它将文本、图形、音频和视频有机地结合在一起，组成图文并茂的用户界面。超文本文件经常用 htm 或 html 来作扩展名。

（5）统一资源定位符（uniform resource location，URL）是 Internet 上用来描述信息资源的字符串，主要用在各种 WWW 客户程序和服务器程序上，是用于完整地描述 Internet 上网页和其他资源的地址的一种标识方法。Internet 上的每一个网页都具有一个唯一的名称标识，通常称为 URL 地址，这种地址可以是本地磁盘，也可以是局域网上的某一台计算机，更多的是 Internet 上的站点。简单地说，URL 就是 Web 地址，俗称"网址"。采用 URL 的目的是用统一的格式来描述各种信息资源，包括文件、服务器地址和目录等。URL 的格式由下列 3 部分组成：①协议（或称为服务方式）；②存有该资源的主机 IP 地址（有时也包括端口号）；③主机资源的具体地址，如目录和文件名等。①和

②之间用"://"符号隔开，②和③之间用"/"符号隔开。①和②是不可缺少的，③有时可以省略。

例如，http://www.sina.com.cn/news/index.htm，其域名为 www.sina.com.cn，其中超文本文件 index.htm 存放于目录/news 下。

2. 文件传输

FTP（file transfer protocol）是文件传输协议的简称。FTP 的主要作用，就是让用户连接上一个远程计算机（这些计算机上运行着 FTP 服务器程序），查看远程计算机有哪些文件，然后把文件从远程计算机上复制到本地计算机，或把本地计算机的文件送到远程计算机去。

在 FTP 的使用中，用户经常遇到两个概念：下载（download）和上传（upload）。下载文件就是从远程主机复制文件至自己的计算机上；上传文件就是将文件从自己的计算机中复制至远程主机上。

3. 远程登录 Telnet

Internet 的一大优点在于，操纵世界另一端的计算机与使用身旁的计算机一样方便，这就是远程登录 Telnet。远程登录 Telnet 是因特网上基本的服务之一，同时也是其他许多服务（如 BBS）的基础。

远程登录的作用是把本地主机作为远程主机的一台仿真终端使用。

4. 电子邮件（E-mail）

在 Internet 上，除了浏览 Web 网页外，另一个使用频率最高的功能就是收发电子邮件。

使用电子邮件要有一个电子邮件信箱，用户可向 Internet 服务提供商（简称 ISP）申请。邮件信箱实际上是在邮件服务器上为用户分配的一块存储空间，每个电子信箱对应着一个信箱地址或称为邮件地址，即每一个信箱对应于一个用户。

Internet 上的用户其信箱地址是唯一的，其格式形如：

收件人邮箱名（用户名）@邮箱所在主机的域名

其中，用户名是用户申请电子信箱时与 ISP 协商的一个字母与数字的组合。域名是 ISP 的邮件服务器。例如，hellen@163.com 和 liwei@public.wh.hb.cn 是两个 E-mail 地址。

5. 搜索引擎

搜索引擎是网络上提供的搜索工具，并为用户提供不同的分类主题目录，以方便广大用户在 Internet 上快速查找信息。

百度搜索引擎是一个面向全球范围的中英文搜索引擎，其以易用、快速的特性深受广大网友喜爱。百度搜索引擎的 Web 地址是 http://www.baidu.com，百度搜索引擎的主页如图 1-22 所示。

图 1-22 百度中文版搜索引擎

除百度之外，还有许多中文搜索引擎，如新浪、网易等，都可以为用户提供详细而周全的搜索服务。

1.8 多媒体技术概述

多媒体技术是 20 世纪 90 年代兴起的一门综合性的技术，是当今信息技术领域发展较快、较活跃的技术。多媒体技术广泛应用在各行各业，随着计算机技术的不断发展及日益普及的高速信息网，多媒体应用范围越来越广，并影响着人类社会工作和生活的方方面面。

1.8.1 多媒体技术的概念

1. 媒体及其分类

媒体是人与人之间进行信息交流的中介，也就是信息传播、信息交流、信息转换的载体。在计算机领域，媒体有两种含义：一是信息存储与传输的物理实体，如光盘、磁盘等；二是信息的表现形式或载体，如数字、文字、图形、声音等。

按照不同的方式，可以对媒体进行不同的分类：按人的感觉，媒体可分为视觉媒体、听觉媒体等；按信息的表现形式，媒体可分为语言媒体、文字媒体、动画媒体、视频媒体、音乐媒体、图形媒体等；按信息的种类，媒体可分为新闻媒体、生活媒体、科技信息媒体等；按载体种类的不同，媒体可分为报纸、信件、电话、计算机、网络等；按应用方式的不同，媒体可分为印制媒体、幻灯、电影媒体、广播电视媒体、计算机媒体、网络媒体等；按媒体产生的时间和历史，媒体可分为新媒体和传统媒体；按人们对载体的心理承认度，媒体可分为时尚媒体和传统媒体；按载体的传播范围，媒体可分为个人媒体和大众媒体；按媒体与时间的关系，媒体可划分为静态媒体和连续媒体。

国际电信联盟（International Telecommunication，ITU）从技术的角度将媒体划分为以下 5 类。

（1）感觉媒体（perception medium），是指能直接作用于人的感官，使人产生直接感觉的媒体，如语言、音乐、动画、图形、图像、文本等。

（2）表示媒体（representation medium），是指为了加工、处理和传输感觉媒体而人为研究出来的媒体，借助这一媒体可以更加有效地存储感觉媒体，或是将感觉媒体从一个地方传送到另一个地方的媒体，如语言编码、文本编码、图像编码等。

（3）表现媒体（presentation medium），是指将感觉媒体输入计算机中或通过计算机展示和还原感觉媒体的物理设备，可分为两类：一类是输入显示媒体，如传声器、摄像机、键盘等；一类是输出显示媒体，如扬声器、显示器、打印机等。

（4）存储媒体（storage medium），指存储表示媒体信息的物理介质，如磁盘、光盘、纸张等。

（5）传输媒体（transmission medium），指传输表示媒体的物理介质，如同轴电缆、光纤、双绞线、电磁波等。

2. 多媒体与多媒体技术

多媒体（multimedia）是由两种以上单一媒体融合而成的信息综合表现形式，是多种媒体的综合、处理和利用的结果。多媒体具体表现在多种媒体表现、多种感官作用、多种设备支持、多学科交叉、多领域应用，其实质是将不同表现形式的媒体信息数字化并集成，通过逻辑链接形成有机整体，同时实现交互控制。与报纸、杂志、广播、电视等传统媒体相比，多媒体形式多样，资源内容丰富，用户主动参与且具有较强的时效性，在一定程度上解决了时间和空间的局限性。

多媒体技术是指通过计算机对文字、数据、图形、图像、动画、声音等多种媒体信息进行综合处理和管理，使用户可以通过多种感官与计算机进行实时信息交互的技术。多媒体技术实质是将自然形式存在的媒体信息数字化，然后利用计算机对这些数字信息进行加工，以一种最友好的方式提供给使用者使用。真正的多媒体技术所涉及的对象是计算机技术的产物，而其他的单纯事物，如电影、电视、音响等，均不属于多媒体技术的范畴。

多媒体技术涉及的内容非常广泛，主要包括多媒体数据压缩，如多模态转换、压缩编码；多媒体处理，如音频信息处理（音乐合成、语音识别、文字与语音相互转换）、图像处理、虚拟现实；多媒体数据存储，如多媒体数据库；多媒体数据检索，如基于内容的图像检索、视频检索；多媒体著作工具，如多媒体同步、超媒体、超文本；多媒体通信与分布式多媒体，如 CSCW（computer supported cooperative work，计算机支持的协同工作）、会议系统、VOD（video-on-demand，视频点播）、系统设计；多媒体专用设备技术，如多媒体专用芯片技术、多媒体专用输入输出技术；多媒体应用技术，如 CAI 与远程教学、GIS（geographic information system，地理信息系统）与数字地球、多媒体远程监控。

3. 多媒体技术的特性

多媒体技术除信息载体及处理技术的多样化以外，还具有集成性、实时性、交互性、智能性和易扩展性 5 个基本特性，这也是多媒体技术要解决的 5 个基本问题。

1）集成性

多媒体技术采用数字信号，可以综合处理文字、声音、图形、动画、图像、视频等多种信息，并将这些不同类型的信息有机地结合在一起。多媒体技术的集成性主要表现在两个方面，即多种信息媒体的集成和处理这些媒体的软硬件技术的集成。

2）实时性

多媒体涉及音频、视频等信息，由于声音及活动的视频图像是与时间密切相关的连续媒体，因此多媒体技术必须要支持实时处理。

3）交互性

信息以超媒体结构进行组织，可以方便地实现人机交互，也就是说人们可以按照自己的思维习惯，按照自己的意愿主动地选择和接收信息，拟定观看内容的路径。多媒体技术向用户提供了更加有效地控制和使用信息的手段，除了操作上的控制自如（可通过键盘、鼠标、触摸屏进行操作）外，在媒体综合处理上也可以做到随心所欲。

4）智能性

多媒体技术中媒体种类及处理技术多种多样，处理多媒体信息的关键设备是计算机，且要求不同媒体形式的信息都要进行数字化处理，因此多媒体技术为用户提供了易于操作和十分友好的界面，使计算机更直观、更方便、更亲切、更人性化。

5）易扩展性

多媒体技术的易扩展性在于可方便地与各种外部设备挂接，实现数据交换、监视控制等多种功能。此外，采用数字化信息有效地解决了数据在处理、传输过程中的失真问题。

1.8.2 多媒体技术的应用及发展趋势

1. 多媒体技术的应用

多媒体技术不仅使计算机可以处理人们生活中最直接、最普遍的信息，而且使计算机系统的人机交互界面更加友好、操作更加方便，非专业人员可以非常方便地使用和操作计算机，计算机应用领域也因此得到了极大的拓展。多媒体技术发展迅速，已渗透到人们生活、工作、学习的方方面面，其主要应用领域包括教育、娱乐、商业、医疗等。

1）教育方面的应用

对教师而言，以多媒体计算机为核心的现代教育技术不仅使教学手段丰富多彩，也使教学内容由抽象变为直观，更加形象化；对学生而言，多媒体技术可以将多种不同形式的信息同时或交替呈现，可以创造生动活泼的情景，使学习更加趣味化，激发学生的学习兴趣，有利于学习效率的提高。多媒体技术在教育方面的应用有电子教案、网络多媒体教学、计算机辅助教学等。

2）娱乐方面的应用

人们追求的娱乐要有身临其境的感觉，要有沉浸式的体验，因此很多电视剧、电影、动画片、游戏中都利用多媒体技术的多源信息融合、交互式的三维动态视景和实体行为的系统仿真，使场景更加逼真，使用户沉浸到其中。多媒体技术在娱乐方面的应用有电视/电影/卡通混编特技、演艺界 MTV 特技制作、三维成像模拟特技、仿真游戏等。

3）商业方面的应用

商业展示要有强烈的视觉冲击，多媒体技术可以将文字、图像、声音等信息以二维、三维、四维效果呈现出来，实现全方位的视觉冲击。多媒体技术在商业方面的应用有影视商业广告、大型显示屏广告、平面印刷广告等。

4）医疗方面的应用

多媒体技术可以使远离服务中心的病人通过多媒体通信设备、远距离多功能医学传感器和微型遥测装置身临其境地接受询问和诊断，也可以在短时间内，迅速联络世界各地的医疗专家，对疑难病例进行会诊，为抢救病人赢得宝贵的时间，并节省各种费用的开支。多媒体技术在医疗方面的应用有网络远程诊断、网络远程操作（手术）等。

2. 多媒体技术的发展趋势

多媒体技术的发展经历了 3 个阶段：第 1 个阶段是 1985 年以前，这一时期是计算机多媒体技术的萌芽阶段；第 2 个阶段是 1985 年至 20 世纪 90 年代初，是多媒体计算机初期标准的形成阶段；第 3 个阶段是 90 年代至今，是计算机多媒体技术飞速发展的阶段。人类社会进入信息时代，随着计算机技术和网络技术的不断发展，多媒体技术正向两个方向发展：一是网络化发展趋势；二是智能化发展趋势。

1）多媒体技术网络化发展趋势

技术发展使路由器、转换器等网络设备的性能越来越高，加上 CPU、内存等硬件功能的扩展，人们将受益于无限的计算和充裕的带宽。多媒体技术的网络化使多媒体计算机形成更加完善的计算机支持的协同工作环境，不同国籍、不同文化背景、不同文化程度的人们可以跨越空间和时间的障碍，自由地沟通交流。此外，有线电视网、通信网和因特网日趋统一，各种多媒体系统尤其是基于网络的多媒体系统，如点播系统、远程教学、远程医疗等将会得到迅速发展。

2）多媒体技术智能化发展趋势

多媒体技术智能化分为多媒体终端智能化和多媒体系统智能化。多媒体计算机硬件体系结构和多媒体计算机视音频接口的不断改进，多媒体计算机性能的不断提高，使多媒体终端设备具有更高的智能化。多媒体技术以用户为中心，人们可用日常感知和表达技能与多媒体系统进行交互，多媒体系统可根据用户需求做出相应的反应，系统智能化程度会越来越高。

1.9 计算机病毒及其防治

1.9.1 计算机病毒的概念

计算机病毒的出现是计算机技术和以计算机为核心的社会信息化进程发展到一定阶段的必然产物。它是计算机犯罪的一种新的衍化形式，是高技术犯罪，具有瞬时性、动态性和随机性，不易取证，风险小、破坏大。计算机病毒是指"编制者在计算机程序中插入的破坏计算机功能或者破坏数据，影响计算机使用并且能够自我复制的一组计算机指令或者程序代码"。

1. 计算机病毒的特点

（1）寄生性。计算机病毒寄生在其他程序之中，当执行这个程序时，病毒就起破坏作用，而在未启动这个程序之前，它是不易被人发觉的。

（2）传染性。计算机病毒不但本身具有破坏性，而且具有传染性，一旦病毒被复制或产生变种，其速度之快令人难以预防。

（3）潜伏性。有些病毒像定时炸弹一样，让它什么时间发作是预先设计好的。例如黑色星期五病毒，不到预定时间一点都觉察不出来，等到条件具备的时候一下子就爆炸开来，对系统进行破坏。一个编制精巧的计算机病毒程序，进入系统之后一般不会马上发作，可以在几周或者几个月内甚至几年内隐藏在合法文件中，对其他系统进行传染，而不被人发现，潜伏性越好，其在系统中的存在时间就会越长，病毒的传染范围就会越大。

（4）隐蔽性。计算机病毒具有很强的隐蔽性，有的可以通过病毒软件检查出来，有的根本就查不出来，有的时隐时现、变化无常，这类病毒处理起来通常很困难。

（5）破坏性。计算机中毒后，可能会导致正常的程序无法运行，使计算机内的文件被删除或受到不同程度的损坏。

（6）可触发性。某个事件或数值的出现诱使病毒实施感染或进行攻击的特性称为可触发性。为了隐蔽自己，病毒必须潜伏，少做动作。如果完全不动，一直潜伏，病毒既不能感染也不能进行破坏，便失去了杀伤力。病毒既要隐蔽又要维持杀伤力，它必须具有可触发性。病毒的触发机制就是用来控制感染和破坏动作的频率的。病毒具有预定的触发条件，这些条件可能是时间、日期、文件类型或某些特定数据等。病毒运行时，触发机制检查预定条件是否满足。如果满足，启动感染或破坏动作，使病毒进行感染或攻击；如果不满足，使病毒继续潜伏。

2. 计算机病毒的危害

计算机病毒的危害是多方面的，概括起来大致有如下几个方面。

（1）破坏计算机硬盘上的主引导扇区，使计算机无法启动。

（2）破坏文件中的数据，删除文件。

（3）对磁盘或磁盘中特定扇区格式化，使磁盘信息丢失。

（4）产生垃圾文件，不断占领磁盘空间，使磁盘空间不断减少。

（5）占用 CPU 运行时间，使计算机运行效率降低。

（6）破坏屏幕正常显示，破坏键盘输入程序，干扰用户正常操作。

（7）破坏计算机网络资源，使网络系统瘫痪。

3. 计算机被病毒感染破坏的主要症状

（1）计算机系统运行速度减慢。

（2）操作系统无故频繁出现错误，系统异常重新启动。

（3）计算机系统经常无故发生死机。

（4）计算机系统中的文件长度发生变化。

（5）计算机存储的容量异常减少。

（6）丢失文件或文件损坏。

（7）计算机屏幕上出现异常显示。

（8）计算机系统的蜂鸣器出现异常声响。

（9）系统不识别硬盘。

（10）文件无法正确读取、复制或打开。

（11）异常要求用户输入密码。

（12）Word 或 Excel 提示执行"宏"。

（13）不应驻留内存的程序驻留内存。

4. 计算机病毒的传染途径

计算机病毒有独特的复制能力，它们能够快速蔓延，又常常难以根除。它们能把自身附着在各种类型的文件上，当文件被复制或从一个用户传送到另一个用户时，它们就随同文件一起蔓延开来。计算机病毒之所以称为病毒就是因为其具有传染性的本质。计算机病毒的传染途径通常有以下几种。

（1）通过移动存储器。移动存储器现在已被极其广泛地使用，如移动硬盘、闪存盘等。大量地使用已经被感染的这些设备，在各个不同机器上复制文件和数据，是计算机病毒最常见的传染途径，造成了病毒感染，泛滥蔓延。

（2）通过光盘。因为光盘容量大，存储了海量的可执行文件，大量的病毒就有可能藏身于光盘，对只读式光盘，不能进行写操作，因此光盘上的病毒不能清除。以牟利为目的非法盗版软件的制作过程中，不可能为病毒防护担负专门责任，也绝不会有真正可靠可行的技术保障避免病毒的传入、传染、流行和扩散。

（3）通过网络。这种传染扩散极快，能在很短时间内传遍网络上的机器。Internet 的风靡给病毒的传播又增加了新的途径，它的发展使病毒可能成为灾难，病毒的传播更迅速。Internet 带来两种不同的安全威胁：一种威胁来自文件下载，这些被浏览的或是被下载的文件可能存在病毒；另一种威胁来自电子邮件。大多数 Internet 邮件系统提供了在网络间传送附带格式化文档邮件的功能，因此，遭受病毒的文档或文件就可能通过网关和邮件服务器涌入企业网络。网络使用的简易性和开放性使这种威胁越来越严重。

5. 计算机病毒的分类

计算机病毒的种类复杂繁多，按照不同的方式及计算机病毒的特点及特性，可以有多种不同的分类方法。

（1）按病毒存在的媒体划分。网络病毒，通过计算机网络传播感染网络中的可执行文件；文件病毒，感染计算机中的文件，如 COM、EXE、DOC 等；引导型病毒，感染启动扇区和硬盘的系统引导扇区；混合型病毒，多型病毒（文件和引导型）感染文件和引导扇区，这样的病毒通常具有复杂的算法；宏病毒，用 Basic 语言编写的病毒程序寄存在 Office 文档上的宏代码，影响对文档的各种操作。

（2）按病毒的传染渠道划分。驻留型病毒，这种病毒感染计算机后，把自身的内存驻留部分放在内存中；非驻留型病毒，这种病毒在得到机会激活时并不感染计算机内存，一些病毒在内存中留有小部分，但是并不通过这一部分进行传染。

（3）按病毒的连接方式划分。源码型病毒，攻击高级语言编写的源程序，在源程序编译之前插入其中，并随源程序一起编译、连接成可执行文件；入侵型病毒，用自身代替正常程序中的部分模块或堆栈区，这类病毒只攻击某些特定程序，针对性强；操作系统型病毒，用其自身部分加入或替代操作系统的部分功能，因其直接感染操作系统，所以危害性也较大；外壳型病毒，将自身附在正常程序的开头或结尾，相当于给正常程序加了个外壳，大部分的文件型病毒属于这一类。

（4）按病毒的破坏能力划分。无害型，除了传染时减少磁盘的可用空间外，对系统没有其他影响；无危险型，这类病毒仅仅是减少内存、显示图像、发出声音及同类影响；危险型，这类病毒在计算机系统操作中造成严重的错误；非常危险型，这类病毒删除程序、破坏数据、清除系统内存区和操作系统中重要的信息。

（5）按病毒的算法划分。伴随型病毒，这类病毒并不改变文件本身，它们根据算法产生 EXE 文件的伴随体，其具有同样的名字和不同的扩展名；"蠕虫"型病毒，它们通过计算机网络传播，不改变文件和资料信息，利用网络从一台机器的内存传播到其他机器的内存，计算机将自身的病毒通过网络发送；寄生型病毒，除了伴随型和"蠕虫"型，其他病毒均可称为寄生型病毒，它们依附在系统的引导扇区或文件中，通过系统的功能进行传播。

1.9.2　计算机病毒的防治

目前计算机安全问题还没有彻底解决，只有通过有效的预防措施，提高计算机的稳健性来抵抗病毒的入侵，因此主动预防、迅速发现、立刻做出反应、保证及时恢复就变成防治计算机病毒的基本原则。

1. 正确安装系统和软件

在安装系统和软件时，应选择正版的系统和软件，特别是杀毒软件，正版的软件和系统一定有安全保障，不会因为这些软件系统本身就有木马病毒来感染计算机。杀毒软件要经常更新，才能快速检测到可能入侵计算机的新病毒或者变种。

2. 做好系统和数据备份

计算机病毒不可能彻底封杀，所以平时做好有关的系统备份和数据备份工作是非常有必要的，定期使用移动硬盘进行备份能够有效地减少计算机安全问题对整个数据安全性的影响。如果系统和数据进行了备份，即便系统被计算机病毒损坏，也可以在某种程度上让数据有一定的恢复，把损失降低到最低程度。

在日常使用计算机过程中，要养成良好的计算机使用习惯，如闪存盘、移动硬盘的文件及从网盘里下载的文件应杀毒后再打开，随时关注计算机运行的状态，不访问陌生的、不安全的网站，不运行网上不规范的可执行程序，及时更新系统漏洞补丁等。

思考与练习

1. 计算机的特点是什么？有哪些分类？
2. 二进制数、十进制数、八进制数和十六进制数之间如何进行相互转换？请举例说明。
3. 购买计算机，需要考虑哪些问题？
4. 查查看你的计算机里装了哪些应用软件。
5. 如何查看计算机的 IP 地址？
6. 举例说明多媒体技术应用的案例。
7. 计算机病毒的传染途径有哪些？如何防治计算机病毒？

第2章
Word 2010 的应用

Microsoft Office 是一套由微软公司开发的办公软件，Word 2010 是 Office 2010 办公组件之一，主要用于文字处理工作。Word 2010 的功能十分强大，人们可以用它简单、快捷地完成各种排版，如各种文书（通知、制度文件等）、表格制作（个人简历、申请表等）、长文档撰写（毕业论文、政府报告等）、图文制作（节目单、宣传单）、专业信函（工作证、邀请函等）……Word 2010 已经成为当今办公室不可缺少的软件之一。

2.1 Word 2010 文字编辑与排版

2.1.1 Word 2010 的窗口

启动 Word 2010 后，打开如图 2-1 所示的 Word 2010 工作窗口。Word 2010 工作窗口由快速访问工具栏、标题栏、功能区、文档编辑区、状态栏、视图按钮、显示比例和滚动条等组成部分。

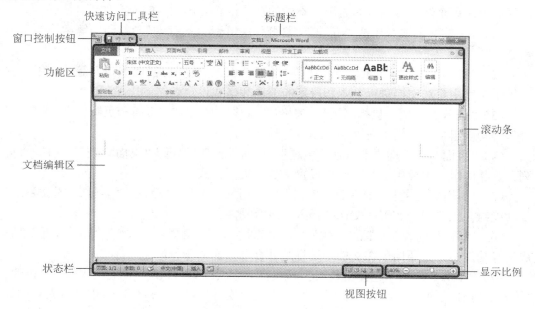

图 2-1 Word 2010 工作窗口

（1）快速访问工具栏。位于 Word 2010 文档窗口的顶部左侧。常用命令位于此处，如"保存""撤销""重复"命令按钮等。用户也可以根据自身使用的需求，自定义添加个人常用命令。

（2）标题栏。位于窗口的顶端，显示正在编辑的文档的文件名及所使用的软件名称。标题栏最右侧 3 个按钮为窗口控制按钮，分别为"最小化"按钮、"最大化"按钮（或"还原"按钮）和"关闭"按钮。

（3）功能区。工作时需要用到的命令，分类分布在不同的选项卡中，选择某个选项卡，即可打开与其对应的功能区。每个选项卡中包含许多自动适应窗口大小的功能组，其中包含设置文档格式的不同命令按钮或下拉列表。功能组右下角还有一个呈现为斜向下箭头的扩展按钮，单击该按钮，将弹出与该功能组相关的对话框或者任务窗格，在其中可以进行更详细的设置。

（4）文档编辑区。用户输入和编辑文档的地方，包含默认为白色底色的文档编辑区域、标尺、导航窗格等。除了文本编辑区域外，其他部分都可以隐藏。

（5）状态栏。位于文档窗口的最下方，显示正在编辑的文档的相关信息，如文档包含的字数、当前页和文档总页数，以及编辑模式（"插入"或"改写"）。

（6）视图按钮。位于文档窗口的最下方，主要用于切换文档的视图模式。

（7）显示比例。位于文档窗口的最下方，视图按钮右侧，可通过调节缩放比例滑块来更改正在编辑的文档的显示比例，方便用户查看文档内容。

（8）滚动条。当文档窗口不能显示文档全部内容时，会自动出现，可用于更改正在编辑的文档的显示位置。滚动条分为水平滚动条和垂直滚动条两种。

Word 2010 取消了传统的菜单操作方式，取而代之的是各种选项卡，各选项卡的名称与 Word 早期版本的菜单名称相近。当选择某个选项卡时，会切换到与之相对应的功能区面板。每个选项卡又分为若干个不同的功能组，各选项卡的简介如下。

（1）"文件"选项卡包括"新建""打开""关闭""另存为""打印"等常用的基本命令。

（2）"开始"选项卡包括"剪贴板""字体""段落""样式""编辑"等功能组，主要用于帮助用户对文档进行文本和段落的编辑和格式设置。

（3）"插入"选项卡包括"页""表格""插图""链接""页眉和页脚""文本""符号"等功能组，主要用于在文档中插入各种元素。

（4）"页面布局"选项卡包括"主题""页面设置""稿纸""页面背景""段落""排列"等功能组，主要用于帮助用户设置文档的页面样式。

（5）"引用"选项卡包括"目录""脚注""引文与书目""题注""索引""引文目录"等功能组，主要用于实现在文档中插入目录等功能。

（6）"邮件"选项卡包括"创建""开始邮件合并""编写和插入域""预览结果""完成"等功能组，主要用于在文档中进行邮件合并方面的操作。

（7）"审阅"选项卡包括"校对""语言""中文简繁转换""批注""修订""更改""比较""保护"等功能组，主要用于对文档进行校对和修订等操作，适用于多人协作处理长文档。

（8）“视图”选项卡包括“文档视图”“显示”“显示比例”“窗口”“宏”等功能组，主要用于帮助用户设置操作窗口的视图类型，以方便对不同情况下文档的操作。

（9）“加载项”选项卡包括“菜单命令”功能组，主要用于在 Word 2010 中添加或删除加载项。加载项是可以为 Word 2010 安装的附加属性，如自定义的工具栏或其他命令扩展。

2.1.2 “通知”文档的制作与排版

1. 案例知识点及效果图

通知是日常生活中较常见的一种文档，本案例是一所高校举办运动会的通知，主要运用以下知识点：Word 文档的创建、编辑与保存，中英文字符的输入，中英文符号的输入，数字编号的输入，文本的选择、字体设置、段落设置、页面设置，格式刷的使用等。案例效果如图 2-2 所示。

关于 2017-2018 第一学期开展校园“课外阳光健康跑“的通知

各院系：

为积极响应国家推进课外体育信息化工作，深入贯彻执行《高等学校体育工作基本标准》、《国家学生体质健康标准》、《“健康中国2030”规划纲要》以及“三走”倡导等文件精神，学校决定每学期开展“课外阳光健康跑活动”，通过持续的过程锻炼形式提高学生身体素质。

阳光体育活动将结合主流移动互联网技术，引入“步道乐跑”app作为课外体育活动开展的工具软件，采用基于定向越野的趣味打卡模式进行跑步锻炼，学生可自主安排时间和场地参与，无需人工组织，锻炼情况将自动与课外体育成绩进行关联。

一、参与对象

全体在校生均必须参与。建议教职工参与（同样可以参与奖励获取）。

二、规则说明

1、本学期跑步日期范围：2017 年 10 月 11 日~2017 年 12 月 30 日。10 月 11 日前，为 app 下载、认证试用和试跑阶段，请广大同学务必按时完成下载认证，并积极反馈实际应用过程中的相关信息。

2、每天跑步时间段为：6:00 ～ 22：00。6:00~7:30 为晨跑。

3、跑步安全区域为：湖北中医药大学所属校区（请在安全区域内运动，建议到田径场等运动场所）

4、本学期运动标准为：男、女生跑步各 30 次为合格（其中 10 次必须为晨跑）。如因特殊原因无法参与本学期“校园课外阳光健康跑”活动的学生，需携带学院开具相关证明（学生本人申请，辅导员审核，学院教学院长签字、盖章。已经申请体育课程免修的同学不必再重复提交申请）以及相关支撑材料（病历复印件等）至体育系登记备案。

5、单次运动有效标准为：

男生：里程达到 2 公里，跑步配速在 3~9min/km 范围内。

女生：里程达到 1.6 公里，跑步配速在 3~9min/km 范围内。

6、每天最多有 1 次运动记录关联体育成绩，超出部分仅做记录但不会关联成绩。

7、单次运动里程上限最多取 10 公里。

8、每学期我校体育运动委员会将根据运动排名情况对表现优异（总次数、时长、里程）的同学给予对应奖励。

三、关联体育成绩说明

“健康跑”成绩合格（30 次为合格，其中 10 次必须为晨跑）是体育课成绩的基础。“健康跑”成绩不合格学生，本学期体育课成绩将记为 0 分。（提交免跑申请的同学除外）

“健康跑”跑步次数越多体育课成绩越高。“健康跑”跑步 30 次以上，每多跑一次，体育课总成绩加一分，最多加 10 分。

湖北中医药大学体育运动委员会

2017 年 10 月 9 日

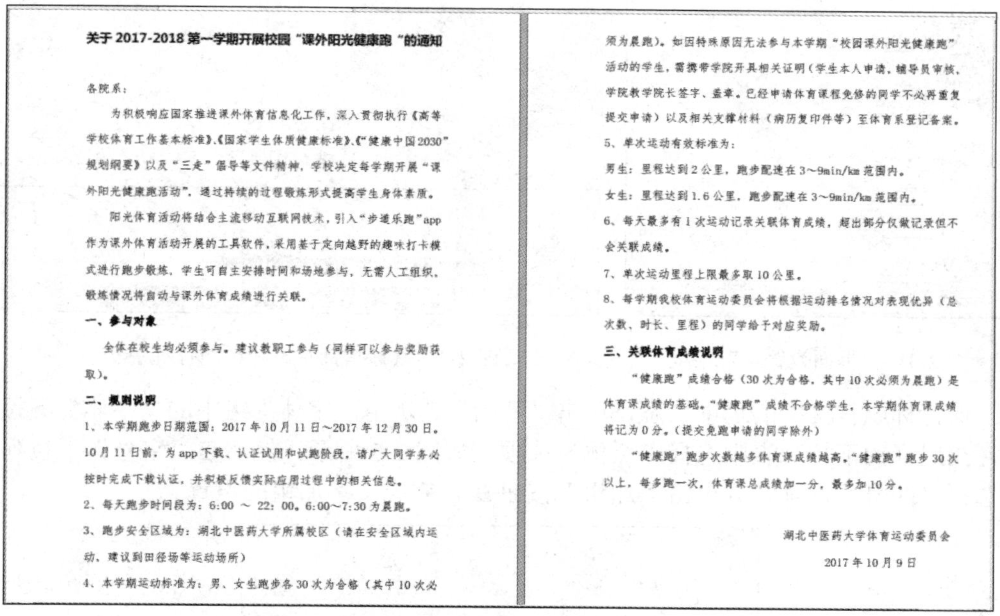

图 2-2 通知完成效果

2. 操作步骤

1）新建文档

单击“开始”→“所有程序”→“Microsoft Office”→“Microsoft Word 2010”命令，即可打开 Word 2010 文档编辑窗口，并新建了一个空白的 Word 文档。文档默认的名称为“文档 1.docx”。

2）页面设置

单击“页面布局”选项卡“页面设置”组右下角的扩展按钮，弹出“页面设置”对话框。纸张大小默认为“A4”，纸张方向默认为“纵向”，在“页边距”选项卡设置上、下页边距为"3厘米",左、右页边距为"3.5厘米",如图2-3所示。设置完成后,单击对话框右下方的"确定"按钮。

3)输入文本

切换到中文输入法,输入文本。首先输入的是标题行,输入完成后,按 Enter 键,换到下一自然段。不同自然段之间通过 Enter 键来划分;同一自然段的文本内容,当输入到某一行最右侧页边距处时,会自动换到下一行。

4)标题字体的设置

将鼠标指针移动到标题文字左侧,当其呈现为箭头形式时,单击选定该行,标题行文字呈现如图2-4所示的状态。

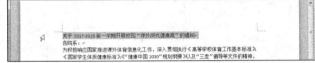

图2-3　"页面设置"对话框　　　　图2-4　鼠标指针状态和标题行选中状态

保持标题行文字的选中状态,单击"开始"选项卡"字体"组中的"字体"下拉按钮,在展开的下拉列表中选择"黑体"选项,如图2-5所示;然后在"字号"下拉列表中选择"四号"选项,并单击"加粗"按钮 **B**,完成文字加粗的设置。

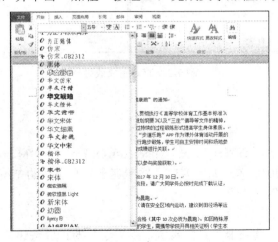

图2-5　字体设置为"黑体"

5）正文字体的设置

将鼠标指针移动到标题下方第一行文字左侧，当其呈现为箭头形式时，单击选定该行，此时按住鼠标左键不要松开，开始向页面下方拖曳鼠标，直到除标题行文字之外的其他所有文字被选中。保持文字选中状态，单击"开始"选项卡"字体"组中的"字体"下拉按钮，在展开的下拉列表中选择"仿宋"选项；然后在"字号"下拉列表中选择"小四"选项，完成正文字体的设置。

6）标题段落格式的设置

单击标题行中任意位置，将光标定位到标题行，单击"开始"选项卡"段落"组右下角的扩展按钮，如图 2-6 所示，在弹出的"段落"对话框中进行相关设置："缩进和间距"选项卡中，"常规"组设置对齐方式为"居中"，"间距"组设置段前为"1 行"，段后为"2 行"，行距为"2 倍行距"，如图 2-7 所示，单击"确定"按钮，完成标题行段落格式的设置。

图 2-6　"段落"组扩展按钮

7）正文段落格式的设置

选中正文所有段落（方法与第 5 步选中正文所有文字的方式相同），单击"开始"选项卡"段落"组右下角的扩展按钮，在弹出的"段落"对话框中进行相关设置："缩进和间距"选项卡中，"缩进"组设置特殊格式为"首行缩进"，磅值为"2 字符"，"间距"组设置行距为"2 倍行距"，如图 2-8 所示，单击"确定"按钮，完成正文段落格式的设置。

图 2-7　标题行"段落"设置

图 2-8　正文段落设置

8）正文中部分文字特殊格式的设置

单击正文第一段中的任意位置，将光标定位到该段落，单击"开始"选项卡"段落"组右下角的扩展按钮，在弹出的"段落"对话框中进行相关设置："缩进和间距"选项卡中，"缩进"组设置"特殊格式"为"无"，单击"确定"按钮，完成该段落格式的设置。然后用鼠标选中该段所有文字，单击"开始"选项卡"字体"组中的 **B** 按钮，完成文字加粗的设置。

将上面的格式设置应用于段落"一、参与对象""二、规则说明"和"三、关联体育成绩说明"：将鼠标指针移动到段落"各院系"左侧，当其呈现为箭头形式时，单击选定该段，选择"开始"选项卡，双击"剪贴板"组中的"格式刷"按钮，鼠标指针变为格式刷样式，此时向正文下方移动鼠标指针，当到达段落"一、参与对象"左侧时，单击，此时该段落的格式与段落"各院系"相同；继续向正文下方移动鼠标指针，当到达段落"二、规则说明"左侧时，单击，此时该段落的格式与段落"一、参与对象"相同；同样的方式完成段落"三、关联体育成绩说明"的格式设置。此时鼠标指针仍然为格式刷样式，按键盘左上角的 Esc 键，取消格式刷的应用。

9）落款段落格式的设置

选中最后两个段落，单击"开始"选项卡"段落"组中的"文本右对齐"按钮，如图 2-9 所示，完成段落对齐方式的设置。

图 2-9　"右对齐"按钮

10）打印预览

单击快速访问工具栏右侧的下拉按钮，在展开的"自定义快速访问工具栏"下拉菜单中勾选"打印预览和打印"复选框，如图 2-10 所示，此时"打印预览和打印"命令按钮被添加到快速访问工具栏，如图 2-11 所示，单击此按钮，可以预览整篇文章的打印效果。

11）保存文件

确定文章的打印预览效果与设想的无误，直接单击"文件"→"保存"命令，在弹出的"另存为"对话框中将保存位置设置为 D 盘，文件名设置为"课外阳光跑通知"，保存类型为"Word 文档"，单击"保存"按钮即可完成文档的保存。

12）关闭文档

文档已经完成编辑，单击标题栏右上角的"关闭"按钮，如图 2-12 所示，关闭文档。如果在关闭该文档之前，仅有这一篇文档在编辑，那么关闭文档的同时，还将退出 Word 应用程序。

图 2-10　"自定义快速访问工具栏"菜单

图 2-11　自定义添加的"打印预览和打印"按钮

图 2-12　标题栏"关闭"按钮

2.1.3　"IP 地址的分类及简介"文档的编辑与排版

1. 案例知识点及效果图

一篇文档的内容可能是从无到有全部手工输入得到的，也可能是从其他地方复制、粘贴后再按照需要进行编辑得到的。本案例是将网上搜索得到的"IP 地址的分类及简介"复制后粘贴到 Word 文档，然后进行必要的编辑处理，主要运用以下知识点：复制和粘贴，查找和替换，字体设置、段落设置，段落的拆分等。原网页页面如图 2-13 所示，编辑后的 Word 文档如图 2-14 所示。

2. 操作步骤

1）复制所需文字内容

将网页上所需内容选中，按组合键 Ctrl+C，完成内容的复制。

2）新建文档

单击"开始"→"所有程序"→"Microsoft Office"→"Microsoft Word 2010"命令，打开 Word 2010 文档编辑窗口，并新建一个空白的 Word 文档。

3）在 Word 中粘贴复制的内容

在光标处右击，在弹出的快捷菜单中选择"粘贴选项"→"只保留文本"命令，如图 2-15 所示；网页中被选中的内容（除图片之外）被粘贴到 Word 文档中。

4）将所有的"ip"改为"IP"，并且加粗

单击"开始"选项卡"编辑"组中的"替换"命令，弹出"查找和替换"对话框，在"替换"选项卡的"查找内容"文本框中输入"ip"，在"替换为"文本框中输入"IP"，然后单击"更多"按钮，如图 2-16 所示；在展开的界面中单击"格式"下拉按钮，在

展开的下拉列表中选择"字体"选项，如图 2-17 所示；弹出"替换字体"对话框，选择"字形"列表中的"加粗"选项，然后单击"确定"按钮以使设置生效，如图 2-18 所示；同时"替换字体"对话框关闭，返回"查找和替换"对话框，如图 2-19 所示；单击"查找和替换"对话框中的"全部替换"按钮，完成全文中单词"IP"的格式设置。

图 2-13　原网页页面

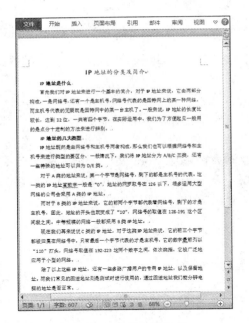

图 2-14　编辑完成效果

图 2-15　"粘贴"选项

图 2-16　单击"更多"按钮做进一步设置

图 2-17 替换时格式设置

图 2-18 替换为文字的加粗设置

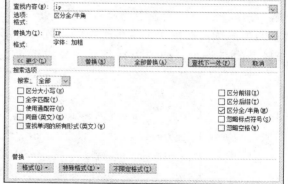

图 2-19 设置完成后的"替换和查找"对话框

5）所有的标点","改为中文标点","

文档中所有的","均为英文标点，单击"开始"选项卡"编辑"组中的"替换"按钮，将输入法切换为英文输入法（可通过 Ctrl+空格在中英文输入法之间切换），弹出"查找和替换"对话框，在"替换"选项卡的"查找内容"文本框中输入英文标点符号","，再将输入法切换到中文输入法，在"替换为"文本框中输入中文标点符号","，但此时"替换为"有第 4 步操作时留下的"加粗"格式，需要更改该设置。单击"不限定格式"命令按钮（如果没有看到该命令按钮，请先单击"更多"按钮），如图 2-20 所示，然后单击"全部替换"按钮，完成全文中英文逗号的替换。

图 2-20　中英文逗号的替换设置

6）全文字体、段落格式的设置

将鼠标指针移动到第一行文字左侧，当其呈现为箭头形式时，单击选定该行；单击"开始"选项卡"字体"组中的"字体"下拉按钮，在展开的下拉列表中选择"楷体"选项；然后在"字号"下拉列表中选择"三号"选项；单击"段落"组中的"居中"按钮，完成标题行的设置。

选定第二行至文末所有文字，单击"开始"选项卡"字体"组中的"字体"下拉按钮，在展开的下拉列表中选择"宋体（正文）"选项，然后在"字号"下拉列表中选择"小四"选项；单击"段落"组中的"行和段落间距"下拉按钮，在展开的下拉列表中选择"1.5"选项，如图 2-21 所示，完成正文的格式设置。

图 2-21　1.5 倍行距的设置

7）段落拆分

将光标定位到"我们将 IP 地址分为 A/B/C 三类，还有一些特殊的地址可以归为 D/E类。"句号之后，按 Enter 键，将光标后的两句话作为一个新的段落。

8）保存文件

单击"文件"→"保存"命令，在弹出的"另存为"对话框中将保存位置设置为 D

盘，文件名设置为“IP 地址的分类及简介”，保存类型为“Word 文档”，单击“保存”按钮完成文档的保存。

9）关闭文档

文档已经完成编辑，单击标题栏右上角的“关闭”按钮，关闭文档。

2.1.4 “诗词赏析”文档的制作与排版

1. 案例知识点及效果图

在一些出版物中，常常会将文章分栏显示，给文字内容加脚注或者尾注，或者采用首字下沉等特殊效果。本案例是一篇古诗词的中英文赏析，主要运用以下知识点：分栏、分节、尾注、首字下沉等。案例效果如图 2-22 所示。

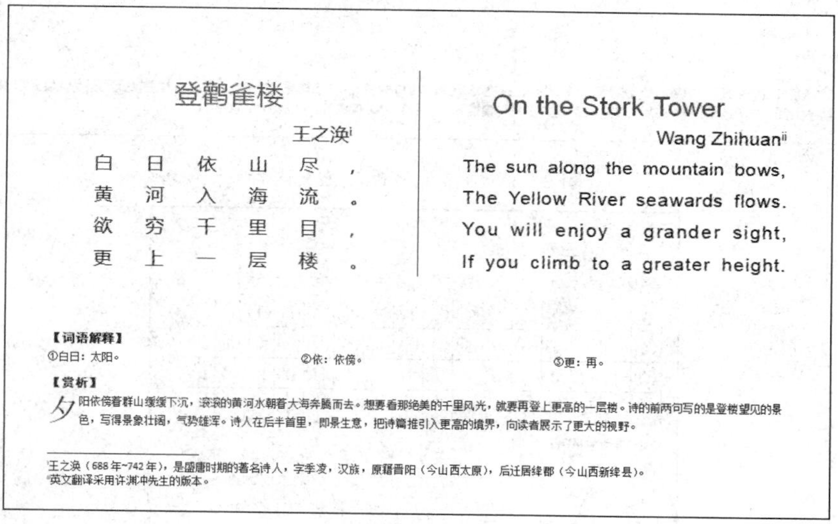

登鹳雀楼

王之涣[i]

白　日　依　山　尽　，
黄　河　入　海　流　。
欲　穷　千　里　目　，
更　上　一　层　楼　。

On the Stork Tower

Wang Zhihuan[ii]

The sun along the mountain bows,
The Yellow River seawards flows.
You will enjoy a grander sight,
If you climb to a greater height.

【词语解释】

①白日：太阳。　②依：依傍。　③更：再。

【赏析】

夕阳依傍着群山缓缓下沉，滚滚的黄河水朝着大海奔腾而去。想要看那绝美的千里风光，就要再登上更高的一层楼。诗的前两句写的是登楼望见的景色，写得景象壮阔，气势雄浑。诗人在后半首里，即景生意，把诗篇推引入更高的境界，向读者展示了更大的视野。

[i]王之涣（688年~742年），是盛唐时期的著名诗人，字季凌，汉族，原籍晋阳（今山西太原），后迁居绛郡（今山西新绛县）。
[ii]英文翻译采用许渊冲先生的版本。

图 2-22 “诗词赏析”文档效果

2. 操作步骤

1）新建文档

单击“开始”→“所有程序”→“Microsoft Office”→“Microsoft Word 2010”命令，打开 Word 2010 文档编辑窗口，并新建一个空白的 Word 文档。

2）页面设置

单击“页面布局”选项卡“页面设置”组中的“纸张方向”下拉按钮，在展开的下拉列表中选择“横向”选项；“纸张大小”使用默认 A4 尺寸，“页边距”使用默认设置：上、下页边距为“3.17 厘米”，左、右页边距为“2.54 厘米”。

3）输入正文内容

输入如图 2-23 所示的正文内容，其中“词语解释”部分用到的 3 个带圈的数字编号，按照如下方式输入：单击“插入”选项卡“符号”组中的“符号”下拉按钮，在展开的下拉列表中选择“其他符号”选项，在弹出的“符号”对话框的“符号”选项卡中，字体使用默认的"普通文本"，子集选择"带括号的字母数字"，然后单击需要的带圈数字，单击对话框的"插入"按钮即可，如图 2-24 所示；当不需要使用该对话框插入符号时，单击对话框的"关闭"按钮。

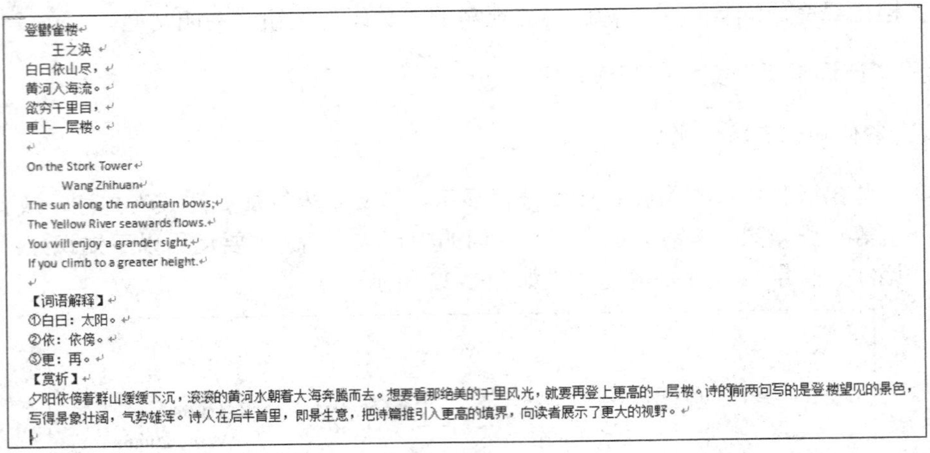

图 2-23   "诗词赏析"正文内容

图 2-24 "符号"对话框

4）诗句的字体设置

选中中文诗词全文（标题、作者和 4 句诗），单击"开始"选项卡"字体"组中的"字体"下拉按钮，在展开的下拉列表中选择"微软雅黑"选项；选中中文诗标题，在"字号"下拉列表中选择"一号"选项，选中中文诗句的作者和 4 句诗，在"字号"下拉列表中选择"小二"选项。

选中英文诗词全文（标题、作者和 4 句诗），单击"开始"选项卡"字体"组中的"字体"下拉按钮，在展开的下拉列表中选择"Arial"选项；选中英文诗标题，在"字号"下拉列表中选择"一号"选项，选中英文诗句的作者和 4 句诗，在"字号"下拉列表中选择"小二"选项。

5）中英文诗句分栏显示

光标定位到英文诗句最后一个句号之后，单击"页面布局"选项卡"页面设置"组中的"分隔符"下拉按钮，在展开的下拉列表中选择"分节符"组中的"连续"选项，如图 2-25 所示，则在英文诗句最后一句的后面，自动产生一个新的段落（段落内容无，仅有段落标记）。

选定中英文诗句，单击"页面布局"选项卡"页面设置"组中的"分栏"下拉按钮，在展开的下拉列表中选择"更多分栏"选项，弹出"分栏"对话框，设置如下：预设为"两栏"，分别勾选"栏宽相等"和"分隔线"复选框，应用于设置为"所选节"，如图 2-26 所示；分栏设置后页面效果如图 2-27 所示。

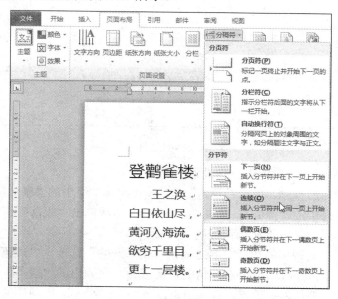

图 2-25 分节符的设置

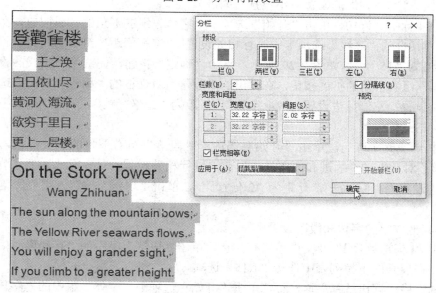

图 2-26 分栏设置

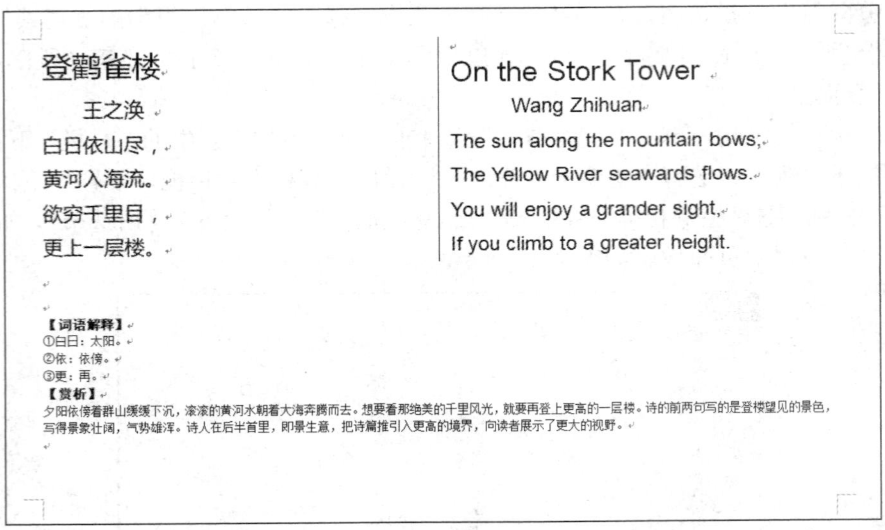

登鹳雀楼

王之涣

白日依山尽，
黄河入海流。
欲穷千里目，
更上一层楼。

On the Stork Tower

Wang Zhihuan

The sun along the mountain bows;
The Yellow River seawards flows.
You will enjoy a grander sight,
If you climb to a greater height.

【词语解释】
①白日：太阳。
②依：依傍。
③更：再。
【赏析】
夕阳依傍着群山缓缓下沉，滚滚的黄河水朝着大海奔腾而去。想要看那绝美的千里风光，就要再登上更高的一层楼。诗的前两句写的是登楼望见的景色，写得景象壮阔，气势雄浑。诗人在后半首里，即景生意，把诗篇推引入更高的境界，向读者展示了更大的视野。

图 2-27　分两栏后页面效果

6）分栏后中英文诗句的进一步设置

选中中文诗句的标题，单击"开始"选项卡"字体"组中的"字体颜色"下拉按钮，选择"标准色"组中的"深红"，如图 2-28 所示；然后单击"段落"组中的"居中"按钮。用同样的方式，完成英文诗句标题的设置。

光标定位到中文诗句的作者姓名之间，单击"开始"选项卡"段落"组中的"文本右对齐"按钮，单击"段落"组右下角的扩展按钮，在弹出的"段落"对话框的"缩进和间距"选项卡中进行相关设置：右侧缩进设置为"5 字符"。用同样的方式完成英文诗句作者姓名"右对齐"的设置（不设置右缩进）。

选中 4 行中文诗句，单击"开始"选项卡"字体"组右下角的扩展按钮，在弹出的"字体"对话框的"高级"选项卡中进行相关设置："字符间距"组中的间距设置为"加宽"，磅值为"15 磅"，如图 2-29 所示，单击"确定"按钮，完成字体格式的设置。单击"段落"组右下角的扩展按钮，在弹出的"段落"对话框的"缩进和间距"选项卡中进行相关设置：左侧缩进设置为"4 字符"，行距为"2 倍行距"，单击"确定"按钮，完成段落格式的设置。

选中 4 行英文诗句，单击"开始"选项卡"段落"组右下角的扩展按钮，在弹出的"段落"对话框的"缩进和间距"选项卡中进行相关设置：对齐方式为"分散对齐"，左侧缩进设置为"3 字符"，行距为"2 倍行距"，单击"确定"按钮，完成段落格式的设置。

7）其他文字的字体和段落设置

选中"【词语解释】"及文档后所有文字，单击"段落"组中的"行和段落间距"下拉按钮，在展开的下拉列表中选择"1.15"选项。

单独选中"词语解释"这一行，单击"开始"选项卡"字体"组中的"字体"下拉按钮，在展开的下拉列表中选择"黑体"选项；然后在"字号"下拉列表中选择"小四"

选项，并单击 **B** 按钮。保持"词语解释"这一行的选中状态，单击"段落"组右下角的扩展按钮，在弹出的"段落"对话框的"缩进和间距"选项卡中进行相关设置：段前间距为"0.5 行"，单击"确定"按钮，关闭"段落"对话框。

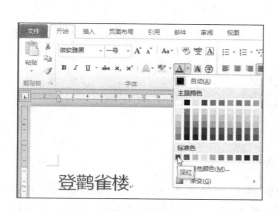

图 2-28　诗句标题的颜色设置

图 2-29　字符间距加宽

保持"词语解释"这一行的选中状态，单击"开始"选项卡"剪贴板"组中的"格式刷"按钮，鼠标指针变为格式刷样式，此时向正文下方移动鼠标指针，当到达段落"赏析"左侧时，单击，此时该段落的格式与段落"词语解释"相同。

8）词语解释部分分栏显示的设置

选中"词语解释"标题下的 3 行带圈数字标号开头的文字，单击"页面布局"选项卡"页面设置"组中的"分栏"下拉按钮，在展开的下拉列表中选择"三栏"选项。

9）最后一段首字下沉的设置

光标定位到最后一段中，单击"插入"选项卡"文本"组中的"首字下沉"下拉按钮，在展开的下拉列表中选择"首字下沉选项"，在弹出"首字下沉"对话框中，位置设置为"下沉"，下沉行数设置为"2"，如图 2-30 所示，单击"确定"按钮完成设置并关闭对话框。

图 2-30　首字下沉设置

10）尾注的设置

光标定位到中文诗句作者名"涣"字右侧，单击"引用"选项卡"脚注"组中的"插入尾注"按钮，则"涣"字右上角自动出现上标形式的小写罗马数字"i"，该页文档下方自动出现一条短直线，光标位于该直线下方，光标前显示小写罗马数字"i"，此时输入文字内容"王之涣（688 年～742 年），是盛唐时期的著名诗人，字季凌，汉族，原籍晋阳（今山西太原），后迁居绛郡（今山西新绛县）。"。

光标定位到英文诗句作者名"huan"右侧，单击"引用"选项卡"脚注"组中的"插入尾注"按钮，则"huan"字右上角自动出现上标形式的小写罗马数字"ii"，在尾注"i 王之涣（688 年～742 年），是盛唐时期的著名诗人，字季凌，汉族，原籍晋阳（今山西太原），后迁居绛郡（今山西新绛县）。"下自动产生一个新行，光标前显示小写罗马数字"ii"，此时输入文字内容"英文翻译采用许渊冲先生的版本。"。

11）打印预览

单击快速访问工具栏的"打印预览和打印"按钮，预览整篇文档设置完成后的效果。

12）文档的保存和关闭

确定文章打印预览效果与设想的无误，直接单击"文件"→"保存"命令，在弹出的"另存为"对话框中将保存位置设置为 D 盘，文件名设置为"诗词赏析"，保存类型为"Word 文档"，单击"保存"按钮完成文档的保存。

文档已经完成编辑，单击标题栏右上角的"关闭"按钮，关闭文档。

2.1.5　知识点详解

1. 文档的新建、打开、保存和保护、关闭和退出

Word 文档是文本、图片、表格等元素的容器，需要首先创建一个 Word 文档，才可以在文档中进行输入或编辑等操作。Word 2010 创建的文档，可以是空白文档，也可以是基于模板的文档，此处介绍最常使用的空白文档。

1）新建空白文档

空白文档是没有使用过的、无任何信息的文档，在空白文档中无任何编辑设置，用户可根据需要自行输入和编辑文本内容。

启动 Word 2010 之后，Word 2010 会自动创建一个空白文档，此文档的默认名为"文档 1"。如果此时单击"文件"→"新建"命令，在"可用模板"列表中选择"空白文档"选项，单击"创建"按钮，如图 2-31 所示，即可创建一个名为"文档 2"的空白文档。

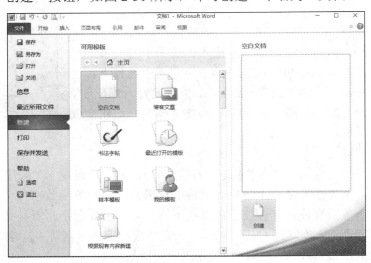

图 2-31　新建空白文档

另外一种较常用的方式是，按组合键 Ctrl+N，可以快速新建一个新的空白文档。

还可以在快速访问工具栏添加"新建"按钮，以后只要单击此按钮就可以创建一个新的空白文档。

2）打开已存在的文档

当要对某个已经存在的文档进行编辑、修改时，首要一步就是要打开这个文档。

如果当前并未启动 Word 应用程序，用户对于要编辑的 Word 文档存放位置非常清楚，可以在存放 Word 文档的文件夹窗口中，双击该 Word 文档即可。

如果当前已经启动了 Word 应用程序，可以单击"文件"→"打开"命令，在弹出的"打开"对话框中选择目标文件后，单击"打开"按钮即可打开该文档。

需要注意的是，Word 2010 除了可以打开、编辑 Word 文档，还可以打开其他格式的文件，如 WPS 文件、纯文本文件等。这种情况下只需要在"打开"对话框的"文件名"文本框右侧的"文件类型"下拉列表中选择相应选项即可，如图 2-32 所示。

图 2-32 "打开"文件类型的选择

如果忘记了文档保存的文件名和位置，但是恰巧该文档是近期在 Word 2010 中使用过的，这种情况可以使用"文件"选项卡中的"最近所用文件"命令，去找到和打开该文档。因为 Word 2010 会保存用户最近使用过的文档（默认保存文档的数量为 20 个），用户可以通过"最近所用文件"列表中提供的快捷方式打开近期使用过的文档，而免去在存储设备中寻找的过程，如图 2-33 所示。

有时打开文档只是为了查看内容，并非要做修改和编辑，为了避免对打开的文档进行错误的修改，可以使用只读方式打开 Word 文档，这样就不必担心文档被修改了。这种情况在单击"文件"→"打开"命令，弹出"打开"对话框后，在对话框中单击"打开"下拉按钮，在展开的下拉列表中选择"以只读方式打开"选项即可，如图 2-34 所示。

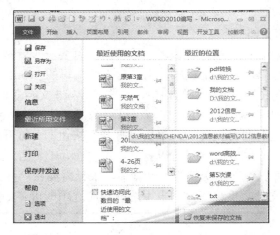

图 2-33　最近所用文件

图 2-34　设置"只读"方式打开文件

3）保存文档

文档编辑完成后，为防止文档丢失，方便下次打开继续编辑，需要将文档保存起来。

在 Word 2010 应用程序窗口中，直接单击快速访问工具栏中的"保存"按钮是比较快捷的方式，或者按组合键 Ctrl+S 也能够很方便地保存文档，习惯使用选项卡的用户，可以单击"文件"→"保存"命令。如果当前的保存工作，是对新建文档进行的第一次"保存"操作，此时的"保存"命令相当于"另存为"命令，会出现"另存为"对话框，如图 2-35 所示。

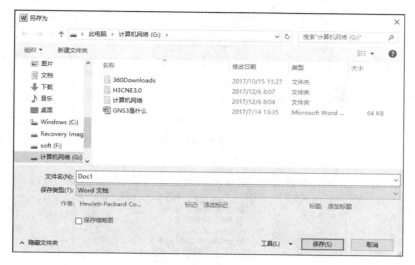

图 2-35 "另存为"对话框

在"另存为"对话框的保存位置列表中选择所要保存文档的文件夹，在"文件名"文本框中输入具体的文件名，默认保存类型为"Word 文档"，不做更改，然后单击"保存"按钮，执行保存操作。保存文档后，该文档窗口并没有关闭，用户可以继续输入或编辑该文档。

对已有的文件进行打开和修改操作后，同样可用上述方法将修改后的文档以原来的文件名保存在原来的文件夹中，此时不再出现"另存为"对话框。

如果在保存文档时，需要更改文档的名称，或者是保存位置，甚至是文档类型，可以单击"文件"→"另存为"命令，弹出"另存为"对话框，在对话框中做出相应设置即可。

如果在 Word 2010 中制作的文档，希望可以使用以前的软件版本打开编辑或者浏览，需要在"另存为"对话框中，将保存类型设置为"Word 97-2003 文档"，Word 2010 的默认保存类型为"Word 文档"，文件扩展名为".docx"；如果保存类型设置为"Word 97-2003文档"，文件扩展名为".doc"。"保存类型"下拉列表中还有许多其他类型可供保存文档时选择使用。

4）保护文档

设置密码是保护文件的一种方法，通过使用密码帮助阻止未经授权的访问，可以对文档进行保护。单击"文件"→"信息"命令，如图 2-36 所示。单击"保护文档"下拉按钮，在展开的下拉列表中选择"用密码进行加密"选项；在出现的"加密文档"框中，输入密码，然后单击"确定"按钮，在"确认密码"框中，重新输入该密码，然后单击"确定"按钮。

5）关闭文档和退出 Word 应用程序

"文件"选项卡中的"关闭"和"退出"是两种功能不一样的命令。"关闭"是指关闭正在编辑或者浏览的文档，仅仅关闭当前 Word 文档窗口，对 Word 应用程序窗口并无影响。"退出"表示关闭 Word 应用程序窗口，包括所有打开的 Word 文档窗口。

图 2-36　保护文档的设置

在 Word 窗口标题栏最右侧，同样有一个"关闭"按钮，如果同时打开了多个 Word 文档，但仅单击了其中一个文档窗口标题栏右侧的"关闭"按钮，那么该文档被关闭，其他文档窗口继续运行。如果此时仅有一个 Word 文档窗口，那么此时标题栏右侧的"关闭"按钮同时具备了"关闭"和"退出"两种功能，单击标题栏右侧的"关闭"按钮，处于运行的唯一的 Word 文档窗口被关闭，同时 Word 应用程序退出。

2. 文档的恢复、预览和打印

1）文档的恢复

在 Word 中对文档进行操作的过程中，可能由于意外导致 Word 应用窗口被突然关闭，而用户对文档所做的修改还没来得及保存，这时 Word 会自动尝试恢复文档。当 Word 应用程序意外关闭后，再次启动 Word 应用程序时，会在文档编辑区左侧出现"文档恢复"窗格，如图 2-37 所示。用户可以直接单击列表中的某一项，编辑区将出现该版本的文档内容，此时用户可以再来完成保存操作。用户也可以单击"文件"→"信息"命令，如图 2-38 所示。单击"管理版本"下拉按钮，在展开的下拉列表中选择"恢复未保存的文档"选项，弹出"打开"对话框，此时的文件位置和文件类型为 Office 自动设置的，不必做更改，在文件列表中选择需要的版本，单击"打开"按钮即可。

2）文档的预览

预览文档是在屏幕上显示打印效果，预览看到的样子就是打印之后的样子，避免直接打印文档时出现意想不到的情形，因此尽量养成打印之前先预览效果的习惯。

单击"文件"→"打印"命令，或者按组合键 Ctrl+P，页面将根据窗口大小自动缩放，供用户查看打印后将会出现的效果，如图 2-39 所示。在打开的"打印"窗口右侧预览区域可以查看 Word 2010 文档的打印预览效果，用户所做的纸张方向、页面边距等设置都可以通过预览区域查看效果，并且用户还可以通过调整预览区下面缩放工具的滑块改变预览视图的大小。"上一页""下一页"按钮，可以切换不同的页面，方便用户查看其他页面的打印效果。如果满意该效果，可以直接打印；如果有需要调整的地方，直接选择"开始"选项卡，重新进行编辑。

图 2-37 "文档恢复"窗格

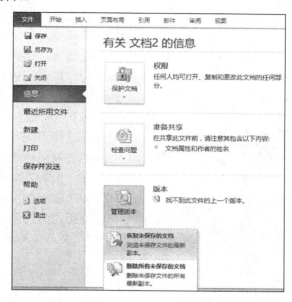

图 2-38 文档的恢复

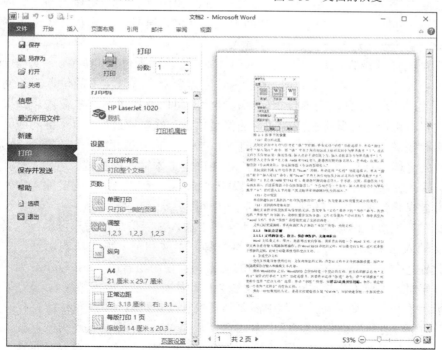

图 2-39 打印预览

3）文档的打印

预览完成后，通常还需要进行打印设置，如使用哪一台打印机、打印文档的哪些页面、打印的份数、纸张方向等。

图 2-40　打印范围的设置

需要注意的是打印范围的设置。如果要打印文档所有内容，直接使用默认的"打印所有页"即可。一些满足特定规律的页面 Word 本身有提供选项，如奇数页、偶数页、当前页。对于一些没有太多规律的特殊页面的打印，就该选择"打印自定义范围"选项，如图 2-40 所示。例如，打印第 3～7 页，可以在"页数"文本框中输入"3-7"（不包括双引号），即连续页码可以直接给出起始值和终止值，两个页码之间用连接符连接；打印第 3 页和第 7 页，可以在"页数"文本框中输入"3,7"（不包括双引号），即不连续的页码需将每一个页码都给出来，页码之间用逗号分隔；打印第 3 页、第 7～11 页，可以在"页数"文本框中输入"3,7-11"（不包括双引号）。

3. 文档的基本编辑

1）文本、符号及公式的输入

在 Word 2010 中，用户可以将需要的内容输入文档中，如文字、符号、公式和特殊符号等都可进行输入。

（1）确定文本输入位置。在 Word 文档中输入文本前，首先需要确定输入文本的位置。若文档中鼠标指针呈"I"形，并且在当前位置闪烁，则此时可以直接进行文本输入。如果想要更换其他位置，可以通过鼠标在文档其他的位置单击，或者通过按 Enter 键，或者是键盘上的光标控制键"↑"（向上）、"↓"（向下）、"←"（向左）、"→"（向右）4 个方向键，将文档中的光标进行移动，同样可以在文档中确定文本输入的位置。

（2）输入文字。在 Word 文档中，最基本的输入元素是文字。确定输入文本的位置后，通过键盘将需要的文字信息输入文档中即可。

英文字符直接从键盘输入，在 Word 文档中输入文字信息，用户可以自定义选择需要的中文输入法，如搜狗、五笔、微软拼音等。中文和英文输入法的切换，一般使用 Ctrl+空格键进行，不同中文输入法之间的切换一般使用组合键 Ctrl+Shift。当内容输入一行的行尾时，不要人为按 Enter 键，系统会自动换行。输入段落结尾时，应按下 Enter 键，表示段落结束。如果在某段落中需要强行换行，也可以使用 Enter 键完成。

（3）"插入/改写"模式。"插入"和"改写"是 Word 的两种编辑方式。插入是指将输入的文本添加到光标所在位置，光标以后的文本依次往后移动；改写是指输入的文本将替换光标后面位置的文本。

　　例如，输入"abcef"后，将光标移到"e"的前面，在插入模式下输入"d"，结果为"abcdef"，即输入的字母"d"插入字母"c"和字母"e"中间了；在改写模式下输入"d"，结果为"abcdf"，即输入的字母"d"取代了光标后面的字母"e"。

　　插入和改写两种编辑方式是可以切换的，可以通过按键盘上的 Insert 键在两者之间切换，也可以单击 Word 文档窗口状态栏上的"插入"（或者"改写"）命令在两者之间切换。通常 Word 文档默认的编辑模式为"插入"模式，但需要注意的是，可能因为对键盘上 Insert 键的误操作而导致"插入/改写"模式的转换。

　　（4）输入符号。文档编辑过程中，还会用到一些标点符号。特殊符号可通过 Word 中"插入符号"的方式输入，也可以通过右击某输入法指示器图标中的软键盘，在弹出的快捷菜单中将一些符号输入进去，包括标点符号、数字序号、数学符号、单位符号等。

　　在 Word 2010 工作窗口中，单击"插入"选项卡"符号"组中的"符号"下拉按钮，在展开的下拉列表中选择"其他符号"选项，如图 2-41 所示，弹出"符号"对话框，如图 2-42 所示。在"符号"选项卡中选择需要的符号图标，单击"插入"按钮即可。

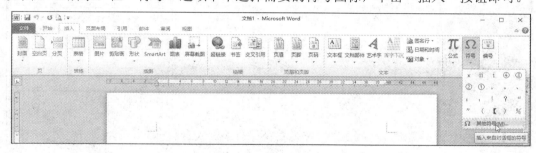

图 2-41　插入符号

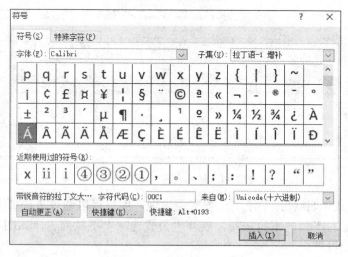

图 2-42　"符号"对话框

　　在"符号"对话框中，用户可以通过"字体"下拉列表和"子集"下拉列表对符号的字体和样式进行设置。

（5）输入公式。用户如果需要在 Word 文档中输入一些含有数学公式的文本，可以选择 Word 2010 预设的一些公式进行输入。

单击"插入"选项卡"符号"组中的"公式"下拉按钮，可以在展开的下拉列表中选择 Word 2010 提供的内置公式直接使用，也可以选择"插入新公式"选项，由用户自己输入需要的公式。假设选择了 Word 2010 内置的"二次公式"，如图 2-43 所示，文档中将会出现该内置公式，如图 2-44 所示。

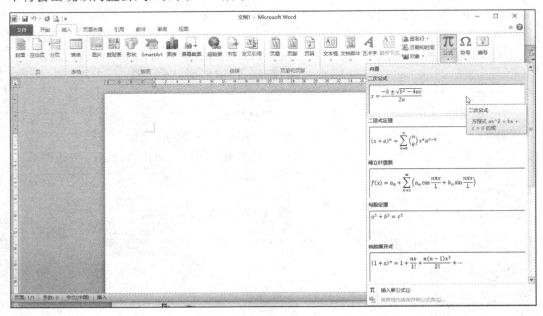

图 2-43　插入公式

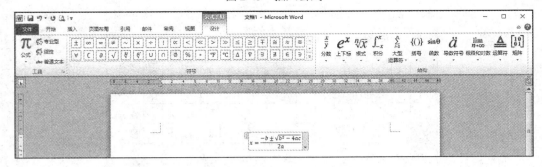

图 2-44　插入内置"二次公式"

同时，"公式工具-设计"浮动选项卡会出现，用户可以通过该选项卡，或者单击文档中公式编辑框右下角的下拉按钮，展开"公式选项"下拉列表，如图 2-45 所示，对公式做进一步的设置。

2）文本内容的选择

当用户需要对某段文本进行移动、复制、删除等操作时，必须先选中它们，然后进行相应的处理。当文本被选中后，所选文本呈反色显示，如图 2-46 所示。如果想要取消选中状态，直接单击即可。

图 2-45 "公式选项"下拉列表

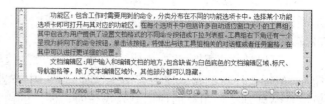

图 2-46 被选中文本的状态

（1）使用鼠标选择文本。将鼠标指针移到要选择文本的首部，拖曳鼠标到所选文本的末端，然后松开鼠标。所选文本可以是一个字符、一个句子、一行文字、一个段落、多行文字，甚至是整篇文档。下列几种情形的文本选择，使用鼠标将会比较方便完成。

① 选中一行文字：将鼠标指针移动到该行的左侧，当鼠标指针变成箭头 形式时，单击即可。

② 选中一个段落：将鼠标指针移动到该段落的左侧，当鼠标指针变成箭头 形式时，双击即可。

③ 整篇文档：将鼠标指针移动到文档任意处正文的左侧，当鼠标指针变成箭头 形式时，连续快速三次单击即可。

④ 选择不连续的任意文本：拖曳鼠标选择第一处文本内容，按键盘上的 Ctrl 键的同时，在需要选择的下一处文本内容上拖曳，拖曳鼠标到需要的位置后释放鼠标左键，继续保持按键盘上的 Ctrl 键的同时，在需要选择的下一处文本内容上拖曳，拖曳鼠标到需要的位置后释放鼠标左键，然后松开键盘按键，此时可以完成三段不连续文本的选择。按照此方法可以选择多处不连续的文本内容。

（2）使用组合键选择文本。下列几种情形的文本选择，使用键盘将会比较方便完成。先将光标移到要选择的文本之前，然后用组合键选择文本。常用组合键的使用方法如表 2-1 所示。

表 2-1 常用组合键的使用

组合键	使用方法
Shift+→	按住 Shift 键不要松开，单击一次→选中一个字符或者一个汉字，单击多次→，向右选中连续的多个字符或者汉字
Shift+←	按住 Shift 键不要松开，单击一次←选中一个字符或者一个汉字，单击多次←，向左选中连续的多个字符或者汉字
Shift+↓	选取至下一行
Shift+↑	选取至上一行
Shift+Home	由光标处选取至当前行行首
Shift+End	由光标处选取至当前行行尾
Ctrl+Shift+→	向右选取一个单词
Ctrl+Shift+←	向左选取一个单词
Ctrl+A	选取整篇文档

3）文本内容的删除、移动、复制和粘贴

（1）文本的删除。删除光标左侧的一个字符使用 Backspace 键，删除光标右侧的一个字符用 Delete 键。删除较多连续的字符或成段的文字，需要先选中要删除的文本块，再按 Delete 键或 Backspace 键。

也可以选中要删除的文本块后，单击"开始"选项卡"剪贴板"组中的"剪切"按钮✄。但需要注意的是，使用剪切操作时，文档中被删除的内容会保存到"剪贴板"上，可以粘贴到别处使用；而使用删除操作时，删除的内容则不会保存到"剪贴板"上。

（2）文本的移动。移动是将文字或字符图形等从原来的位置移动到另一个新位置。最简单的方法是直接用鼠标将文本拖曳到新的位置上。首先选中要移动的文本内容，然后按下鼠标的左键将文本拖曳到新位置，最后放开鼠标左键即可。

如果文本的移动距离较远，可以使用"剪切"和"粘贴"命令来完成：首先选中要移动的文本，再单击"开始"选项卡"剪贴板"组中的"剪切"按钮，然后将光标移到目标位置，最后单击"开始"选项卡"剪贴板"组中的"粘贴"按钮▦即可。

"剪切"按钮的功能也可以使用组合键 Ctrl+X 来实现，"粘贴"按钮的功能也可以使用组合键 Ctrl+V 来实现。

（3）文本的复制。文本的复制，通常需要复制操作与粘贴操作一起成对使用。在选中要复制的文本块后，单击"开始"选项卡"剪贴板"组中的"复制"按钮▦，此时选中的文本内容在"剪贴板"上有着一个一模一样的备份；将光标移到文档中需要该内容的位置，单击"开始"选项卡"剪贴板"组中的"粘贴"按钮。

"复制"按钮的功能也可以使用组合键 Ctrl+C 来实现。

也可以在选中要复制的文本块后，按 Ctrl 键的同时，用鼠标拖曳选中的文本块到新位置，然后放开 Ctrl 键和鼠标左键，完成文本的复制。

操作方式多种多样，用户尽可以使用自己习惯的方式来完成。

（4）文本的粘贴。在 Word 2010 文档中，当执行"复制"或"剪切"操作后，通常还会单击"开始"选项卡"剪贴板"组中的"粘贴"按钮，此时会出现"粘贴选项"，如图 2-47 所示；在粘贴的目标位置右击，一样会出现"粘贴选项"，如图 2-48 所示。这3 个选项依次是"保留源格式"、"合并格式"和"仅保留文本"。

图 2-47　粘贴选项　　　　　　　　　　　图 2-48　右击出现的粘贴选项

"保留源格式"命令：被粘贴内容保留原始内容的格式。

"合并格式"命令：被粘贴内容保留原始内容的格式，并且合并应用目标位置的格式。

"仅保留文本"命令：被粘贴内容清除原始内容和目标位置的所有格式，仅仅保留文本。

一般来说，在同一文档内粘贴内容可以在"保留源格式"、"合并格式"和"仅保留文本"3 种粘贴方式中选择；跨文档粘贴时，两个文档的格式不同，则需要谨慎选择。

"保留源格式"是 Word 2010 默认的粘贴选项。如果想更改设置，可以在 Word 2010 中单击"文件"→"选项"命令，在弹出的"Word 选项"对话框中选择"高级"选项，在右侧列表中找到"剪切、复制和粘贴"，可以设置 Word 2010 各种粘贴的方式，如图 2-49 所示。经过对 Word 2010 粘贴选项的设置，以后在 Word 2010 中粘贴文档内容的时候就可以使用默认的粘贴方式，不用再去选择了。

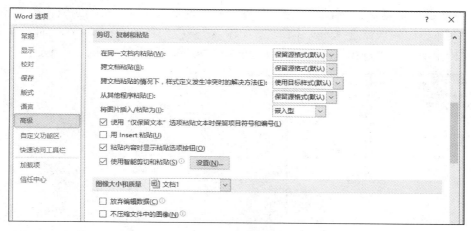

图 2-49　粘贴选项的高级设置

4）剪贴板

剪贴板是 Word 2010 中存放复制或剪切后的内容的一个功能区，可以存储多个复制或剪切的内容对象。用户可以根据需要粘贴剪贴板中的任意一个对象，只需将光标定位到目标位置，然后单击剪贴板中的某个要粘贴的对象即可。

单击"开始"功能选项卡"剪贴板"组右下角的扩展按钮，打开"剪贴板"窗格，如图 2-50 所示。剪贴板中最多可以保存 24 项复制或剪切的对象。图 2-50 所示剪贴板中存放着两项内容，第一项是图片，第二项是文本，用户可以根据需要，直接单击其中的任一项进行粘贴操作。

5）撤销和恢复

Word 提供了撤销功能，用于取消最近对文档进行的误操作。撤销最近的一次误操作可以直接单击快速访问工具栏中的"撤销"按钮，或者通过组合键 Ctrl+Z 来快速撤销刚执行过的操作步骤。

如果要撤销近几次的操作，可以单击"撤销"下拉按钮，在展开的下拉列表中查看最近进行的可撤销操作，如图 2-51 所示。在列表中单击要撤销的误操作步骤即可。撤销某操作的同时，也撤销了列表中所有位于它之前的操作。

快速访问工具栏中"重复"按钮的功能是恢复被撤销的操作，其操作方法与撤销操作基本类似。

6）文本的查找与替换

使用 Word 输入或修改文章时，有时需要批量修改一些内容，如果人工一个一个地在文中找到然后修改，不仅速度慢，而且容易遗漏，因此 Word 提供了查找和替换功能。通过查找和替换可以在整个 Word 文档中找到需要替换的内容，并且可以在找到后直接替换成需要的内容。

（1）查找。用户在查看或编辑一个长篇文档时，可以通过查找文本功能将长篇文档中的某一个字或某一段文本内容找到，不用通过查看整篇文章进行查找。

单击"开始"选项卡"编辑"组中的"查找"下拉按钮，在展开的下拉列表中选择"查找"选项，如图 2-52 所示。"导航"窗格将出现在编辑区文档的左侧，在"导航"窗格的文本框中输入待查找的文本内容，如输入"查找"两个字作为待查找的文本内容，此时文档中所有的"查找"两个字将以黄色底纹被高亮显示，如图 2-53 所示。

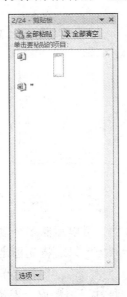  

图 2-50 "剪贴板"窗格　　图 2-51 可撤销操作列表　　图 2-52 "查找"下拉列表

（2）替换。使用替换功能时，可以仅仅替换文本内容，也可以在替换时设定与查找内容不一样的格式，甚至还可以进行符号的替换。

① 纯文本内容的替换。单击"开始"选项卡"编辑"组中的"替换"按钮，弹出"查找和替换"对话框。在"查找内容"文本框中输入文字，如"中药"，在"替换为"文本框中输入替换后的文字，如"中草药"，如图 2-54 所示。如果确定要将整篇文档中的"中药"全部替换为"中草药"，则单击"全部替换"按钮，Word 会在全文中查找指定内容并自动完成所有的替换。如果并不是文档中所有的"中药"都需要替换

成"中草药"，就不能使用"全部替换"功能。单击"查找下一处"按钮，如果查找到的字符串需要替换，则单击"替换"按钮进行替换；否则，继续单击"查找下一处"按钮。

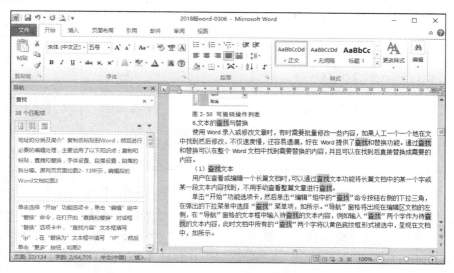

图 2-53 "导航"窗格及查找的结果

图 2-54 纯文本的替换

② 替换为带格式的内容。例如，要将文档中所有的"Word"替换为"**Word 2010**"，替换后的内容是有加粗设置的。单击"开始"选项卡"编辑"组中的"替换"按钮，弹出"查找和替换"对话框。在"查找内容"文本框中输入文字"Word"，在"替换为"文本框中输入替换后的文字"Word 2010"，然后单击"更多"按钮，在展开的界面中单击"格式"下拉按钮，在展开的下拉列表中选择"字体"选项，弹出"替换字体"对话框，选择"字形"列表中的"加粗"选项，然后单击"确定"按钮以使设置生效；同时"替换字体"对话框被关闭返回"查找和替换"对话框，如图 2-55 所示；单击"查找和替换"对话框中的"全部替换"按钮，则文档中所有的"Word"都变成了"**Word 2010**"。

如果在当前替换操作之后，接着还要进行其他的替换操作，但是"替换为"内容并不具备加粗的效果，那么在新的"查找和替换"对话框中，输入"替换为"文本框中的内容后，单击"更多"按钮，在展开的界面中单击"不限定格式"按钮，则"替换为"文本框中的内容不具备任何格式设置。

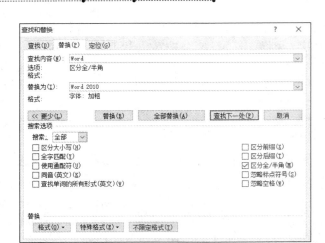

图 2-55 "替换为"内容的加粗格式设置

③ 特殊符号的替换。有时候从网页上复制、粘贴到 Word 文档中的内容，会带有一定的格式，即使粘贴选项选择"只保留文本"仍然无法解决，如文字之间的空格，如图 2-56 所示。如果手动一个一个地删除，将会花费较多的时间，也容易出错，这时可以直接使用替换功能来实现。

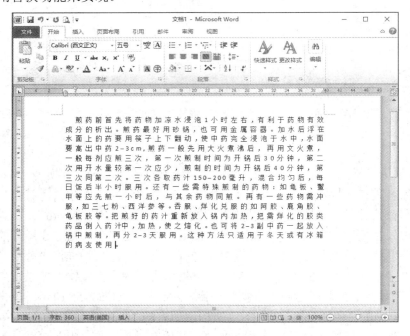

图 2-56 文本中包含众多不必要的空格

选中文档中任意两个字符之间的空格，然后按组合键 Ctrl+C 实现复制，单击"开始"选项卡"编辑"组中的"替换"按钮，在弹出的"查找和替换"对话框中，将光标定位到"查找内容"文本框内，按组合键 Ctrl+V 实现粘贴，"替换为"文本框中空着（不必输入任何内容），直接单击"全部替换"按钮，两个字符之间的空格都被删除，同时弹出对话框告知用户替换操作的进展，如图 2-57 所示。

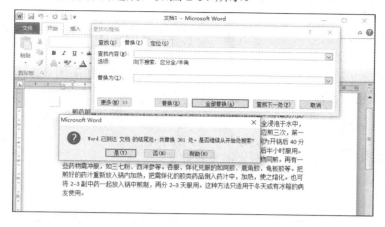

图 2-57 "替换"操作进展

同时我们也发现，如果"替换为"文本框的内容设置为空，单击"全部替换"或者"替换"按钮，实际执行效果就是将查找的内容从文档中删除了。

7）修订与批注

用 Word 进行文档编辑时可方便地做出对文档内容的修订和批注，并方便用户实现审阅交流文档内容。

（1）添加及显示批注。批注是作者或审阅者给文档添加的注释或注解信息，通过查看批注可更加方便审阅者交流文档修订内容，让用户更加清楚地了解某些文字的背景信息。

选择要对其进行批注的文本，或是将光标移至被批注的文本的末尾处，单击"审阅"功能选项卡"批注"组中的"新建批注"按钮，在弹出的批注编辑框中输入批注的文本内容即可，如图 2-58 所示。

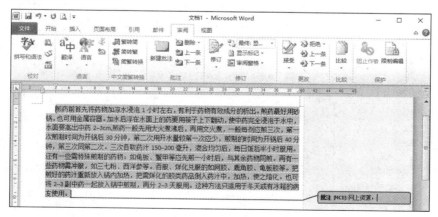

图 2-58 批注的添加

单击"审阅"选项卡"修订"组中的"显示标记"下拉按钮，在展开的下拉列表中勾选"批注"复选框，如图 2-59 所示，即完成在文档中显示批注内容。

（2）隐藏和删除批注。对于已经建立了批注的文档，当不希望批注始终显示时，可以在图 2-59 中取消勾选"显示标记"下拉列表中的复选框，这时文档中已添加的批注将隐藏。

删除批注最直接的方式是，在文档中选择要删除的批注项，然后在其上右击，在弹出的快捷菜单中选择"删除批注"命令即可。

如果要删除文档中所有的批注，可以在"审阅"功能选项卡的"批注"组中，单击"删除"下拉按钮，在展开的下拉列表中选择"删除文档中的所有批注"选项即可。

4．文档的排版

文档的内容编辑完成后，通常还需要设置字体、段落、页面格式，使文档看起来更美观、更舒适。

1）字符排版

字符排版是对字符的字体、大小、颜色、显示效果等格式进行设置。通常使用"开始"选项卡"字体"组中的按钮完成常见的字符排版，而更多的格式设置项目，则可以通过"字体"对话框来完成。

对字符进行格式设置前，必须首先选中操作对象。

（1）字体、字号等常规设置。选中要设置或改变字体的字符，单击"开始"选项卡"字体"组中的"字体"下拉按钮，在展开的下拉列表中选择所需的字体即可，如图 2-60 所示。

Word 中字符的大小有两种表示方式：一种是文本形式的，从初号、小初、一号直到八号，对应的文字越来越小；另一种是数字形式的，从 5、5.5、6.5 变化到 72，数值越小，表示的字符越小。选中要设置或改变字号的字符，单击"开始"选项卡"字体"组中的"字号"下拉按钮，从展开的下拉列表中选择所需的字号即可，如图 2-61 所示。

图 2-59　显示"批注"的设置　　图 2-60　"字体"下拉列表　　图 2-61　"字号"下拉列表

"开始"选项卡"字体"组中的其他按钮，还有"加粗"**B**、"斜体"*I*、"下划线"**U** ▾、"字符底纹"**A**、"字符边框"**A**、"增大字体"**A**、"缩小字体"**A**等。

字符的格式，也可以通过对话框进行设置。选中进行格式设置的字符，单击"开始"选项卡"字体"组右下角的扩展按钮，弹出"字体"对话框。在"字体"对话框中有两个选项卡："字体"和"高级"，如图 2-62 所示。

"字体"选项卡中的"中文字体"和"西文字体"分别用来对中、英文字符进行字体设置；"字形"列表包括"常规"、"倾斜"、"加粗"和"加粗倾斜"；"字号"用来设置字符大小；"字体颜色"用来为选中的字符设置不同的颜色；"下划线线型"和"下划线颜色"给出了不同样式和颜色，供用户组合使用；"着重号"用来设置字符下方有或者无着重号；"效果"提供了更多特殊的显示效果，只需勾选效果名称前的复选框即可；"预览"窗口可以随时观察设置后的字符效果；"设为默认值"按钮是将当前的设定值作为默认值保存；如果单击"文字效果"按钮，将会弹出"设置文本效果格式"对话框，如图 2-63 所示，可对普通字符完成类似艺术字效果的设置。

图 2-62 "字体"对话框

图 2-63 "设置文本效果格式"对话框

（2）字体、字号等高级设置。"高级"选项卡中主要有 3 项属性："缩放"是指字符在屏幕上显示的大小与真实大小之间的比例；"间距"是指字符间的距离；"位置"是指字符相对于水平基准线的位置，如图 2-64 所示。

例如，要将文字"湖北中医药大学"设置为宋体、一号、波浪形下划线、蓝色，并增加字间距。先选中需要设置格式的字符"湖北中医药大学"，然后单击"开始"选项卡"字体"组右下角的扩展按钮，弹出"字体"对话框。在"字体"选项卡的"中文字体"下拉列表中选择"宋体"，"字号"列表中选择"一号"，"下划线线型"下拉列表中选择波浪形，"字体颜色"下拉列表中选择"蓝色"；选择"高级"选项卡，在"字符间距"组中将间距设置为"加宽"，磅值设置为"5 磅"，单击"确定"按钮完成，这时从屏幕上即可看到设置格式后的效果。

例如，将字符"C5"中的 5 设置为上标。首先输入"C5"，并选中"5"；然后单击

"开始"选项卡"字体"组右下角的扩展按钮，弹出"字体"对话框，在"字体"选项卡中的"效果"组中勾选"上标"复选框，单击"确定"按钮，这时从屏幕上即可看到设置格式后的效果：C^5。

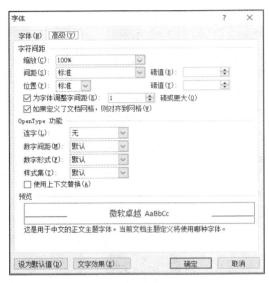

图 2-64 "字体"对话框"高级"选项卡

（3）字体、字号格式的清除。在编辑文档的过程中，为了美化文档版面，经常会为文字添加各种格式，如加粗、斜体、阴影、边框、底纹及字符缩放等，如果要清除这些附加的文字格式，逐个查找更正将会非常麻烦。要快速清除文字附带的各种格式，只需要利用"清除格式"按钮即可。选中需要清除格式的文字，然后单击"开始"选项卡"字体"组中的"清除格式"按钮，即可将选中的文字变为纯文本。

2）格式刷的应用

格式刷是 Word 中功能非常强大的工具，它可以将格式复制或传递给其他的文字。当文档中有分布在不同位置，但是格式设置相同的文本时，我们就可以利用格式刷来快速完成这些相同的设置。

使用格式刷对多项内容进行同样的设置时，需要首先完成一项内容的所有格式设置，如想要将文档中所有的标题设置为"黑体、四号、加粗"，那么先选中第一个标题，完成相应的字体设置；然后选中已经设置好格式的该标题文本，单击"开始"选项卡"剪贴板"组中的"格式刷"按钮；当鼠标指针呈刷子形状时，拖动鼠标指针选中目标文本即可。但是单击之后的格式刷只能应用一次，当刷子在一个对象上完成了操作之后，格式刷就失效了。如果需要在多处应用相同的格式设置，那么就应该双击格式刷，然后依次去"刷"第二个对象，第三个对象……当所有对象都使用格式刷完成了相同的设置，要退出格式刷命令时，只需再次单击"开始"选项卡"剪贴板"组中的"格式刷"按钮，或者按键盘左上角的 Esc 键即可。

格式刷对于段落格式同样有效，操作方式与举例中的步骤毫无差别。格式刷还可以在已打开的多个 Word 文档之间使用。

3）段落的格式化

在 Word 中，段落是指以段落标记作为结束符的文字、图形或其他对象的集合。Word 在输入 Enter 键的地方插入一个段落标记，可以通过"开始"选项卡"段落"组中的"显示/隐藏编辑标记" ↓ 按钮查看段落标记。段落标记不仅表示一个段落的结束，还包含了本段的格式信息，如果删除了段落标记，该段的内容将与其后的段落合并到一起成为一个部分。

段落格式主要包括段落对齐方式、段落缩进、行距、段落间距等。通常使用"开始"选项卡"段落"组中的按钮完成一般的段落排版，如图 2-65 所示。对格式要求较高的文档，则可以打开"段落"对话框来完成设置。

图 2-65 "段落"组中的各个按钮

（1）段落的对齐方式。在 Word 中，段落的对齐方式包括左对齐、居中对齐、右对齐、两端对齐和分散对齐。

两端对齐是 Word 的默认设置，图 2-65 中被选中的按钮就是"两端对齐"按钮；其左侧的 3 个按钮从左到右依次是左对齐、居中、右对齐，其右侧是"分散对齐"按钮。"居中对齐"常用于文章的标题、页眉、诗歌等的格式设置；"右对齐"常用于书信、通知等文稿落款、日期的格式设置；"分散对齐"可以使段落中的字符等距排列在左、右边界之间，在编排英文文档时可以使左、右边界对齐，使文档整齐、美观。

对于单个段落的对齐方式设置，只需将光标定位在该段落范围内任意位置，单击"开始"选项卡"段落"组相应的对齐方式按钮即可。如果要对多个段落同时设定相同的对齐方式，则需要先选中要进行设置的段落，再单击"开始"选项卡"段落"组相应的对齐方式按钮。

（2）段落的缩进。段落缩进是指文本与页边距之间的距离。段落缩进包括左缩进、右缩进、首行缩进、悬挂缩进，位于水平标尺上，如图 2-66 所示。

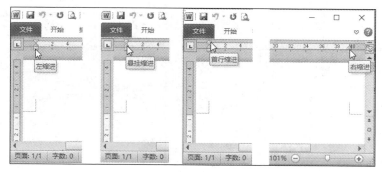

图 2-66 4 种缩进（4 幅图拼接完成）

将光标定位到需要设置缩进的段落中的任意位置，如果此时看不到水平标尺，可勾选"视图"选项卡"显示"组中的"标尺"复选框。拖动水平标尺左端的"首行缩进"倒三角标记，可改变该段文本文字的首行缩进；拖动"悬挂缩进"三角标记，可使该段文字显示为悬挂缩进效果；拖动"左缩进"标记方框，可改变该段文本的左缩进位置；

拖动"右缩进"标记，可改变该段文本的右缩进位置。如果是对多个段落同时设置相同的缩进值，同样需要先选中多个段落。对单个段落设置段落缩进后的效果如图 2-67 所示，图中显示的第一段设置了首行缩进、左缩进和右缩进；第二段设置了悬挂缩进。

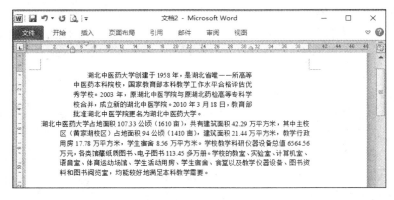

图 2-67　段落缩进效果

（3）段落间距和行间距。段落间距表示段与段之间的距离，行间距表示每段文字中行与行之间的距离。在默认情况下，Word 采用单倍行距。所选行距将影响所选段落或光标所在段落的所有文本行。

段落间距和行间距的设置可以通过"开始"选项卡"段落"组相应的按钮来完成，如图 2-68 所示；也可以通过"段落"对话框设置，如图 2-69 所示。通过"段落"对话框可以进行更精确的设置。

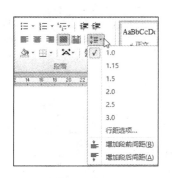

图 2-68　"行和段落间距"按钮

图 2-69　"段落"对话框

对于单个段落的格式设置，只需将光标定位在该段落范围内任意位置即可。如果要对多个段落同时设定相同的对齐方式，则需要先选中要进行设置的多个段落。

当确定了要进行段落格式操作的段落后,单击"开始"选项卡"段落"组右下角的扩展按钮,弹出"段落"对话框,在"缩进和间距"选项卡"间距"组的"段前"和"段后"文本框中输入所需间距值,或者单击框右侧的向上、向下微调按钮,调节段前和段后的间距。设置行距与设置段距基本一样,只是在"缩进和间距"选项卡中的"行距"下拉列表中选择所需行间距值,或者输入数值即可。

可以看到,使用"段落"对话框的"缩进和间距"选项卡,同样能完成文档段落的对齐方式和左、右悬挂及首行缩进设置。

(4)中文版式的段落设置。在对文档进行排版时,我们会遵循一些约定俗成的规则,有些标点符号不宜出现在行尾,如"(""《"等;而有些表示语句结束的标点符号不宜出现在行首,如","""。"等。这些要求,可以通过"段落"对话框中的"中文版式"选项卡进行设置,如图 2-70 所示。

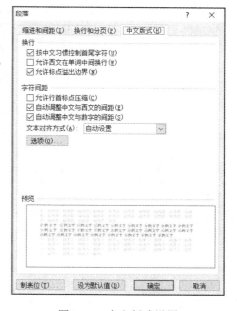

图 2-70　中文版式设置

勾选"按中文习惯控制首尾字符"复选框,可按 Word 中标准的"前置标点"和"后置标点"设置,控制出现在行首或行尾的标点符号。

勾选"允许西文在单词中间换行"复选框,Word 将根据页面设置、单词长度及断字方式等因素,自动设置换行位置。

勾选"允许标点溢出边界"复选框,使不能出现在行首的标点符号稍许超过文档的右边界,出现在行尾。

勾选"允许行首标点压缩"复选框,可将行首的全角符号调整为半角符号。

勾选"自动调整中文与西文的间距"或"自动调整中文与数字的间距"复选框,当文档中既有中文又有西文或数字时,可使它们之间保持一定的字符间距。

4)编号

如果 Word 文档中包含多项相同类别但是文本不同的内容,并且这些项目出现有一定的顺序,可以使用编号来显示。编号一般使用阿拉伯数字、中文数字或英文字母,以段落为单位进行标识。

当用户在文档中输入了"1.""(1)""一、"等表示顺序的内容后,输入完该段落文本后按 Enter 键,此时 Word 会换到下一行,并自动建立下一个编号。如此操作即可依次设置所有段落的自动编号。如果要结束编号列表,连续按 Enter 键两次,或通过按 Backspace 键删除最后一个编号即可。

当已经完成了多个段落内容的输入,而需要给这些段落加上编号时,可以先选中这些段落,再单击"开始"选项卡"段落"组中的"编号"按钮,文档自动输入"1."开始一个编号列表(假设文档当前默认的编号样式为 1,2,3,…)。

当在添加编号时,想要更换其他样式,则需要单击"开始"选项卡"段落"组中的

"编号"下拉按钮，从展开的下拉列表中选择合适的编号类型即可，如图 2-71 所示。

如果 Word 自带的段落编号格式无法满足用户的需要，还可以定义新编号格式。

单击"开始"选项卡"段落"组的"编号"下拉按钮，在展开的下拉列表中选择"定义新编号格式"选项。在弹出的"定义新编号格式"对话框的"编号样式"下拉列表中选择一种编号样式，"编号格式"文本框中会自动出现带有灰色底纹的文字，请不要删除带有灰色底纹的内容，接着在"对齐方式"下拉列表中选择对齐方式，单击"确定"按钮，即可在编号库中看到自定义的编号格式。还可以在单击"确定"按钮之前，单击编号样式右侧的"字体"按钮，进行字符格式设置，如图 2-72 所示。

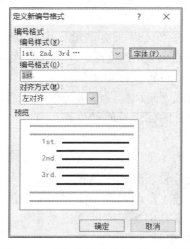

图 2-71　"编号"下拉列表　　　　图 2-72　"定义新编号格式"对话框

在默认情况下，在文档中设置编号后，编号都是从"1"开始的。如果想更改文档中已有编号段落的编号起始值，可以在文档中需要修改的首个编号处右击，在弹出的快捷菜单中选择"设置编号值"命令，如图 2-73 所示，在弹出的"起始编号"对话框中，选中"开始新列表"单选按钮，然后在"值设置为"数值框中输入起始编号值（如"iv"），如图 2-74 所示，单击"确定"按钮，即可将自动编号的起始值调整成自定义设定的编号值。

尽管 Word 中的自动编号功能比较强大，但应用不好，常常会出现编号错乱的情况。如果在文档编辑的过程中要取消段落的自动编号，可以在文档中选择所有要取消自动编号的段落文字，然后单击"开始"选项卡"段落"组中的"编号"按钮即可。或者当 Word 自动为段落添加编号后，立即按组合键 Ctrl+Z，即可快速取消段落自动编号。

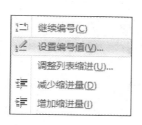

图 2-73 右键快捷菜单

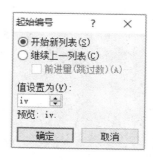

图 2-74 设置起始编号

5）分栏

页面分成两栏或者三栏显示内容是较常见的一种排版方法，Word 为此提供了分栏的功能。在"页面布局"选项卡的"页面设置"组中选择相应的"分栏"命令即可，如图 2-75 所示。可以对整篇文档设置分栏，也可以只对光标之后的内容进行设置，可以等宽地分为两栏、三栏或者更多，Word 2010 支持的最大分栏数为 11，也可以为偏左、偏右等效果。如果希望有更多的分栏样式，可以在出现的"分栏"下拉列表中选择"更多分栏"，在弹出的"分栏"对话框中，可以根据需要直接给出栏宽，设置两栏之间的间距、两栏之间是否用分隔线等选择，如图 2-76 所示。

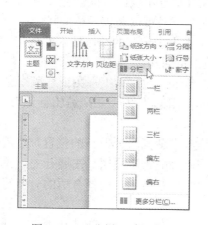

图 2-75 "分栏"下拉菜单

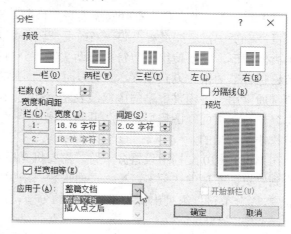

图 2-76 "分栏"对话框

6）页面设置

一篇文档的页面设置会影响文档的打印效果，通常应该在编辑文档内容之前就完成页面设置的工作。

选择"页面布局"选项卡，在"页面设置"组（图 2-77）中可以选择"纸张方向""纸张大小""页边距"等基本的页面设置选项，进行简单的页面设置。也可以单击"页面设置"组右下角的扩展按钮，弹出"页面设置"对话框，如图 2-78 所示。在对话框中，有 4 个页面设置的选项卡，可以用来进行更复杂、精确的页面效果设置。

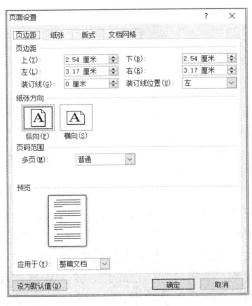

图 2-78 "页面设置"对话框

图 2-77 "页面设置"组

7）分节符

在 Word 文档中，我们有时候需要对文档的不同部分进行不同的页面设置。例如，第一页没有页码，后续页有页码；当前页纸张是纵向的，下一页纸张需要横向排版……种种类似情形，需要使用分节符来帮助实现。分节符是指为表示节的结尾插入的标记。分节符包含节的格式设置元素，如页边距、页面的方向、页眉和页脚，以及页码的顺序。分节符通常用一条横贯屏幕的虚双线表示，如图 2-79 所示。通常大纲视图或草稿视图可见分节符，页面视图需要选中"开始"选项卡"段落"组的"显示/隐藏编辑标记"，分节符才是可见的。

在 Word 2010 文档中设置分节符，需要将光标定位到准备插入分节符的位置，然后切换到"页面布局"选项卡，在"页面设置"组中单击"分隔符"按钮，在展开的下拉列表中，"分节符"组列出 4 种不同类型的分节符，如图 2-80 所示，选择合适的分节符即可。

如果选择"下一页"选项，Word 在当前光标处插入一个分节符，新节从下一页开始，光标自动定位到新节的起始处（下 1 页第 1 行）；如果选择"连续"选项，Word 在当前光标处插入一个分节符，新节从当前页开始，光标自动定位到新节的起始处（当前页分节符的下 1 行）；如果选择"奇数页"或"偶数页"选项，Word 在当前光标处插入一个分节符，新节从下一个奇数页或偶数页开始。

如果文档中设置好的某个分节符不需要了，可以在分节符显示的情况下，选中该分节符，按 Delete 键即可。分节符起着分隔其前面文本格式的作用，如果删除了某个分节符，它前面的文字会合并到后面的节中。

8）首字下沉

将 Word 文档段落的第一个字进行首字下沉的设置，可以很好地凸显段落的位置和其整个段落的重要性，起到引人入胜的效果。

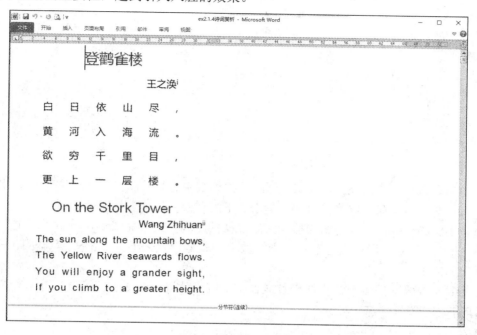

图 2-79　分节符

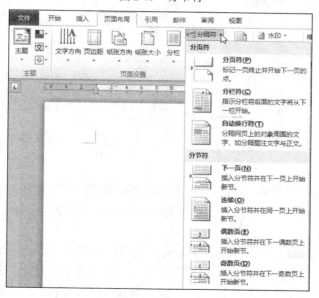

图 2-80　"分隔符"下拉列表

　　用户在设置首字下沉的时候，将光标定位在要设置首字下沉效果的段落中即可，Word 会自动将首字下沉的设置应用在该段落的第一个字符。定位好光标位置后，单击"插入"选项卡"文本"组的"首字下沉"按钮，在展开的下拉列表中选择"下沉"或者"悬挂"选项，可以应用预设的首字下沉，如图 2-81 所示。

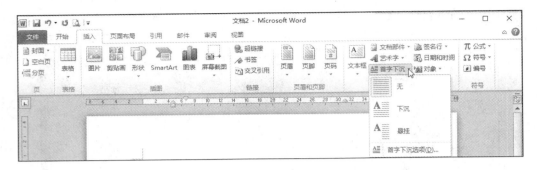

图 2-81　"首字下沉"下拉列表

如果想做进一步的设置，则在展开的下拉列表中选择"首字下沉选项"，会弹出"首字下沉"对话框，在"位置"组中，单击"下沉"或"悬挂"按钮后，可以进一步设置字体、下沉的行数，以及首字与后续文字之间的距离。设置完成后，单击"确定"按钮即可。图 2-82 是对段落设置了首字下沉效果，具体设置为下沉 3 行、黑体、距正文 1 厘米。

此时文章段落的第一个字便设置成首字下沉，效果如图 2-83 所示。

图 2-82　"首字下沉"对话框

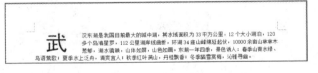

图 2-83　"首字下沉"效果

9）尾注与脚注

脚注和尾注都可用来对文档的文本内容提供解释、批注及相关的参考资料。脚注一般位于当前页面的底部，可以作为文档某处内容的注释；尾注一般位于整篇文章的末尾，列出引文的出处等。

脚注和尾注都由两个关联的部分组成，包括注释引用标记和其对应的注释文本。在 Word 2010 中，用户将光标定位到需要插入脚注或尾注的位置，然后选择"引用"选项卡，在"脚注"组中根据需要单击"插入脚注"或"插入尾注"按钮。这里我们将光标定位到第一行出现的"因特网"之后，然后选择"引用"选项卡，在"脚注"组中单击"插入脚注"按钮，如图 2-84 所示。此时，在刚刚选定的位置上（文档第 1 行"因特网"之后）会出现一个上标的序号"1"，在页面底端也会出现一个序号"1"，且光标在序号"1"后闪烁，此时输入脚注内容，就完成了脚注的添加，如图 2-85 所示。

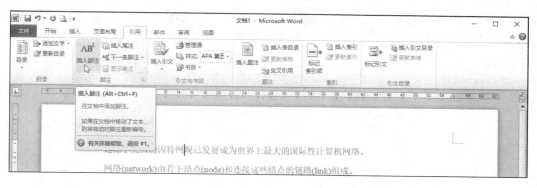

图 2-84　插入脚注

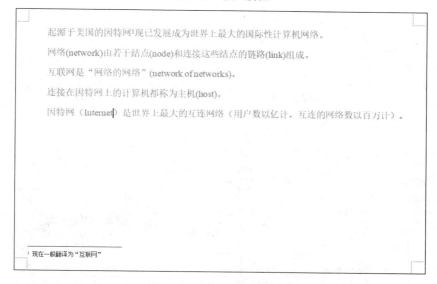

图 2-85　插入脚注后的效果

　　如果在文档中添加多个脚注，Word 会根据文档中已有的脚注数自动为新脚注排序。如果刚才添加的是尾注，则是在文档末尾出现的序号"ⅰ"。添加尾注的方法与添加脚注的步骤类似。

　　脚注与尾注之间还可以互相转换，只需将光标移动到要转换的脚注，右击，在弹出的快捷菜单中选择"转换至尾注"命令即可。如图 2-86 所示，就是将光标定位到了页面底部的脚注处，然后右击，在弹出的快捷菜单中选择"转换至尾注"命令后的效果，可以看到文中标注处的序号自动变成了"ⅰ"，尾注内容前面的序号也对应为"ⅰ"；原脚注是位于页面底部的，但由于该文档没有写满一页，尾注的位置也发生了变化，直接跟在文档末尾，并非位于页面底部。

　　类似的方式，也可以将尾注转换为脚注。

　　如果需要将文档中所有的脚注转换为尾注，或者将文档中所有的尾注转换成脚注，那么将光标定位在任一脚注或尾注处后，右击，在弹出的快捷菜单中选择"便笺选项"命令，在弹出的"脚注和尾注"对话框中单击"转换"按钮，如图 2-87 所示；在弹出的"转换注释"对话框中选中相应的单选按钮，然后确定设置即可，如图 2-88 所示。在"脚注和尾注"对话框中还可以对脚注和尾注的位置、符号样式，以及起始编号做设置。

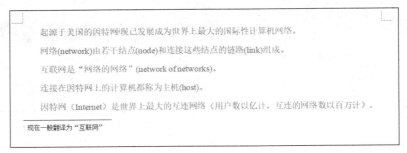

图 2-86　尾注

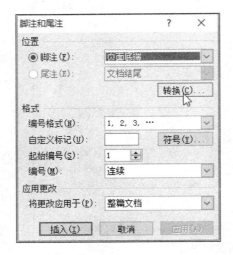

图 2-87　"脚注和尾注"对话框　　　　图 2-88　脚注和尾注的转换

如果要删除脚注或尾注，可以选中脚注或尾注在文档中的位置，即在文档中的序号，然后按键盘上的 Delete 键即可。

2.2　Word 图文混排

2.2.1　"非典的中医病机特征"文档的制作

1. 案例知识点及效果图

文档中除了文字信息之外，通常还会加一些图片，起到美化页面或者辅助文字说明的作用。本案例是一篇说明性的文章，版面辅以插图和艺术边框加以美化。主要运用了以下知识点：字体设置、段落设置、页面设置、插入剪贴画、格式刷的使用等。案例效果如图 2-89 所示。

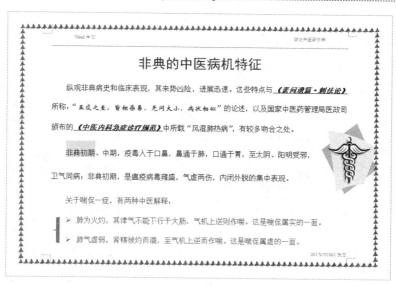

图 2-89　"非典的中医病机特征"效果图

2.　操作步骤

（1）新建一个 Word 文档，单击"页面布局"选项卡"页面设置"组右下角的扩展按钮，弹出"页面设置"对话框。在对话框的"纸张"选项卡设置纸张大小为"16 开（18.4×26 厘米）"；在"页边距"选项卡设置纸张方向为"横向"，设置上、下页边距为"1.5 厘米"，左、右页边距为"3 厘米"；在"版式"选项卡设置页眉及页脚距边界"1.5 厘米"；在"文档网格"选项卡中，选中"指定行和字符网格"单选按钮，设置每行字符数为"54"，每页行数为"24"，如图 2-90 所示；单击"页面设置"对话框中的"绘图网格"按钮，在弹出的"绘图网格"对话框中设置网格的水平间距为"0.01 字符"，网格的垂直间距为"0.01 行"，如图 2-91 所示，单击"确定"按钮完成绘图网格的设置，然后单击"确定"按钮完成页面设置。

（2）输入文档的文本内容，如图 2-92 所示，文本字符采用 Word 文档的默认格式"宋体、五号"。

（3）选中第 1 行文字"非典的中医病机特征"，在"开始"选项卡的"字体"组中，设置标题文字的字体为"黑体"、字号为"一号"；选择其他 5 段文字，字体设置为"宋体"，字号为"四号"。

选择文字"五疫之至，皆相染易，无问大小，病状相似"，在"开始"选项卡的"字体"组中设置字体格式为"华文新魏"。

选择文字"《素问遗篇·刺法论》，按 Ctrl 键的同时选中"《中医内科急症诊疗规范》"，此时两部分文字都呈现选中状态，在"开始"选项卡的"字体"组中，依次单击"加粗" **B**、"斜体" *I*、"下划线" U 按钮。

选择文字"关于喘促一症，有两种中医解释："，在"开始"选项卡的"字体"组中，单击"斜体"按钮，单击"字体颜色"下拉按钮 **A** ，在展开的下拉列表中选择标准色中的“红色”。

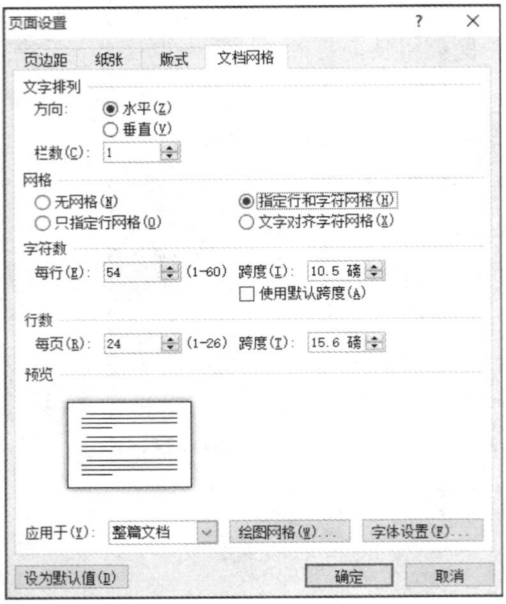

页面设置
?
页边距
纸张
版式
文档网格
文字排列
方向:
水平(Z)
垂直(V)
栏数(C): 1
网格
无网格(N)
指定行和字符网格(H)
只指定行网格(O)
文字对齐字符网格(X)
字符数
每行(E): 54 (1-60) 跨度(I): 10.5 磅
使用默认跨度(A)
行数
每页(R): 24 (1-26) 跨度(T): 15.6 磅
预览
应用于(Y): 整篇文档
绘图网格(W)...
字体设置(F)...
设为默认值(D)
确定
取消

图 2-90 行和字符网格的设置

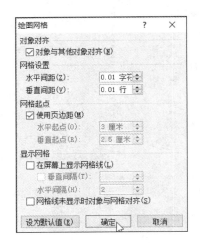

绘图网格
?
对象对齐
对象与其他对象对齐(N)
网格设置
水平间距(Z): 0.01 字符
垂直间距(V): 0.01 行
网格起点
使用页边距(M)
水平起点(O): 3 厘米
垂直起点(R): 2.5 厘米
显示网格
在屏幕上显示网格线(L)
垂直间隔(T):
水平间隔(H): 2
网格线未显示时对象与网格对齐(S)
设为默认值(E)
确定
取消

图 2-91 绘图网格设置

非典的中医病机特征

纵观非典病史和临床表现，其来势凶险，进展迅速。这些特点与《素问遗篇·刺法论》所称:“五疫之至，皆相染易，无问大小，病状相似”的论述，以及国家中医药管理局医政司颁布的《中医内科急症诊疗规范》中所载“风湿肺热病”，有较多吻合之处。

非典初期、中期，疫毒入于口鼻，鼻通于肺，口通于胃，至太阴、阳明受邪，卫气同病；非典初期，是瘟疫病毒壅盛，气虚两伤，内闭外脱的集中表现。

关于喘促一症，有两种中医解释：

肺为火灼，其津气不能下行于大肠，气机上逆则作喘。这是喘促属实的一面。

肺气虚弱，肾精被灼而涸，至气机上逆而作喘。这是喘促属虚的一面。

图 2-92 文档的文本内容

选择最后 2 段文字（2 行文字），在“开始”选项卡的“字体”组中，单击“字体颜色”下拉按钮，在展开的下拉列表中选择标准色中的“蓝色”。

选择第 3 段文字中“非典初期”4 个字，在“开始”选项卡的“字体”组中，单击“以不同颜色突出显示文本”下拉按钮，在展开的下拉列表中选择“黄色”。

（4）光标定位到第 1 行文字“非典的中医病机特征”中任意处，在“开始”选项卡的“段落”组中，单击“居中对齐”按钮，作为文档标题。

选中后续的 5 段文字，向右拖动水平标尺栏上的“首行缩进”按钮，此时从“首行缩进”按钮处有一条虚线向下延伸到文档中，观察虚线大概停留在 2 个字符位置时，如图 2-93 所示，松开鼠标。如果文档窗口中标尺未显示，可以选择“视图”选项卡，勾选“显示”组里面的“标尺”复选框。

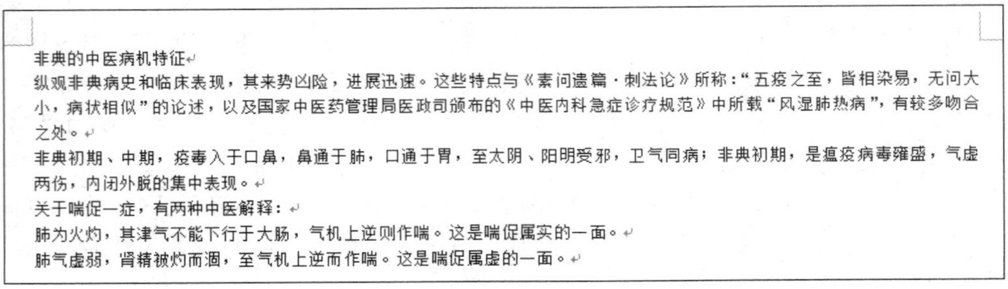

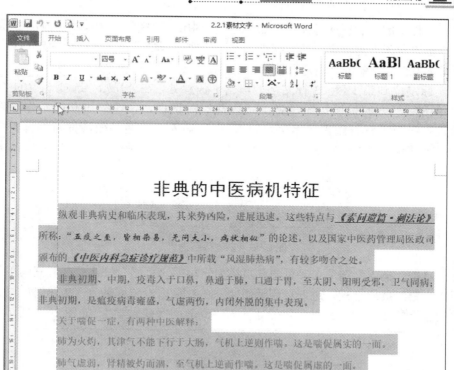

图 2-93　设置首行缩进

选择文档最后 2 段落文字，在"开始"选项卡的"段落"组中，单击"项目符号"下拉按钮 ，展开"项目符号"下拉列表，如图 2-94 所示，在其中可以选择所需的箭头项目符号 ；再次单击"项目符号"下拉按钮，展开"项目符号"下拉列表，选择"定义新项目符号"选项，弹出"定义新项目符号"对话框，如图 2-95 所示，单击"字体"按钮，弹出"字体"对话框，设置字体颜色为标准色"红色"，完成"红色箭头"项目符号的设置。

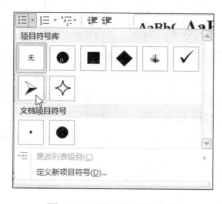

图 2-94　项目符号的选择

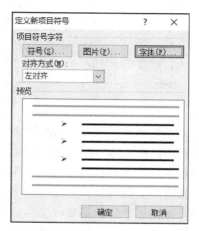

图 2-95　"定义新项目符号"对话框

　　选择文档中的所有段落，在"开始"选项卡中的"段落"组中，单击右下方的扩展按钮，弹出"段落"对话框，在"缩进和间距"选项卡中，设置"段前间距"和"段后间距"都为 0.5 行，单击"确定"按钮。

　　将光标定位到第 1 段（3 行文字的段落）任意处，在"开始"选项卡中的"段落"组中，单击右下方的扩展按钮，弹出"段落"对话框，在"缩进和间距"选项卡中的"间距"组中设置行距为"多倍行距"，自己输入或者通过微调按钮将设置值修改为"2.5"倍行距，如图 2-96 所示；用同样的方法将第二段（2 行文字的段落）设置为"3"倍行距。

间距				
段前(B):	0.5 行 ⬍	行距(N):		设置值(A):
段后(F):	0.5 行 ⬍	多倍行距 ▾		2.5 ⬍

图 2-96　多倍行距设置

　　（5）单击"插入"选项卡"页眉和页脚"组中的"页眉"按钮，在展开的下拉列表中选择"空白"页眉格式，进入页眉编辑状态；在页眉设置框输入"Word 样文"，连续按 3 次键盘上的 Tab 键，在光标定位处输入"湖北中医药大学"，如图 2-97 所示。

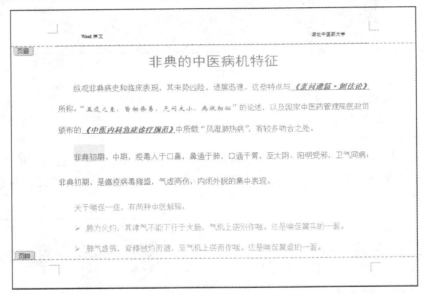

图 2-97　文档页眉

　　单击"页眉和页脚工具-设计"选项卡"导航"组中的"转至页脚"按钮，进入页脚设置状态。在页脚中输入学生的学号和姓名，然后单击"开始"选项卡"段落"组中的"右对齐"按钮，最后单击"页眉和页脚工具-设计"选项卡的"关闭页眉和页脚"按钮，完成后的页眉页脚如图 2-98 所示。

　　（6）将光标定位到第 2 段文字后，单击"插入"选项卡"插图"组中的"剪贴画"按钮，打开"剪贴画"任务窗格，如图 2-99 所示。

　　在"搜索文字"文本框中输入待搜索的剪贴画类型，此处我们输入"康复"，并单击右边的"搜索"按钮，搜索结果出现在图片显示框中，如图 2-100 所示。

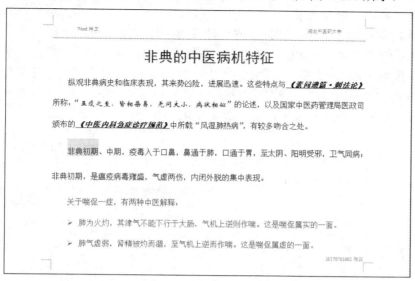

图 2-98　完成设置的页眉页脚

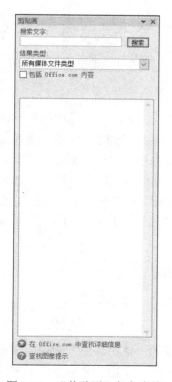

图 2-99　"剪贴画"任务窗格

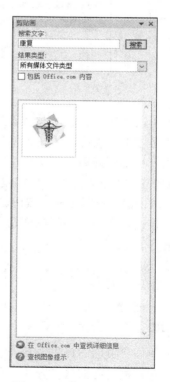

图 2-100　剪贴画搜索结果

　　直接单击框中的"康复"剪贴画，即可将该剪贴画插入文档中光标所在位置，单击"剪贴画"任务窗格的"关闭"按钮，隐藏该任务窗格。我们发现刚插入的剪贴画是默认的"嵌入型"方式，破坏了原文档的排版格式。此时只需适当调整剪贴画的大小和位置，就会使文档内容恢复正常。

在插入的剪贴画上右击，在弹出的快捷菜单中选择"大小和位置"命令，弹出如图 2-101 所示的"布局"对话框；在"大小"选项卡中，取消勾选"锁定纵横比"复选框；调整高度绝对值为"5 厘米"，宽度绝对值为"3.8 厘米"；在"文字环绕"选项卡中设置环绕方式为"四周型"环绕方式。拖动该剪贴画到文档中第 1、2 自然段右部适当位置，注意保持第 1 段 3 行文字，第 2 段 2 行文字不变。

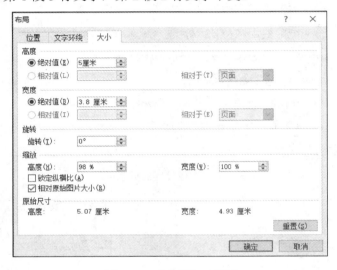

图 2-101 "布局"对话框

（7）单击"插入"选项卡"插图"组中的"形状"按钮，在展开的图形列表中，单击选择"基本形状"中的"左大括号"，如图 2-102 所示。此时鼠标指针变为十字形，将鼠标指针移动到最后 2 段文字左侧，按下鼠标左键拖曳出"左大括号"形状，适当调整大小和位置。"左大括号"形状被选中的状态下，单击"绘图工具-格式"选项卡"形状样式"组中的"形状填充"按钮，在展开的颜色列表中选择标准色"绿色"，单击"形状轮廓"按钮，在展开的颜色列表中选择标准色"红色"，如图 2-103 所示。

图 2-102 "左大括号"形状　　　　图 2-103 "左大括号"设置

（8）单击"页面布局"选项卡"页面背景"组中的"页面边框"按钮，弹出"边框和底纹"对话框；在默认打开的"页面边框"选项卡中，单击"艺术型"下方的下拉按钮，在展开的下拉列表中选择如图 2-104 所示的"小树"，应用于"整篇文档"，设置宽度为"10 磅"；单击"确定"按钮，完成页面边框的设置。

（9）单击快速访问工具栏中的"打印预览和打印"按钮，预览整篇文档设置完成后的效果；确定文章打印预览效果与设想的无误，直接单击"文件"→"保存"命令，在弹出的"另存为"对话框中将保存位置设定为 D 盘，文件名设置为"非典的中医病机特征"，保存类型为"Word 文档"，单击"保存"按钮完成文档的保存。

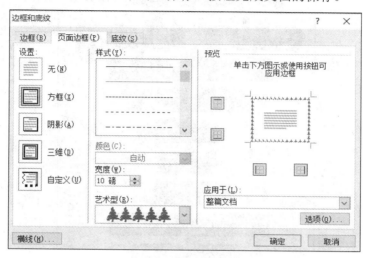

图 2-104 "页面边框"的设置

文档已经完成编辑，单击标题栏右上角的"关闭"按钮，关闭文档。

2.2.2 "就诊流程图"文档的制作

1. 案例知识点及效果图

本案例主要运用以下知识点：插入艺术字、设置艺术字效果、插入形状、形状效果设置等。案例效果如图 2-105 所示。

2. 操作步骤

（1）建立新 Word 文档，单击"页面布局"选项卡"页面设置"组中的"纸张大小"下拉按钮，在展开的下拉列表中选择"32 开（13×18.4 厘米）"，纸张方向设置为"纵向"；上、下页边距为"2.54 厘米"，左、右页边距为"2 厘米"。

（2）单击"插入"选项卡"文本"组中的"艺术字"按钮，在展开的下拉列表中选择"橙色，强调文字颜色 6"（第 3 行第 2 个），如图 2-106 所示，页面中将出现该类型的艺术字，默认出现的文字提示信息处于选中状态，如图 2-107 所示。

（3）保持当前状态，直接从键盘输入文字"省人民医院就诊流程图"，选中刚刚输入的文字，单击"开始"选项卡"字体"组中的"字体"下拉按钮，在展开的下拉列表中选择"微软雅黑"选项，在"字号"下拉列表中选择"小一"。

（4）单击"绘图工具-格式"选项卡"艺术字样式"组中的"文本填充"下拉按钮，如图 2-108 所示，在展开的下拉列表中选择"主题颜色"中的"橙色，强调文字颜色 6"（第 1 行最后 1 个），单击"文本填充"按钮下方的"文本轮廓"下拉按钮，在展开的下拉列表中选择"无轮廓"选项。

图 2-105 "就诊流程图"效果图

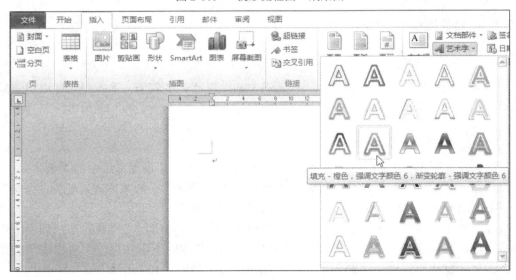

图 2-106 艺术字类型

（5）单击"插入"选项卡"插图"组中的"形状"下拉按钮，在展开的下拉列表中选择"矩形"组的"圆角矩形"；鼠标指针变成十字形，如图 2-109 所示，此时将鼠标指针移到艺术字下方合适的位置，按下鼠标左键，向右下方拖曳出一个圆角矩形。

（6）在圆角矩形上右击，在弹出的快捷菜单中选择"添加文字"命令，光标将定位到圆角矩形内部，此时输入"来院（填写信息单）"，并通过"开始"选项卡中的"字体"

组设置字体为"黑体",字号为"小四",颜色为"黑色",并且加粗显示;如果圆角矩形的宽度不足以让全部文字在一行显示出来,则单击圆角矩形边框线,使圆角矩形呈现选中状态,然后将鼠标指针移到右边框线中部矩形控柄处,鼠标指针变为双向箭头,如图 2-110 所示,此时按下鼠标左键,向右拖曳调整圆角矩形的宽度,使框内文字恰好能够一行显示出来。

图 2-107 艺术字初始状态

图 2-108 "文本填充"命令按钮

图 2-109 圆角矩形框宽度的调节

图 2-110 选择某一形状后鼠标指针的状态

（7）单击选中圆角矩形,单击"绘图工具-格式"选项卡"形状样式"组中的"形状填充"下拉按钮,在展开的下拉列表中选择"标准色"组中的"绿色",单击"形状填充"下方的"形状轮廓"下拉按钮,在展开的下拉列表中选择"无轮廓"。

（8）选中该圆角矩形,先后单击"开始"选项卡中的"复制"和"粘贴"按钮,页面中将得到一个新的一模一样的圆角矩形;修改新的圆角矩形内的文字为"来院(持二代身份证)",并调整该圆角矩形的宽度,使文字能在一行完整显示;拖曳新产生的圆角矩形,使其在原来的圆角矩形右侧,两个图形之间空有一定间距,如图 2-111 所示。

（9）单击选中左侧的圆角矩形,按住键盘上的 Shift 键,同时单击选择右侧的圆角矩形,使两个图形同时被选中;单击"绘图工具-格式"选项卡"排列"组中的"对齐"下拉按钮,在展开的下拉列表中选择"顶端对齐"选项,如图 2-112 所示。此时两个圆角矩形在水平位置上是对齐的。

（10）选中左侧圆角矩形,先后单击"开始"选项卡中的"复制"按钮,按下 7 次"粘贴"按钮,页面中将得到 7 个新的一模一样的圆角矩形。

（11）选中前 9 步已经完成的两个圆角矩形,单击"绘图工具-格式"选项卡"排列"组中的"组合"下拉按钮,在展开的下拉列表中选择"组合"选项,两个圆角矩形成为一个整体。

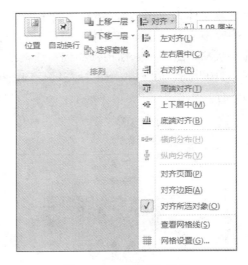

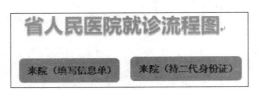

图 2-111　两个圆角矩形的位置　　　　　　　　图 2-112　"对齐"设置

（12）选中处于最上层（垂直方向上离页面底部最近）的圆角矩形，拖曳到页面下方，接近下边距处；选中页面中的所有对象（所有圆角矩形和艺术字），单击"绘图工具-格式"选项卡"排列"组中的"对齐"下拉按钮，在展开的下拉列表中选择"左右居中"选项；然后选择下拉列表中的"纵向分布"选项；此时所有图形在页面的位置如图 2-113 所示。

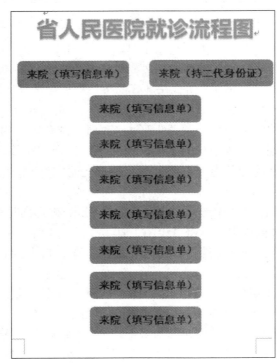

图 2-113　所有圆角矩形和艺术字的位置

（13）将复制粘贴得到的 7 个新的圆角矩形内的文字依次修改为"建卡（"省医行"卡）充值（预存款）""持卡到专科分诊挂号候诊""按顺序就诊""医生诊断""据诊疗指引单""持卡到相应科室检查、治疗、取药""收费处结算打印发票"，并调整每个圆角矩形的宽度，使文字恰好能在一行完整显示。

（14）再次选中页面中的所有对象（所有圆角矩形和艺术字），单击"绘图工具-格式"选项卡"排列"组中的"对齐"下拉按钮，在展开的下拉列表中选择"左右居中"选项。

（15）单击"插入"选项卡"插图"组中的"形状"下拉按钮，在展开的下拉列表中选择"箭头汇总"组的"下箭头"选项；鼠标指针变成十字形，此时将鼠标指针移到第 1 行左侧圆角矩形和第 2 行圆角矩形之间合适的位置，按下鼠标左键，拖曳出一个合适大小的向下的箭头。

（16）选中该箭头，单击"绘图工具-格式"选项卡"形状样式"组中的"形状填充"下拉按钮，在展开的下拉列表中选择"标准色"中的"深红"，单击"形状填充"下方的"形状轮廓"下拉按钮，在展开的下拉列表中选择"无轮廓"。

（17）通过多次复制、粘贴操作，得到多个向下的箭头，对照效果图将它们拖曳到恰当的位置；箭头与箭头，箭头与圆角矩形的对齐，可以参照步骤（14）完成。

（18）选中页面中的所有形状和艺术字，单击"绘图工具-格式"选项卡"排列"组中的"组合"下拉按钮，在展开的下拉列表中选择"组合"选项，页面所有对象成为一个整体。

（19）单击快速访问工具栏中的"打印预览和打印"按钮，预览整篇文档设置完成后的效果。

（20）确定文章打印预览效果与设想的无误，直接单击"文件"→"保存"命令，在弹出的"另存为"对话框中将保存位置设定为 D 盘，文件名设置为"就诊流程图"，保存类型为"Word 文档"，单击"保存"按钮完成文档的保存。

文档已经完成编辑，单击标题栏右上角的"关闭"按钮，关闭文档。

2.2.3 "比赛流程"文档的制作

1. 案例知识点及效果图

本案例主要运用以下知识点：SmartArt 图形的使用等，案例效果如图 2-114 所示。

2. 操作步骤

（1）建立新 Word 文档，选择"页面布局"选项卡，单击"页面设置"组中的"纸张方向"下拉按钮，在展开的下拉列表中选择"横向"选项；"纸张大小"使用默认的 A4 尺寸，"页边距"使用默认设置：上、下页边距为"3.17 厘米"，左、右页边距为"2.54 厘米"。

（2）选择"插入"选项卡，单击"文本"组中的"艺术字"下拉按钮，在展开的下拉列表中选择"渐变填充-蓝色，强调文字颜色 1"（第 3 行第 4 个）选项，页面中将出现该类型的艺术字，默认出现的文字提示信息处于选中状态。

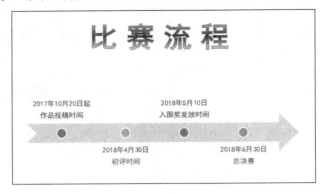

图 2-114 "比赛流程"效果图

（3）保持当前状态，直接从键盘输入文字"比赛流程"，选中刚刚输入的文字，选择"开始"选项卡，单击"字体"组中的"字体"下拉按钮，在打开的下拉列表中选择"黑体"选项；在"字号"下拉列表中选择"72"，并单击 **B** 按钮，完成文字加粗的设置。

单击"字体"组右下角的扩展按钮，在弹出的"字体"对话框的"高级"选项卡中进行相关设置："字符间距"组中的间距设置为"加宽"，磅值为"10 磅"，单击"确定"按钮，完成字体格式的设置。

（4）选中艺术字，选择"绘图工具-格式"选项卡，单击"排列"组中的"位置"下拉按钮，在展开的下拉列表中选择"其他布局选项"，在弹出的"布局"对话框"位置"选项卡中，设置水平对齐方式为"居中"。

（5）选择"插入"选项卡，单击"插图"组中的"SmartArt"按钮，在弹出的"选择 SmartArt 图形"对话框的左侧列表中选择"流程"，右侧子列表中选择"基本日程表"，如图 2-115 所示，单击"确定"按钮返回正在编辑的页面；此时页面中出现了"基本日程表"的默认样式，位置上与艺术字有重叠。

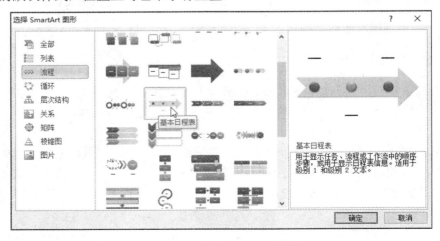

图 2-115 选择 SmartArt 图形

（6）保持页面"基本日程表"的默认选中状态，选择"SmartArt 工具-格式"选项卡，单击"排列"组中的"位置"下拉按钮，在展开的下拉列表中选择"底端居中，四周型文字环绕"选项，如图 2-116 所示，此时页面中的"基本日程表"将自动移到艺术字下方。

（7）鼠标指针移到 SmartArt 图形外边框的右下角，当指针呈现双向箭头时，向右拖曳使 SmartArt 图形的宽度与页面同宽（不超出左、右页边距）。

（8）单击"基本日程表"从左往右的第 1 个文本框，通过"开始"选项卡设置字体为"黑体"，字号为"18"，颜色为"深蓝"，文本内容为 2 行文字，第 1 行为"2017年 10 月 20 日起"，第 2 行为"作品投稿时间"，并调节文本框大小，使 2 行文字都能完整地显示出来。

图 2-116　基本日程表的位置设置

（9）单击"基本日程表"从左往右的第 2 个文本框，设置字体为"黑体"，字号为"18"，颜色为"深蓝"，文本内容为 2 行文字，第 1 行为"2018 年 4 月 30 日"，第 2 行为"初评时间"，并调节文本框大小，使 2 行文字都能完整地显示出来。

（10）单击"基本日程表"从左往右的第 3 个文本框，设置字体为"黑体"，字号为"18"，颜色为"深蓝"，文本内容为 2 行文字，第 1 行为"2018 年 5 月 10 日"，第 2 行为"入围奖发放时间"，并调节文本框大小，使 2 行文字都能完整地显示出来。

（11）选择"SmartArt 工具-设计"选项卡，单击"创建图形"组中的"添加形状"下拉按钮，在展开的下拉列表中选择"在后面添加形状"选项，此时页面的"基本日程表"在最右侧增加了一个文本框；通过"开始"选项卡设置字体为"黑体"，字号为"18"，颜色为"深蓝"，文本内容为 2 行文字，第 1 行为"2018 年 6 月 30 日"，第 2 行为"总决赛"，并调节文本框大小，使 2 行文字都能完整地显示出来。

（12）选择"SmartArt 工具-设计"选项卡，单击"SmartArt 样式"组中的"更改颜色"下拉按钮，在展开的下拉列表中选择"彩色-强调文字颜色"选项。

（13）单击快速访问工具栏中的"打印预览和打印"命令，预览整篇文档设置完成后的效果。

（14）确定文章打印预览效果与设想的无误，直接单击"文件"→"保存"命令，在弹出的"另存为"对话框中将保存位置设定为 D 盘，文件名设置为"比赛流程图"，保存类型为"Word 文档"，单击"保存"按钮完成文档的保存。

文档已经完成编辑，单击标题栏右上角的"关闭"按钮，关闭文档。

2.2.4 "湖北中医药大学之春"文档的制作

1. 案例知识点及效果图

本案例主要运用以下知识点：插入艺术字、设置艺术字效果、插入图片、分栏设置、插入文本框、文本框效果设置等。案例效果如图 2-117 所示。

图 2-117　文档效果

2．操作步骤

（1）直接双击原始文档"2.2.4 大学之春文字.docx"，选择"页面布局"选项卡，单击"页面设置"组右下角的扩展按钮，弹出"页面设置"对话框。在对话框的"纸张"选项卡中设置纸张大小为"A4"；在"页边距"选项卡中设置上、下页边距为"1.5 厘米"，左、右页边距为"3 厘米"；在"版式"选项卡中设置页眉及页脚距边界"1 厘米"；在"文档网格"选项卡中，单击"绘图网格"按钮，在弹出的"绘图网格"对话框中设置"网格的水平间距"为"0.01 字符"，网格的垂直间距为"0.01 行"，单击"确定"按钮完成绘图网格的设置，然后单击"确定"按钮完成页面设置。

（2）将光标定位到全文第一个文字左侧，选择"插入"选项卡，单击"文本"组中的"艺术字"按钮，展开如图 2-118 所示的艺术字列表，选择第 1 行第 2 个样式选项（填充-无，轮廓-强调文字颜色 2），在文档中出现艺术字输入框，默认文字为"请在此放置您的文字"，并呈现选中状态。保持默认文字的选中状态，切换到中文输入法后，直接输入"湖北中医药大学之春"，得到如图 2-119 所示的艺术字效果。

在艺术字文本内单击，出现"绘图工具-格式"选项卡，在"大小"组中调整边框的高度和宽度为"2.5 厘米"和"15 厘米"，如图 2-120 所示。

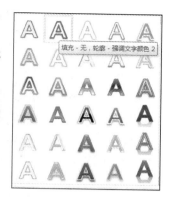

图 2-118 艺术字列表

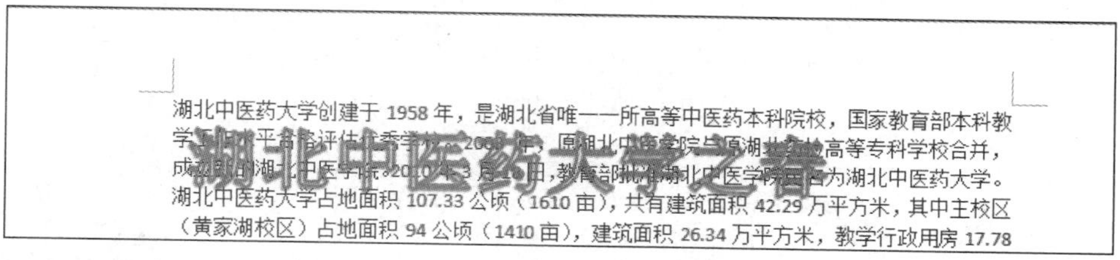

图 2-119 艺术字初始状态

图 2-120 艺术字大小的设置

选中艺术字的所有文字内容，在"开始"选项卡"字体"组中设置字体为"华文行楷"，字号为"初号"，加粗；在"段落"组中设置"分散对齐"。

选择艺术字外边框，在边框上右击，在弹出的快捷菜单中选择"设置形状格式"命令，弹出"设置形状格式"对话框。在对话框"填充"组中选中"渐变填充"单选按钮，在出现的选项中，渐变方向选择下拉列表中的第 2 行第 2 个"线性向上"，如图 2-121 所示。

"渐变光圈"轴上默认有 3 个停止点，如图 2-122 所示。单击"停止点 1"（位于渐变轴的最左侧），颜色设置为标准色浅绿色，如图 2-123 所示；单击"停止点 3"（位于渐变轴的最右侧），颜色设置为标准色浅绿色，亮度调整为 80%。完成后的艺术字效果如图 2-124 所示。

单击选中艺术字，选择"绘图工具-格式"选项卡，单击"排列"组中的"位置"按钮，在展开的下拉列表中选择"嵌入文本行中"选项，之前被艺术字覆盖于下方的文字，完整地出现在艺术字的下方。

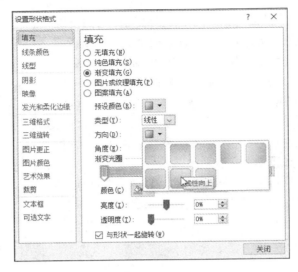

图 2-121　渐变方向设置

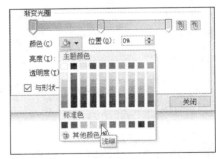

图 2-122　渐变轴默认的 3 个停止点　　　　图 2-123　停止点 1 颜色设置

图 2-124　艺术字最终效果

（3）将光标定位到第二段句号之后，选择"插入"选项卡，单击"插图"组中的"图片"按钮，在弹出的"插入图片"对话框中找到"校园教学楼.bmp"，单击选中该图片，然后单击"插入"按钮，图片即被插入文档中。此时图片上方的文字如果改变了段落对齐方式，如图2-125所示，则单击“开始”选项卡“段落”组中的“文本左对齐”按钮，最后一行的文字就能恢复原有状态。

湖北中医药大学占地面积107.33公顷（1610亩），共有建筑面积42.29万平方米，其中主校区（黄家湖校区）占地面积94公顷（1410亩），建筑面积26.34万平方米，教学行政用房17.78万平方米，学生宿舍8.56万平方米。学校教学科研仪器设备总值6564.56万元，各类馆藏纸质图书、电子图书113.45多万册。学校的教室、实验室、计算机室、语音室、体育运动场馆、学生活动用房、学生宿舍、食堂以及教学仪器设备、图书资料和图书阅览室，均能较 好 地 满 足 本 科 教 学 需 要 。

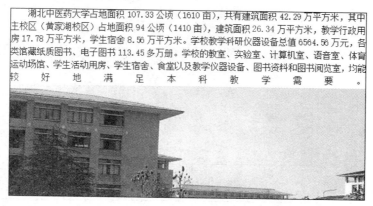

图2-125　第二段最后一行文字对齐方式的变化

单击刚插入的图片，然后选择“图片工具-格式”选项卡，单击“大小”组中右下角的扩展按钮，弹出“布局”对话框。在“缩放”组中取消勾选“锁定纵横比”复选框，然后在“高度”和“宽度”组中，分别设置高、宽度值为“5厘米”和“15厘米”，如图2-126所示，单击“确定”按钮，完成图片的设置。

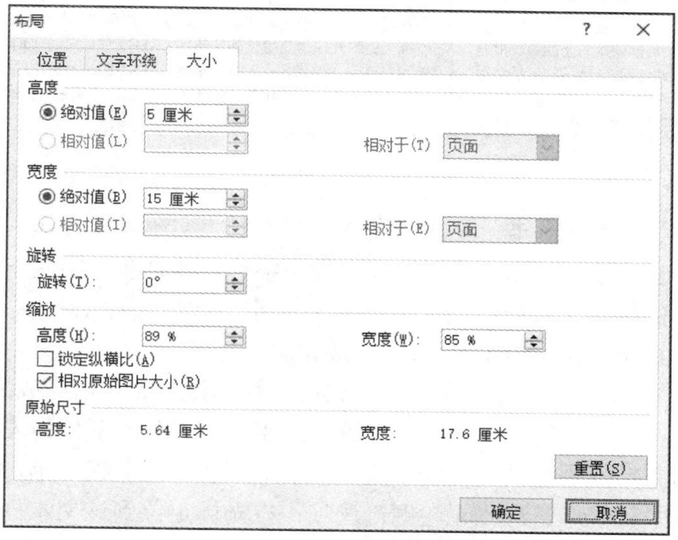

图2-126　图片大小设置

（4）选中第3段文字，选择“页面布局”选项卡，单击“页面设置”组中的“分栏”下拉按钮，在展开的下拉列表中选择“更多分栏”选项，弹出“分栏”对话框。在对话框中设置“预设”为“左”，勾选“分隔线”复选框，在“宽度和间距”组中，设置第1栏的宽度和间距分别为“12字符”和“2.5字符”，如图2-127所示，单击“确定”按钮完成分栏设置，设置完成的分栏文本效果如图2-128所示。

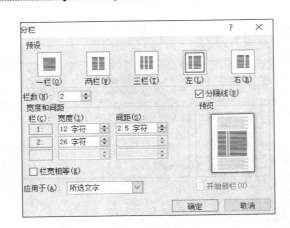

图 2-127　分栏设置

　　学校在 1993 年被国家教育部确定为全国第一批有条件招收外国留学生的高等院校之一。经教育部、国家中医药管理局批准，学院享　有对港、澳、台地区招收本科生、研究生资格，并成为湖北省唯一的对外中医药继续教育基地，至今已为韩国、日本、美国、英国、加拿大、法国、瑞典、意大利、比利时以及港澳台等 20 多个国家和地区培养了本科生、研究生、进修生 1000 余人。

图 2-128　分栏后的效果

　　（5）选择"插入"选项卡，单击"文本"组中的"文本框"按钮，在展开的下拉列表中选择"绘制文本框"选项，鼠标指针变为十字形，此时在文档左下部拖曳鼠标绘制出一个任意大小的横排文本框；仅选中第 4 段文字，按组合键 Ctrl+X 完成剪切；然后光标定位到文本框中，按组合键 Ctrl+V 完成粘贴。

　　选择"绘图工具-格式"选项卡，在"大小"组中设置文本框的高为"9 厘米"，宽为"6.5 厘米"；在"排列"组中单击"位置"按钮，在展开的下拉列表中选择最后一排第一列"底端居左，四周型文字环绕"选项；在"形状样式"组中单击"形状轮廓"按钮，在展开的下拉列表中选择"无轮廓"选项；将光标定位到该文本框中，设置首行缩进 2 字符。

　　（6）将光标定位到第 5 段句号之后，选择"插入"选项卡，单击"插图"组的"图片"按钮，在弹出的"插入图片"对话框中找到"边框.bmp"，单击该图片，单击"插入"按钮，图片即被插入文档中。插入图片"边框"后，文档排版暂时被改变为 2 页。

　　单击刚插入的图片，然后单击"图片工具-格式"选项卡"大小"组中右下角的扩展按钮，弹出"布局"对话框。在"大小"选项卡"缩放"组中取消勾选"锁定纵横比"复选框，然后在高度和宽度组中分别设置高、宽度值为"9.3 厘米"和"7.2 厘米"。在

"文字环绕"选项卡中将环绕方式设置为"浮于文字上方",单击"确定"按钮,此时图片的位置可能会自动发生变化。

（7）选择"插入"选项卡,单击"文本"组中的"文本框"按钮,在展开的下拉列表中选择"绘制竖排文本框"选项,鼠标指针变为十字形,此时在文档任意处拖曳鼠标绘制出一个任意大小的竖排文本框;仅选中第 5 段文字,按组合键 Ctrl+X 完成剪切;然后将光标定位到文本框中,按组合键 Ctrl+V 完成粘贴。

选择"绘图工具-格式"选项卡,在"大小"组中设置文本框的高为"8.2 厘米",宽为"6.3 厘米";在"形状样式"组单击"形状轮廓"按钮,在展开的下拉列表中选择"无轮廓"选项;在"排列"组中单击"自动换行"按钮,在展开的下拉列表中选择"浮于文字上方"选项。

在选中竖排文本框的同时,按 Shift 键,单击"边框"图片,当竖排文本框和"边框"图片都处于选中状态时,松开 Shift 键和鼠标,然后在"绘图工具-格式"（或"图片工具-格式"）选项卡"排列"组中单击"对齐"按钮,在展开的下拉列表中选择"上下居中"选项,再次单击"对齐"按钮,在展开的下拉列表中选择"左右居中"选项,如果此时第 5 段文字内容看不见了,只是由于文本框被"边框"图片遮挡,单击"边框"图片,在"图片工具-格式"选项卡"排列"组中单击"下移一层"按钮,就可以看到竖排文本框的内容。

在选中竖排文本框的同时,按 Shift 键,单击"边框"图片,当竖排文本框和"边框"图片都处于选中状态时,松开 Shift 键和鼠标,然后在"绘图工具-格式"（或"图片工具-格式"）选项卡"排列"组中单击"组合"按钮,在展开的下拉列表中选择"组合"选项。

在"绘图工具-格式"（或"图片工具-格式"）选项卡"排列"组中单击"位置"按钮,在展开的下拉列表中选择最后一排最后一列"底端居右,四周型文字环绕"选项,此时图片和文本框的组合自动排列到文档右下方,文档只有 1 页。

选中竖排文本框的文本内容,设置字号为"小四",字体为"华文新魏",段前、段后距 0 行,行距为最小值 0 磅,完成后的效果如图 2-129 所示。

图 2-129　横排文本框和竖排文本框效果

（8）在文本框外上、下部各设置两条横线，长 6.5 厘米，粗细为 2.25 磅，效果如图 2-130 所示。

选择“插入”选项卡，单击“插图”组中的“形状”按钮，在展开的下拉列表中选择“线条”组中的“直线”选项。此时鼠标指针变为十字形，将鼠标指针移动到横排文本框与分栏文字之间的位置，按键盘上的 Shift 键，同时按下鼠标左键拖曳绘制出一条直线。直线被选中的状态下，选择“绘图工具-格式”选项卡，在“大小”组中设置宽度为“6.5 厘米”；在“形状样式”组中单击“形状轮廓”按钮，在展开的下拉列表中选择颜色为“黑色”，粗细为“2.25 磅”。

保持直线的选中状态，按组合键 Ctrl+C 完成复制操作，然后按组合键 Ctrl+V 完成粘贴操作；按 Shift 键，依次单击两条直线，当两条直线都处于选中状态时，松开 Shift 键和鼠标；然后在“绘图工具-格式”选项卡“排列”组中，单击“对齐”按钮，在展开的下拉列表中选择“左对齐”选项，可以根据需要调节两条直线间的垂直间距。

按 Shift 键，依次单击两条直线，当两条直线都处于选中状态时，松开 Shift 键和鼠标，然后在“绘图工具-格式”选项卡“排列”组中单击“组合”按钮，在展开的下拉列表中选择“组合”选项。

单击组合后的直线，按组合键 Ctrl+C 完成复制操作，按组合键 Ctrl+V 完成粘贴操作；按 Shift 键，依次单击两组组合直线，当两组组合曲线都处于选中状态时，松开 Shift 键和鼠标；然后在“绘图工具-格式”选项卡“排列”组中，单击“对齐”按钮，在展开的下拉列表中选择“左对齐”选项。

然后单独选中下面那组组合直线，按住键盘中的向下键不要松开，直到下面这组组合直线位于横排文本框下方为止，如图 2-130 所示。

（9）单击快速访问工具栏中的“打印预览和打印”按钮，预览整篇文档设置完成后的效果；确定文章打印预览效果与设想的无误，直接单击“文件”→“保存”命令，在弹出的“另存为”对话框中将保存位置设置为 D 盘，文件名设置为“大学之春”，保存类型为“Word 文档”，单击“保存”按钮完成文档的保存。

文档已经完成编辑，单击标题栏右上角的“关闭”按钮，关闭文档。

1978 年，学校开办研究生教育，是全国首批招收中医专业研究生的高等院校之一；1993 年获得博士学位授予权，是湖北省最早获得博士学位授予权的省属院校。2007 年被批准为博士后科研流动站。现拥有中医学一级学科博士学位授予权，覆盖中医学 12 个二级学科博士点；拥有中医学、中药学、中西医结合、药学 4 个一级学科硕士学位授予权，共有 22 个硕士点，并成为全国首批临床医学硕士专业学位试点单位之一；取得了对在职人员以同等学力授予硕士学位的资格。1999 年被国务院学位委员会、国家教育部评为“全国研究生培养和学位管理先进单位”。

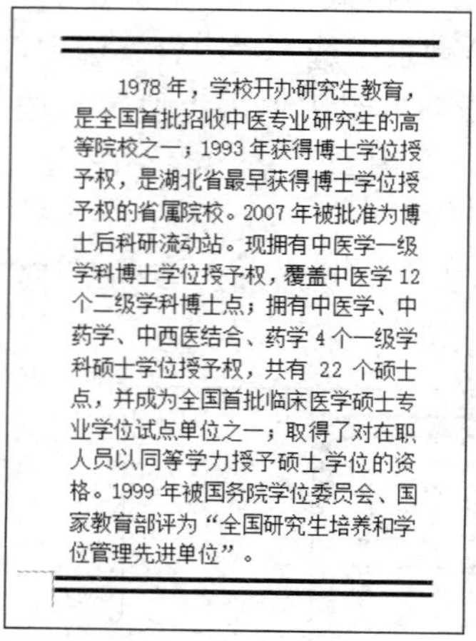

图 2-130 直线的样式及位置

2.2.5 知识点详解

1. 项目符号

当 Word 文档中包含有多项相同类别但是文本不同的内容，并且这些项目出现没有顺序要求时，可以使用项目符号来显示。

1）使用默认的项目符号

首先将光标定位在待插入项目符号的位置，然后单击"开始"选项卡"段落"组中的"项目符号"下拉按钮三 ，展开如图 2-131 所示的下拉列表。

在图 2-131 所示的下拉列表中选择所需要的项目符号样式，则所选项目符号就插入当前光标所在位置，然后输入相应的文字。当一段文字输入完毕后按 Enter 键，即可在下一行自动地产生相同的项目符号。

对于文本内容已编辑完成的段落，也可以为其添加项目符号。选择需要添加项目符号的文本段落，然后单击"开始"选项卡"段落"组"项目符号"下拉按钮，在展开的下拉列表中选择合适的项目符号，即可为选中的段落文字加上相应的项目符号标记。

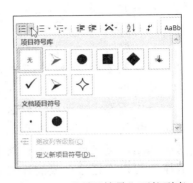

图 2-131　"项目符号"下拉列表

2）自定义项目符号

除了默认的项目符号，用户也可自定义项目符号，只需先选中待添加项目符号的段落，然后单击"开始"选项卡"段落"组"项目符号"下拉按钮，在展开的如图 2-131 所示的下拉列表中选择"定义新项目符号"选项，弹出如图 2-132 所示的"定义新项目符号"对话框，单击"符号"按钮，弹出如图 2-133 所示的"符号"对话框，从中选择所需的符号样式即可。

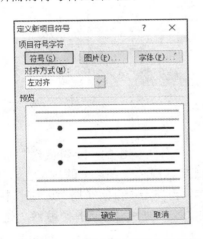

图 2-132　"定义新项目符号"对话框

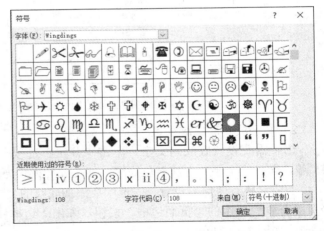

图 2-133　"符号"对话框

在自定义图片式的项目符号时，也可以在图 2-132 所示的"定义新项目符号"对话框中单击"图片"按钮，在弹出的"图片项目符号"对话框中选择需要的图片符号来作为项目符号使用。还可以在其中采用导入新的图片方式作为项目符号使用。

2. 边框、底纹和背景

在文档中为某些重要文本或段落添加边框和底纹，可以使显示的内容更加突出和醒目，使文档外观更加美观。Word 2010 提供了多种线型边框和由各种图案组成的艺术型边框，并允许使用多种边框类型。在 Word 2010 中，可以对字符、段落、图形或整个页面设置边框或底纹。

1）文字段落的边框设置

选中需要设置边框的文字，单击"字体"组中的"字符边框"按钮 Ⓐ，即可给文字加上单线框。

选中需要设置边框的段落，单击"页面布局"选项卡中"页面背景"组中的"页面边框"按钮，弹出"边框和底纹"对话框，如图 2-134 所示。在"设置"组中选中一种边框类型，可在预览区中看到添加边框之后的效果。在"样式"、"颜色"和"宽度"列表中，可以设置边框线的样式。除了线型边框外，还可以为段落添加 Word 提供的艺术型边框。在"应用于"下拉列表中，可以选择是应用于文字、段落还是整篇文档。

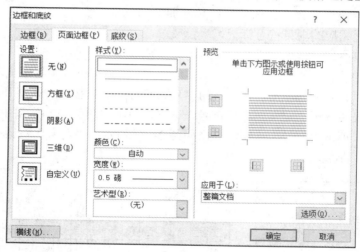

图 2-134　"页面边框"选项卡

2）文字段落的底纹设置

选中需要设置底纹的文字，单击"开始"选项卡"字体"组中的"字符底纹"按钮 Ⓐ，即可给文字加上浅灰色底纹，但是此种操作方式底纹颜色仅是单一的浅灰色。

若要对底纹做更多设置，先选中要添加底纹的文本，再单击"页面布局"选项卡中"页面背景"组中的"页面边框"按钮，弹出"边框和底纹"对话框，选择"底纹"选项卡，如图 2-135 所示。

在"填充"下拉列表中选择底纹的填充色，从"样式"下拉列表中选择底纹的样式，从"颜色"下拉列表中选择底纹内填充点的颜色，在"预览"区中可以浏览设置后的底纹效果。在"应用于"下拉列表中选择"文字"或"段落"即可。

若要删除底纹效果，只需在"边框和底纹"对话框的"底纹"选项卡中，设置"填充"为"无填充色"，"样式"为"清除"，然后单击"确定"按钮即可。

3）文档背景

一般文档的背景在打印时是不会打印出来的，只有在 Web 版式视图和阅读版式视图中背景才是可见的。

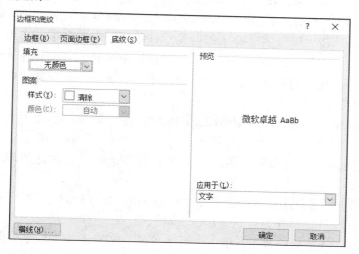

图 2-135　"底纹"选项卡

（1）如果要给文档添加背景颜色，单击"页面布局"选项卡"页面背景"组中的"页面颜色"按钮，在展开的如图 2-136 所示的页面背景颜色中做选择即可。

① 单击要作为背景的颜色，Word 将把该颜色作为纯色背景应用到文档的所有页面上。选择"无颜色"选项，可删除文档的背景色，此时背景色为白色。

② 也可以选择"其他颜色"选项，在弹出的"颜色"对话框中选择其他颜色。

③ 还可以选择"填充效果"选项，弹出"填充效果"对话框（图 2-137），通过选择不同的选项卡，可以得到更为丰富多彩的背景。

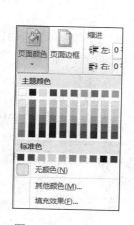

图 2-136　页面颜色

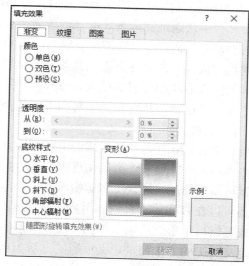

图 2-137　"填充效果"对话框

● 选择"渐变"选项卡，在"颜色"组中可以设置"单色""双色""预设"颜色，同时，可以选择"底纹样式"中的一种，在"透明度"组中通过数字的输入来设置背景的透明效果，在"变形"组中进一步设置一种底纹样式。

- "纹理"选项卡提供了类似于针织物和大理石的图案。选中一种要作为背景的纹理图案，在"纹理"组的底部可显示该纹理图案的名称。也可以单击"其他纹理"按钮，在弹出的"选择纹理"对话框中选择图片文件作为纹理插入纹理列表中。在纹理列表中选择一种纹理，单击"确定"按钮即可将此纹理图案作为页面背景。
- 选择"图案"选项卡，可在预设的 48 种图案中选择。当选中其中一种后，在选区的下方会显示该图案的名称。并可在"前景"和"背景"下拉列表中指定该图案的前景色和背景色，单击"确定"按钮即可将选择的"图案"设置为背景。
- 选择"图片"选项卡，单击"选择图片"按钮，在打开的"选择图片"对话框中，可以选择图片文件作为背景。

（2）水印是一种特殊的背景。单击"页面布局"选项卡中"页面背景"组中的"水印"按钮，在下拉列表中选择系统提供的各种样式，也可以在水印下拉列表框中选择"自定义水印"样式选项，来设定用户自己喜好的水印样式，如图 2-138 所示。

如果要删除水印，在下拉列表中选择"删除水印"选项即可。

3. 页眉和页脚

页眉、页脚都是文档的重要组成部分，页眉或页脚通常包含公司徽标、书名、章节名、页码、日期等信息文字或图形，页眉位置一般在页面顶部，页脚位置一般在页面底部。

1）使用内置的页眉和页脚样式

Word 2010 样式库中内置有多种页眉、页脚样式，用户可以直接使用这些页眉或页脚样式在文档中快速地完成形式多样的页眉、页脚创建。

单击"插入"选项卡"页眉和页脚"组中的"页眉"按钮，在展开的下拉列表中选择合适的页眉样式，即可在页面的顶部插入页眉，如图 2-139 所示。

页脚的插入方法和页眉的插入方法类似，只需要单击"插入"选项卡"页眉和页脚"组中的"页脚"按钮，从展开的下拉列表中选择合适的页脚样式即可。

2）自定义页眉和页脚样式

如果对 Word 2010 内置的页眉、页脚不满意，用户还可以自定义页眉、页脚。

单击"插入"选项卡"页眉和页脚"组中的"页眉"按钮，在展开的下拉列表中选择"编辑页眉"选项，进入页眉编辑状态，如图 2-140 所示；在"页眉"区域输入文本内容，还可以在打开的"页眉和页脚工具-设计"选项卡中选择插入图片、剪贴画等对象；完成编辑后单击此选项卡中的"关闭页眉和页脚"按钮即可。

自定义页脚的方法和自定义页眉的方法类似，这里不再赘述。

3）删除页眉和页脚

如果要删除页眉、页脚，则可单击"插入"选项卡"页眉和页脚"组中的"页眉"或"页脚"按钮，在展开的下拉列表中选择"删除页眉"或"删除页脚"选项即可。

图 2-138 水印

图 2-139 内置页眉样式

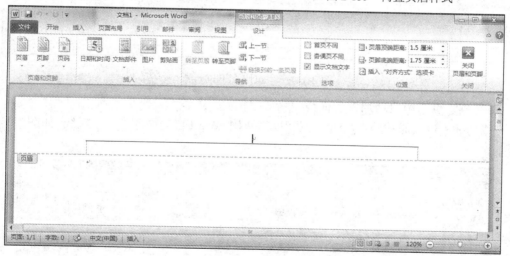

图 2-140 页眉编辑状态

4）调整页眉与页面顶端、页脚与页面底端的距离

在 Word 2010 文档中，页眉与页面顶端的距离默认为 1.5 厘米，页脚与页面底端的距离默认为 1.75 厘米。用户可以根据实际需要，调整页眉与页面顶端、页脚与页面底端

的距离。

用户可以在"页面设置"对话框"版式"选项卡中设置；也可以用鼠标双击页眉位置，或者双击页脚位置，来激活"页眉和页脚工具-设计"选项卡，然后在"位置"组调整"页眉顶端距离"和"页脚底端距离"数值框中的数值。

5）不同页眉和页脚的设置

在篇幅较长或一些出版物的版面中，往往需要在首页、奇数页、偶数页使用不同的页眉或页脚，以体现不同页面的页眉或页脚特色。用户只需激活"页眉和页脚工具-设计"选项卡，在"选项"组中勾选"首页不同"和"奇偶页不同"复选框即可。

6）插入页码

在编辑文档时，有时候需要在文档的页眉或页脚处插入文档页码，用户需要单击"插入"选项卡"页眉和页脚"组中的"页眉"（或"页脚"）按钮，在展开的下拉列表中选择"编辑页眉"选项，激活"页眉和页脚工具-设计"选项卡，然后在该选项卡的"页眉和页脚"组中，单击"页码"按钮，展开如图 2-141 所示的下拉列表；选择一种文档页码的插入位置，如页面顶端、页面底端等，还可以选择"设置页码格式"选项来设置页码格式。插入页码操作完成后，Word 将在整个文档中的每页指定位置上，自动顺序显示文档的页码，十分便利。

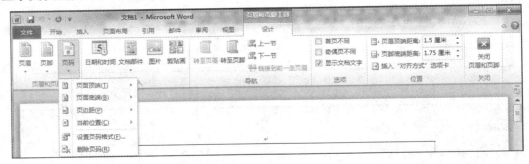

图 2-141　"页码"下拉列表

7）删除页眉中自动加入的横线

成功插入过页眉的用户，大多会发现在页眉中 Word 自动加入了一条横线，如图 2-142 所示。

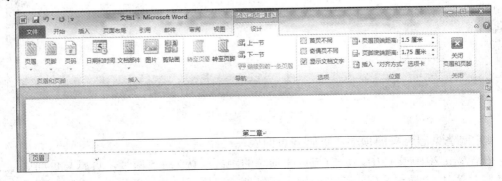

图 2-142　自动加入页眉的横线

如果不希望在页眉中显示这条横线，用户可以双击页眉区域，进入页眉编辑状态，然后选中页眉中横线上方的段落标记↵（如果段落标记并未显示出来，可以单击"开始"选项卡"段落"组中的"显示/隐藏编辑标记"按钮，使段落标记显示出来），接着在"开始"选项卡的"段落"组中单击"框线"按钮▦ ▾，在展开的下拉列表中选择"边框和底纹"选项，弹出"边框和底纹"对话框，如图 2-143 所示。在"边框"选项卡的"设置"组中选择"无"选项，单击"确定"按钮即可。

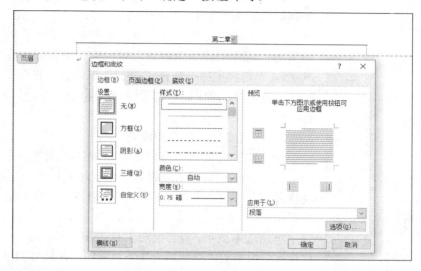

图 2-143　"边框和底纹"对话框

4. 形状

在 Word 2010 中，提供了一些基本形状、箭头、流程图符号等由线条组成的简单图形，用户可以根据需要插入形状，并对其进行样式、颜色和大小等格式设置。

1）插入形状

选择"插入"选项卡，在"插图"组中单击"形状"按钮，在展开的下拉列表中选择准备插入的形状样式，如图 2-144 所示；鼠标指针变成十字形，在准备添加图形的位置上拖动鼠标，即可在文档中插入形状。如果想要绘制的是圆形或者正方形，则需要按住键盘上的 Shift 键，同时拖曳鼠标绘制形状。

2）形状位置及环绕方式的设置

我们先选择"基本形状"中的"椭圆"；再按住键盘上的 Shift 键，同时在文档编辑区中拖曳鼠标绘制出一个圆形；然后选择"矩形"中的"圆角矩形"，鼠标指针将变成十字形，在文档编辑区中拖曳鼠标绘制出一个圆角矩形。如果两个图形在位置上有重叠，则后绘制的圆角矩形遮挡了先绘制的圆形的一部分，如图 2-145 所示。

图形按照绘制的先后顺序，放置在不同的图层，是一层一层往上叠加的。默认情况下，第一个绘制的形状处于最下层，第二个绘制的形状的图层位于第一个形状图层之上，第三个绘制的形状的图层位于第二个形状图层之上，以此类推……如果要改变某一个形状所在的图层位置关系，可以先选中该形状，在出现的"绘图工具-格式"选项卡中单

图 2-144　形状样式

击"排列"组中的"上移一层"或者"下移一层"按钮，也可以单击"排列"组中的"上移一层"下拉按钮，在展开下拉列表中选择"至于顶层"选项，或者单击"排列"组中的"下移一层"下拉按钮，在展开下拉列表中选择"至于底层"选项。当前我们选中圆角矩形，然后在出现的"绘图工具-格式"选项卡中单击"排列"组中的"下移一层"按钮，两个形状的位置关系如图 2-146 所示。

绘制完成的图形，默认的环绕方式是"浮于文字上方"，如果用户需要更改环绕方式，可在选中形状后，在"绘图工具-格式"选项卡中，单击"排列"组中的"自动换行"下拉按钮，在展开的如图 2-147 所示的下拉列表中选择所需选项，进行自定义更改。

3）形状颜色、大小的设置

形状添加完成后，用户可以对默认的颜色、大小进行修改。大多数形状可以单独设置"形状填充"和"形状轮廓"，而线条只能设置"形状轮廓"。我们以刚才绘制的圆形和圆角矩形来举例。

单击选中圆形，在"绘图工具-格式"选项卡中，单击"形状样式"组中的"形状填充"下拉按钮，在展开的下拉列表中选择想要设置的单一颜色；也可以选择"图片"，用图片填充形状；还可以设置"渐变"，或者设置"纹理"填充，如图 2-148所示。

图 2-145　两个形状的位置与层次关系

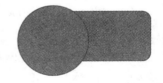

图 2-146　调整位置后形状的层次关系

保持圆形的选中状态，在"绘图工具-格式"选项卡中，单击"形状样式"组中"形状轮廓"下拉按钮，在展开的下拉列表中选择想要设置的颜色；也可以选择"粗细"选项设置形状边框线的粗细；还可以选择"虚线"选项，对形状边框线的样式进行设置，如图 2-149 所示。

除了"形状填充"和"形状轮廓"两项基本设置外，用户还可以根据个人喜好，为形状添加阴影、映像、发光等效果。

保持圆形的选中状态，在"绘图工具-格式"选项卡中，单击"形状样式"组中的"形状效果"下拉按钮，在展开的下拉列表中选择想要添加的效果形式，如选择"预设"子菜单中的"预设 9"样式，如图 2-150 所示。

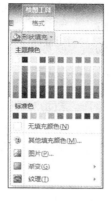

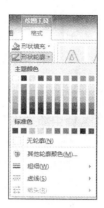

图 2-147　环绕方式　　　　图 2-148　"形状填充"下拉列表　　图 2-149　"形状轮廓"下拉列表

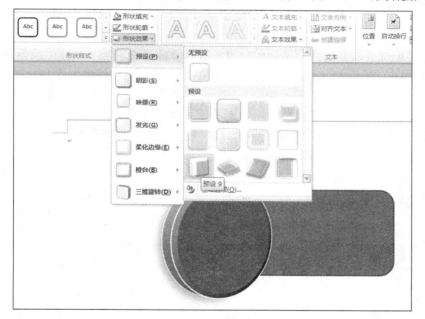

图 2-150　"形状效果"下拉列表

　　选中形状后，形状周边会出现几个控柄，有圆圈形式和方块形式，如图 2-151 所示，当将鼠标指针放置在控柄所在位置时，鼠标指针会呈现双向箭头，此时按下鼠标左键拖曳，即可调节形状的大小；也可以选中形状后，在"绘图工具-格式"选项卡"大小"组中，调节"高度"和"宽度"微调按钮做设置。

　　当选中圆形后，还可以看到一个绿色圆形控柄位于圆形上方，如图 2-151 所示，将鼠标指针放置在绿色圆形控柄上，鼠标指针会变成旋转样式，此时拖曳鼠标就可以对形状进行旋转。

　　如果想保留设置好的形状填充、形状轮廓、形状效果等

图 2-151　形状的控柄

设置,只是改变形状的样式,可以选中形状后,单击"绘图工具-格式"选项卡"插入形状"组中的"编辑形状"下拉按钮,在展开的下拉列表中选择"更改形状"选项,在展开的下一级菜单中选择准备应用的新形状即可。

5. 图片

在文档中适当地插入剪贴画、图片,可以使文档更加清晰、美观,主题更加突出。Word 2010 除了自带的剪辑图库,还支持扩展名为.jpg、.gif、.bmp、.png 等很多类型的图形文件。对于已插入的剪贴画、图片对象,用户可以进行自定义设置,如调整图片的大小、样式等。

1)插入图片

为了方便用户,Word 提供了一个"剪辑管理器",其中存储了大量的剪贴画。当用户需要在文档中插入"剪辑管理器"中的图片时,可以使用"剪辑管理器"的搜索功能,查找所需的图片,然后插入文档中。

将光标定位到需要插入剪贴画的位置,选择"插入"选项卡,在"插图"组中单击"剪贴画"按钮,在文档编辑区右侧显示"剪贴画"任务窗格,如图 2-152 所示,在"搜索文字"文本框中输入图片的分类,如输入"科学",然后单击"搜索"按钮,相关的图片都会显示在窗格中,直接单击所需图片即可插入文档中。

要将磁盘中的图形文件插入文档中,同样将光标定位到需要插入图片的位置后,选择"插入"选项卡,在"插图"组中单击"图片"按钮,弹出"插入图片"对话框,如图 2-153 所示,在对话框中设置好图片所在的位置,单击选中所需的图片,然后单击"插入"按钮即可。

图 2-152　"剪贴画"任务窗格　　　　　　　图 2-153　"插入图片"对话框

Word 文档中插入的图片是保留原有格式的图片，图片在 Word 文档中插入的位置与文档中的输入光标有关，光标在文档的什么位置，插入的图片就在文档什么位置显示。

　　2）图片格式的设置

　　在文档中插入剪贴画或图片后，其大小、版式不一定直接使用就能符合需求，通常还会对图片进行移动、缩放、裁剪等编辑。用户单击待编辑的图片，图片四周会出现 8 个控柄，同时会出现"图片工具-格式"选项卡，通过选项卡中的命令按钮，可以对剪贴画、图片的样式、边框、大小和效果等格式进行设置。

　　Word 2010 提供了多种预设好的图片样式供用户选择，这些图片样式可以使图片更具美感。首先选中图片，然后选择"图片工具-格式"选项卡，在"图片样式"组中单击"快速样式"下拉按钮，展开如图 2-154 所示的图片总体外观样式，用户通过单击进行选择，图 2-155 是选择了"柔化边缘椭圆"样式之后的效果。

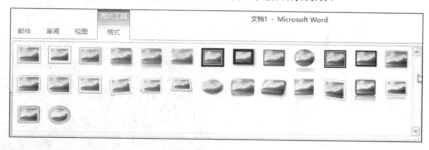

图 2-154　图片总体外观样式

图 2-155　柔化边缘椭圆效果

　　还可以给图片添加边框效果，使图片看起来更有质感。

　　选中图片后，选择"图片工具-格式"选项卡，在"图片样式"组中单击"图片边框"下拉按钮，展开如图 2-156 所示的下拉列表，选择想要使用的边框颜色，再通过"粗细"选项对边框的宽度做选择，通过"虚线"选项对边框线的样式做选择，就可以为图片添加上边框。图 2-157 是对图片设置"黑色，文字 1"、"2.25 磅"和"圆点"边框后的效果。

　　用户还可以为图片添加阴影、映像、发光、柔化边缘、棱台、三维旋转等效果。选中图片后，选择"图片工具-格式"选项卡，在"图片样式"组中单击"图片效果"下拉按钮，展开如图 2-158 所示的下拉列表，选择需要的图片效果即可。图 2-159 是对图片设置了"映像"子菜单中的"半映像，接触"后的效果。

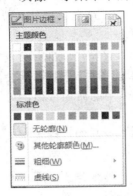

图 2-156　"图片边框"下拉列表　　　　　图 2-157　设置边框后的图片

图 2-158　"图片效果"下拉列表　　　　　图 2-159　"半映像，接触"效果

对于图片在文档中尺寸大小的更改，可以选中图片后，直接将鼠标指针放置在图片四周的任一控柄上，当鼠标指针放置在控柄所在位置时，鼠标指针会呈现双向箭头，此时按下鼠标左键拖曳，即可调节图片的大小；也可以选中图片后，在"绘图工具-格式"选项卡"大小"组中，调节"高度"和"宽度"微调按钮做设置；或者选中图片后，在"绘图工具-格式"选项卡"大小"组中，单击右下角的扩展按钮，弹出"布局"对话框；选择对话框的"大小"选项卡，在"高度"和"宽度"组中调节"绝对值"微调按钮，如图 2-160 所示；如果要改变图片的尺寸比例，需要在"布局"对话框"大小"选项卡的"缩放"组中取消勾选"锁定纵横比"复选框。

6. 文本框

Word 2010 中的文本框是一种可以包含文字、表格、图形的特殊图形对象，具有图形的特性，可移动位置、调节大小、进行色彩填充、修改边框线的颜色样式、设置不同的文字环绕方式等。当在文档中有部分内容需要特殊格式版面时，可以使用文本框来实现。

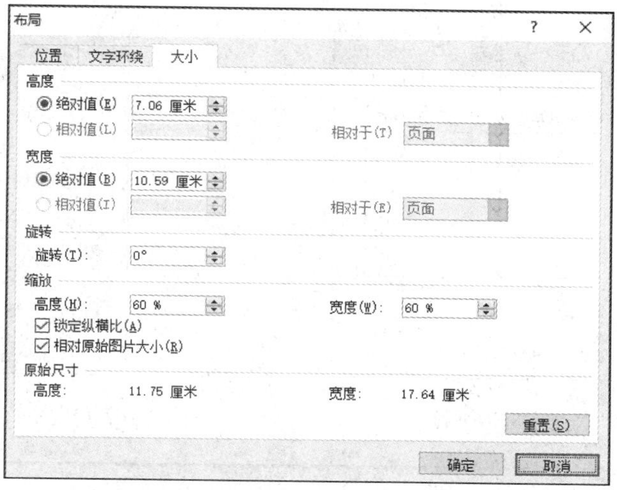

图 2-160 "布局"对话框

文本框有横排文本框和竖排文本框两种，Word 2010 本身内置了一些样式的文本框供用户使用，用户也可以自己"绘制文本框"或"绘制竖排文本框"，然后按照需要做格式设置即可。

确定好插入点后，选择"插入"选项卡，在"文本"组中单击"文本框"下拉按钮，展开如图 2-161 所示的下拉列表，单击选择一种内置的文本框样式，此类型的文本框将直接出现在文档中，用户只需要修改文本框的内容即可；也可以选择"绘制文本框"或"绘制竖排文本框"选项，这时鼠标指针会呈现十字形，在文档中拖曳绘制出适当大小的文本框即可。

需要注意的是，文本框内的文本，其字体、字形、字号和排版格式与文本框外的文本内容无任何联系，用户可以单独进行设置。

文本框的大小调整、内部颜色填充、外部边框线设置，以及文本框边框效果，都可以按照图片的相关设置方法实现。还可以通过"文本填充""文本轮廓""文本效果"对文本框中的文本进行文字颜色、文字边框颜色和文字效果的设置。

选中文本框内的文字，单击"绘图工具-格式"选项卡"文本"组中的"文字方向"按钮，在展开的如图 2-162 所示的下拉列表中有多项设置可以用于调整文字的方向。

7. SmartArt 图形

SmartArt 图形是信息和观点的视觉表示形式，可以通过从多种不同布局中进行选择来创建 SmartArt 图形，从而快速、轻松、有效地传达信息。

选择"插入"选项卡，单击"插图"组中的"SmartArt"按钮，弹出"选择 SmartArt 图形"对话框，如图 2-163 所示。

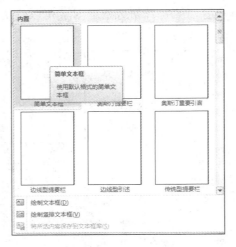 

图 2-161　"文本框"下拉列表　　　　　图 2-162　"文字方向"下拉列表

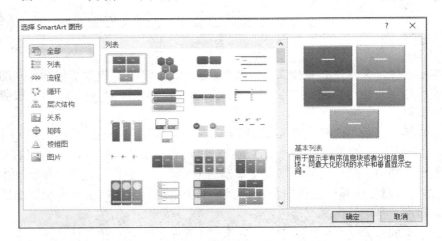

图 2-163　"选择 SmartArt 图形"对话框

　　对话框左侧部分是 SmartArt 图形类型列表，中间部分是该类型 SmartArt 图形的不同布局方式，右侧是被选中的 SmartArt 图形的样式、名称和功能介绍等，用户可以在"选择 SmartArt 图形"对话框中选择 SmartArt 图形后，通过右侧的信息，决定是否应用所选的 SmartArt 图形。此处我们在对话框左侧部分选择"列表"选项，然后在中间部分选择"垂直框列表"布局，单击"确定"按钮，建立如图 2-164 所示的 SmartArt 图形。

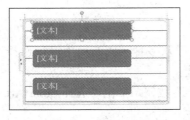

图 2-164　插入的垂直列表框

　　此类型的 SmartArt 图形，默认有 3 个列表项，每个列表项中默认出现的"[文本]"为占位符，用户在 SmartArt 图形中标注"文本"的位置上单击，通过键盘就可以输入需要的文本内容。

　　不同类型的 SmartArt 图形，默认提供的占位符数量不同。当前的垂直列表框 SmartArt 图形默认提供了 3 个列表项，假设用户需要的实际数量为 5 个，则需要通过

"SmartArt 工具-设计"选项卡来添加形状。在对 SmartArt 图形中的形状进行添加或删除后，形状的排列和形状内的文字字号会自动做调整，从而保持 SmartArt 图形布局的原始设计和边框。

此处我们将光标定位在第 3 项的文本中，激活"SmartArt 工具"选项卡，选择"SmartArt 工具-设计"选项卡，如图 2-165 所示，单击"创建图形"组中的"添加形状"按钮，根据需要在展开的下拉列表中选择"在后面添加形状"选项，如图 2-166 所示，此时的垂直列表框拥有第 4 个选项，并且每个项目的大小和文本字号都自动做了调整，如图 2-167 所示。

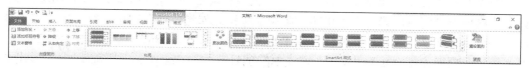

图 2-165　"SmartArt 工具"面板

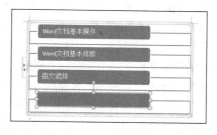

图 2-166　"添加形状"下拉列表　　　　图 2-167　增加了一个形状后的垂直列表框

新增列表项中文本的添加：可以在该列表框上右击，在弹出的快捷菜单中选择"编辑文字"命令，此时即可直接输入需要的文本信息。对于形状的增加，也可以单击 SmartArt 图形左侧的 按钮，显示出"文本"窗格，如图 2-168 所示。在"文本"窗格中添加和编辑内容时，SmartArt 图形会自动更新，即根据需要添加或删除形状。此时我们将光标定位在"文本"窗格中"表格应用"文字的后面，按 Enter 键，"文本"窗格的光标自动定位到下一行创建一个新的列表项，SmartArt 图形的形状也自动增加了一个，如图 2-169 所示。此时在"文本"窗格中直接输入文本信息即可完成新形状及其文字内容的添加。

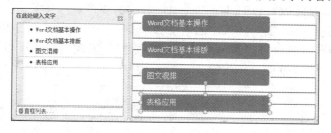

图 2-168　"文本"窗格

"文本"窗格的工作方式类似于大纲或项目符号列表，该窗格将信息直接映射到 SmartArt 图形。每个 SmartArt 图形定义了它自己在"文本"窗格中的项目符号与 SmartArt 图形中的一组形状之间的映射。

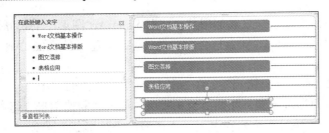

图 2-169　通过"文本"窗格创建新形状

如果要在"文本"窗格中缩进一行，则选中要缩进的行，然后在"SmartArt 工具-设计"选项卡"创建图形"组中单击"降级"按钮。如果要逆向缩进一行，则单击"升级"按钮。还可以在"文本"窗格中按 Tab 键进行缩进，按 Shift+Tab 键进行逆向缩进。以上任何一项操作都会更新"文本"窗格中的项目符号与 SmartArt 图形布局中的形状之间的映射。不能将上一行的文字降下多级，也不能对顶层形状进行降级。

当前创建的 SmartArt 图形布局的颜色默认为蓝色，用户可以选择"SmartArt 工具-设计"选项卡，在"SmartArt 样式"组中单击"更改颜色"下拉按钮，在展开的下拉列表中选择准备使用的 SmartArt 图形颜色选项，即可更改 SmartArt 图形的颜色。

用户也可以根据个人需要，对 SmartArt 图形的样式进行更改，使 SmartArt 图形更加美观。Word 2010 提供了"文档的最佳匹配对象"样式和"三维"样式两类样式效果，用户也可以通过"重设图形"按钮，删除 SmartArt 图形的样式。

如果对现有 SmartArt 图形的布局不满意，用户还可以重新选择其他的 SmartArt 图形。选择"SmartArt 工具-设计"选项卡，在"布局"组中单击"更改布局"下拉按钮，在弹出的下拉列表中选择准备应用的 SmartArt 图形，即可更改 SmartArt 图形的布局。

8. 艺术字

艺术字是 Microsoft Word 提供的一个特殊功能，选择合适的艺术字类型，能使文本更加醒目、美观。

选择"插入"选项卡，在"文本"组中单击"艺术字"下拉按钮，在展开的下拉列表中选择一种艺术字的样式，如当前选择第 2 行第 2 个样式，文档中光标所在处会自动出现一个有着"请在此放置您的文字"提示信息的文本框，只需要将文字信息替换为用户所需要的，即完成艺术字的插入。艺术字被选中时，会出现如图 2-170 所示的"绘图工具-格式"选项卡，其设置项目与"文本框"相似，因此用户还可以自定义设置艺术字的大小、环绕方式、效果、样式等。

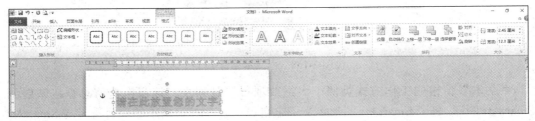

图 2-170　"绘图工具-格式"选项卡

用户还可以根据需要对艺术字的样式进行更改。只需选中要更改样式的艺术字，选择“绘图工具-格式”选项卡，在“艺术字样式”组中单击“快速样式”下拉按钮，在展开的下拉列表中选择准备使用的艺术字样式，即可更改艺术字的样式。

用户还可以通过“艺术字样式”组中的“文字效果”下拉按钮，根据需要设置“阴影”、“映像”、“发光”、“棱台”、“三维旋转”和“转换”共6类艺术字的效果。

2.3 Word表格应用

2.3.1 “课程表”的制作

1. 案例知识点及效果图

本案例主要运用以下知识点：表格的建立、插入新的行（列）、表格的对齐、单元格的合并、表格边框线、表格的底纹等。案例效果如图2-171所示。

星期 / 节次	星期一	星期二	星期三	星期四	星期五
1	语文	语文	语文	语文	语文
2	数学	数学	数学	数学	数学
大课间					
3	语文	美术	体育	体育	语文
4	体育	体育	音乐	班队	英语
午休					
5	品德	语文	英语	美术	品德
6	音乐	书法	校本	语文	数学

图2-171　课程表效果

2. 操作步骤

（1）建立新的空白Word文档，选择“页面布局”选项卡，单击“页面设置”组中的“纸张大小”下拉按钮，在展开的下拉列表中选择“32开（13×18.4厘米）”选项，纸张方向设置为“横向”；上、下页边距设置为“2.5厘米”。

（2）单击“插入”选项卡中的“表格”下拉按钮，在展开的下拉列表中选择“插入表格”选项，弹出如图2-172所示的“插入表格”对话框。在“列数”及“行数”数值框中分别输入“6”“9”，单击“确定”按钮，一个9行6列的表格出现在文档中。

（3）将鼠标指针移动到表格最下面的那根边线上，当鼠标指针变成如图2-173所示的双向箭头时，按下鼠标左键向页面下方拖曳，直至表格下框线到达页面的下边界处，如图2-174所示，自动产生了第2页，将光标定位到第2页的段落标记处，打开“段落”对话框，设置行距为“固定值”“1磅”；再将光标定位到表格中任意位置，选择“表格工具-布局”选项卡，单击“单元格大小”组中的“分布行”命令按钮，则表格各行的高度被平均分布。

（4）选中整个表格，选择“表格工具-布局”选项卡，单击“对齐方式”组中的“水平居中”按钮。

图 2-172 "插入表格"对话框

图 2-173 鼠标指针变成双向箭头

图 2-174 调节表格下框线后的文档页面

（5）将光标定位到第 1 行第 1 个单元格，选择"表格工具-设计"选项卡，单击"表格样式"组中的"边框"按钮，在展开的如图 2-175 所示的下拉列表中选择"斜下框线"选项，在该单元格中输入文字"星期"后按 Enter 键，继续输入文字"节次"，然后参照样图完成第一行其他信息的输入，完成后的第 1 行如图 2-176 所示。

图 2-175 "边框"下拉列表

图 2-176 文字输入完成后的第 1 行

（6）选中第 2 行到第 9 行，选择"表格工具-布局"选项卡，单击"单元格大小"组中的"分布行"按钮，则表格第 2 行到第 9 行的高度被平均分布。

（7）选中第 4 行所有单元格，选择"表格工具-布局"选项卡，单击"合并"组中的"合并单元格"按钮，则表格第 4 行变为一个单元格；选中第 7 行所有单元格，选择"表格工具-布局"选项卡，单击"合并"组中的"合并单元格"按钮，则表格第 7 行变为一个单元格。

（8）参照样图完成表格中所有文字内容的输入。

（9）选中第 1 行所有单元格，选择"表格工具-设计"选项卡，单击"表格样式"组中的"底纹"按钮，在展开的颜色列表中选择"主题颜色"中的"茶色，背景 2"；用同样的方式设置第 4 行和第 7 行的底纹。

（10）单击"文件"→"保存"命令，在弹出的"另存为"对话框中将保存位置设置为 D 盘，文件名设置为"课程表"，保存类型为"Word 文档"，单击"保存"按钮完成文档的保存。

文档已经完成编辑，单击标题栏右上角的"关闭"按钮，关闭文档。

2.3.2 "工资表"的制作

1. 案例知识点及效果图

本案例主要运用以下知识点：表格的建立、插入新的行列、公式的使用、表格中的对齐、表格的排序、表格边框线、表格的底纹等，案例效果图如图 2-177 所示。

2. 操作步骤

（1）建立一个空白的 Word 文档，单击"插入"选项卡中的"表格"下拉按钮，在展开的下拉列表中选择"插入表格"选项，弹出"插入表格"对话框，在"列数"数值框中输入"4"，"行数"数值框中输入"6"，单击"确定"按钮，一个 6 行 4 列的表格出现在文档中。

（2）在表格中输入数据，内容如图 2-178 所示。

工资表			
姓　名	月收入	工龄工资	补贴	实发工资
宋常林	979	30	40	1049.0
王　红	746	14	30	790.0
马　伟	587	10	20	617.0
于　新	574	8	20	602.0
杨永贵	410	5	10	425.0
各项平均	659.2	13.4	24.0	696.6
			2018 年 4 月 9 日

图 2-177　工资表效果图

姓　名	月收入	工龄工资	补贴
马　伟	587	10	20
宋常林	979	30	40
王　红	746	14	30
杨永贵	410	5	10
于　新	574	8	20

图 2-178　表格初始数据

（3）将光标定位到表格"补贴"这一列任意单元格，选择"表格工具-布局"选项卡，在"行和列"组中单击"在右侧插入"按钮，在表格"补贴"列右方插入一空列，在新插入列的第一行中输入"实发工资"作为该列标题。

（4）将光标定位到表格最后一个单元格（第 6 行第 5 列），按键盘上的 Tab 键，在表格下方插入一空行，在新插入行的第一列输入"各项平均"作为标题，插入完后的表格如图 2-179 所示。

姓　名	月收入	工龄工资	补贴	实发工资
马　伟	587	10	20	
宋常林	979	30	40	
王　红	746	14	30	
杨永贵	410	5	10	
于　新	574	8	20	
各项平均				

图 2-179　新增行和列之后的表格

（5）光标定位到"实发工资"单元格正下方的第一个单元格，选择"表格工具-布局"选项卡，在"数据"组中，单击"公式"按钮 fx，弹出如图 2-180 所示的"公式"对话框；在对话框中的"公式"文本框内默认有着公式"=SUM(LEFT)"，保持该内容不变，在"编号格式"文本框中输入"0.0"，单击"确定"按钮，则单元格中自动显示计算之后的员工实发工资，如图 2-181 所示。在"公式"文本框和"编号格式"文本框中输入内容时，注意标点符号均为半角模式下的符号。

将光标定位在由公式计算出的实发工资项 1049.0 中，可以看到该项数据有灰色底纹，如图 2-181 所示，与直接在该单元格中输入 1049.0 数值项是有区别的。

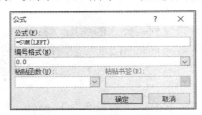

图 2-180　"公式"对话框

姓　名	月收入	工龄工资	补贴	实发工资
宋常林	979	30	40	1049.0
王　红	746	14	30	
马　伟	587	10	20	
于　新	574	8	20	
杨永贵	410	5	10	
各项平均				

图 2-181　应用公式后的单元格

（6）参照步骤（5），依次完成其余几名员工实发工资的计算。注意：在"公式"对话框中，"公式"文本框内的公式为"=SUM(LEFT)"，"编号格式"文本框中的格式设置为"0.0"。

（7）将光标定位到表格最后一行第 2 列单元格，选择"表格工具-布局"选项卡，在"数据"组中，单击"公式"按钮，弹出"公式"对话框；在对话框中的"公式"文本框内默认有着公式"=SUM(ABOVE)"，修改公式为"=AVERAGE(ABOVE)"，在"编号格式"文本框中输入"0.0"，单击"确定"按钮，则单元格中自动显示计算之后的平均值；重复上述的计算步骤，完成其余各列平均值的计算。

（8）将鼠标指针移动到表格第一行左侧，呈现如图 2-182 所示的箭头形状时单击，表格第 1 行被选中，选择"表格工具-布局"选项卡，在"表"组中单击"属性"按钮，弹出"表格属性"对话框。

选择对话框中的"行"选项卡，在"行"选项卡的"尺寸"组中，勾选"指定高度"复选框，设置为"1 厘米"，"行高值是"设置为"最小值"，如图 2-183 所示，单击"确定"按钮，完成表格第 1 行的高度设置。

姓　名	月收入	工龄工资	补贴	实发工资
马　伟	587	10	20	617.0
宋常林	979	30	40	1049.0
王　红	746	14	30	790.0
杨永贵	410	5	10	425.0
于　新	574	8	20	602.0
各项平均	659.2	13.4	24.0	696.6

图 2-182　鼠标选中第一行的状态

图 2-183　"表格属性"对话框

选中表格第 2～7 行，参照上述步骤，"指定高度"设置为"0.8 厘米"，"行高值是"设置为"最小值"，并在"表格工具-布局"选项卡"对齐方式"组中单击"靠下右对齐"按钮 。

（9）将鼠标指针移动到表格第一列上方，呈现如图 2-184 所示的箭头形状时单击，表格第 1 列被选中，在"开始"选项卡的"段落"组中，单击"居中"按钮，将表格第 1 列数据"居中"对齐。

姓　名	月收入	工龄工资	补贴	实发工资
马　伟	587	10	20	617.0
宋常林	979	30	40	1049.0
王　红	746	14	30	790.0
杨永贵	410	5	10	425.0
于　新	574	8	20	602.0
各项平均	659.2	13.4	24.0	696.6

图 2-184　鼠标选中第 1 列的状态

（10）选中表格第 1 行，在"开始"选项卡的"字体"组中，设置"字号"为"小四"，单击"加粗"按钮；在"表格工具-布局"选项卡的"对齐方式"组中，单击"水平居中"按钮。

（11）将光标定位到表格中的任意单元格，选择"表格工具-布局"选项卡，在"单元格大小"组中单击"自动调整"下拉按钮，在展开的下拉列表中选择"根据内容自动调整表格”选项，得到图 2-185 所示的调整后的表格。

（12）将光标定位到表格中，选择“表格工具-布局”选项卡，在“表”组中单击“属性”按钮，弹出“表格属性”对话框；选择对话框中的“表格”选项卡，在“对齐方式”组中选择“居中”选项，如图 2-186 所示，单击“确定”按钮。此时表格在整个页面的横向方向上处于中间的位置。

姓　名	月收入	工龄工资	补贴	实发工资
马　伟	587	10	20	617.0
宋常林	979	30	40	1049.0
王　红	746	14	30	790.0
杨永贵	410	5	10	425.0
于　新	574	8	20	602.0
各项平均	659.2	13.4	24.0	696.6

图 2-185　自动调整格式后的表格　　　　　图 2-186　表格对齐方式设置

（13）选定表格前 6 行，在“表格工具-布局”选项卡的“数据”组中，单击“排序”按钮，弹出“排序”对话框；在“主要关键字”下拉列表中选择“实发工资”选项，在“类型”下拉列表中选择“数字”选项，并选中“降序”单选按钮，在“列表”组中选中“有标题行”单选按钮，如图 2-187 所示；单击“确定”按钮，完成表格按“实发工资”列的排序操作，结果如图 2-188 所示。

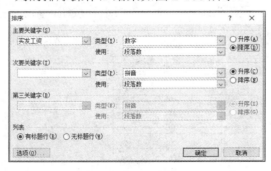

姓　名	月收入	工龄工资	补贴	实发工资
宋常林	979	30	40	1049.0
王　红	746	14	30	790.0
马　伟	587	10	20	617.0
于　新	574	8	20	602.0
杨永贵	410	5	10	425.0
各项平均	659.2	13.4	24.0	696.6

图 2-187　“排序”对话框　　　　　图 2-188　排序后的表格

（14）将光标定位到表格第 1 行任意单元格，选择“表格工具-布局”选项卡，在“行和列”组中单击“在上方插入”按钮，在表格上面增加一行。

选中新增加的第 1 行，在“表格工具-布局”选项卡的“合并”组中，单击“合并单元格”按钮，使表格第 1 行合并成为一个单元格，并输入文字“工资表”。选中文字“工资表”，在“开始”选项卡的“字体”组中，设置字体格式为黑体、三号、居中对齐。

设置完成后的表格如图 2-189 所示。

（15）选中整个表格，在"表格工具-设计"选项卡中，单击"绘图边框"组中的"笔样式"下拉按钮，如图 2-190 所示，在展开的下拉列表中选择"单实线"选项；单击"笔画粗细"下拉按钮，在展开的下拉列表中选择"2.25 磅"；单击"笔颜色"下拉按钮，在展开的下拉列表中选择标准色"红色"；在"表格样式"组中单击"边框"下拉按钮，在展开的下拉列表中选择"外侧框线"选项，完成表格外侧框线的设置。

图 2-189　增加表头后的表格　　　　　　图 2-190　"笔样式"下拉按钮

继续保持整个表格的选中状态，在"表格工具-设计"选项卡中，单击"绘图边框"组中的"笔样式"下拉按钮，在展开的下拉列表中选择"单实线"选项；单击"笔画粗细"下拉按钮，在展开的下拉列表中选择"0.75 磅"；单击"笔颜色"下拉按钮，在展开的下拉列表中选择标准色"蓝色"；在"表格样式"组中单击"边框"下拉按钮，在展开的下拉列表中选择"内部框线"选项，完成表格内侧框线的设置。完成表格框线设置的表格如图 2-191 所示。

（16）选中表格的标题行（"姓名"行），在"表格工具-设计"选项卡的"绘图边框"组中，设置笔样式、笔画粗细、笔颜色分别为双实线线型、0.75 磅粗细、蓝色线条；在"表格样式"组中，设置边框线型为"下框线"。

（17）选中表格标题行（"姓名"行），在"表格工具-设计"选项卡的"表格样式"组中，单击"底纹"下拉按钮，在展开的如图 2-192 所示下拉列表中选择"主题颜色"中的"白色，背景 1，深色 15%"选项，完成表格第 1 行的底纹设置。

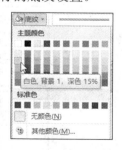

图 2-191　设置完表格框线后的表格　　　　图 2-192　表格底纹设置

（18）将光标移至表格外右下方，选择"插入"选项卡，单击"文本"组中的"日期和时间"按钮，弹出如图 2-193 所示的"日期和时间"对话框。"语言（国家/地区）"设置为"中文（中国）"，"可用格式"选择第 2 项，单击"确定"按钮，完成日期的插入操作；设置该日期的字体格式为"小四""加粗""倾斜"。

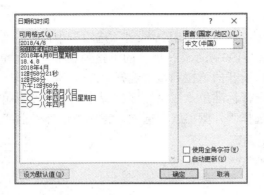

图 2-193　"日期和时间"对话框

（19）单击快速访问工具栏中的"保存"按钮，将其保存为"工资表.docx"。

2.3.3　"大学生个人简历"的制作

1. 案例知识点及效果图

本案例主要运用以下知识点：表格的制作、表格单元格行高和列宽的调整、单元格的合并、边框底纹的设置。案例效果如图 2-194 所示。

个人简历

姓　名		性　别			
民　族		出生年月			贴照片处
政治面貌		现所在地			
专　业		毕业院校			
联系电话		E-Mail			
技能、特长或爱好					
外语水平		计算机能力			
专业技能					
个人爱好					
个人履历					
时间	单位	经历			
求职意向					
自我评价					

图 2-194　大学生个人简历效果

2. 操作步骤

（1）建立新的空白 Word 文档，选择"页面布局"选项卡，单击"页面设置"组中的"纸张大小"下拉按钮，在展开的下拉列表中选择"A4"选项，"纸张方向"设置为"纵向"，上、下边距分别设置为"2.54 厘米"，左、右边距分别设置为"3.17 厘米"。

（2）在文档中光标处输入"个人简历"，并设置字体格式为"黑体""三号"，段落格式为"居中对齐"。

（3）按 Enter 键，将光标定位到下一行，单击"插入"选项卡"表格"组中的"表格"下拉按钮，在展开的下拉列表中选择"插入表格"选项，在弹出的"插入表格"对话框中，"列数"数值框中输入"5"，"行数"数值框中输入"23"，单击"确定"按钮，一个 23 行 5 列的表格出现在文档中。

（4）选中整个表格，设置字体为"黑体""小四"；在"表格工具-布局"选项卡"对齐方式"组中，单击"水平居中"按钮。

（5）选中第 1~20 行，在"表格工具-布局"选项卡的"单元格大小"组中，设置行高为"0.8 厘米"；光标定位在第 21 行，在"表格工具-布局"选项卡的"单元格大小"组中，设置行高为"2 厘米"；光标定位在第 22 行，在"表格工具-布局"选项卡"单元格大小"组中，设置行高为"0.8 厘米"；光标定位在第 23 行，在"表格工具-布局"选项卡的"单元格大小"组中，设置行高为"3.3 厘米"。

（6）选中前 5 行的最后一列单元格，在"表格工具-布局"选项卡"合并"组中单击"合并单元格"按钮，输入文字内容"贴照片处"，然后单击"对齐方式"组中的"文字方向"按钮，使文字变成纵向排列。

（7）参照样图，在表格中相应位置输入前 5 行的文字信息。

（8）选中第 6 行的所有单元格，在"表格工具-布局"选项卡的"合并"组中单击"合并单元格"按钮，第 6 行由 5 列变为 1 列；同样的方式，将第 7 行第 4、5 列单元格合并为一个单元格；第 8 行的 2~5 列单元格合并为一个单元格；第 9 行的 2~5 列单元格合并为一个单元格；第 10 行的 5 列单元格合并为 1 列；将第 11~19 行的 3~5 列单元格依次合并为一个单元格；第 20~23 行的 5 列单元格依次合并为 1 列。

（9）参照样图，在表格中相应位置输入第 6~22 行的文字信息。

（10）将光标定位到第 6 行，在"表格工具-设计"选项卡的"表格样式"组中，单击"底纹"下拉按钮，在展开的如图 2-195 所示的下拉列表中选择"主题颜色"组中的"橄榄色，强调文字颜色 3，淡色 60%"选项，完成该行的底纹设置；用同样的方式，完成第 10 行、第 20 行和第 22 行的底纹设置，设置效果相同。

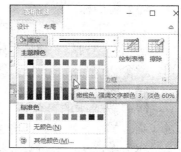

图 2-195　第 6 行底纹的设置

（11）拖曳鼠标选中第 1 行第 1 列单元格至第 5 行第 1 列的纵向 5 个连续单元格，按住键盘上的 Ctrl 键不要松开；将鼠标指针定位到第 1 行第 3 列，用鼠标拖曳选中第 1 行第 3 列单元格至第 5 行第 3 列的纵向 5 个连续单元格；然后将鼠标定位到第 7 行第 1 列，用鼠标拖曳选中第 7 行第 1 列至第 9 行第 1 列的纵向 3 个连续单元格；再用鼠标选中第 7 行第 3 列单元格；最后将鼠标定位到第 11 行第 1 列单元格，用鼠标拖曳选中第 11 行的 3 个连续单元格，此时松开键盘上的 Ctrl 键；在“表格工具-设计”选项卡的“表格样式”组中，单击“底纹”下拉按钮，在展开的下拉列表中选择“主题颜色”组中的“白色，背景 1，深色 15%”选项，完成选中单元格的底纹设置。

（12）单击快速访问工具栏中的“保存”按钮，将其保存为“个人简历.docx”。

2.3.4 “收据”的制作

1. 案例知识点及效果图

本案例主要运用以下知识点：表格的制作、表格单元格行高和列宽的调整、表格线的移动、单元格的合并、文字格式的设置、文本框的使用及设置、直线形状的绘制。案例效果如图 2-196 所示。

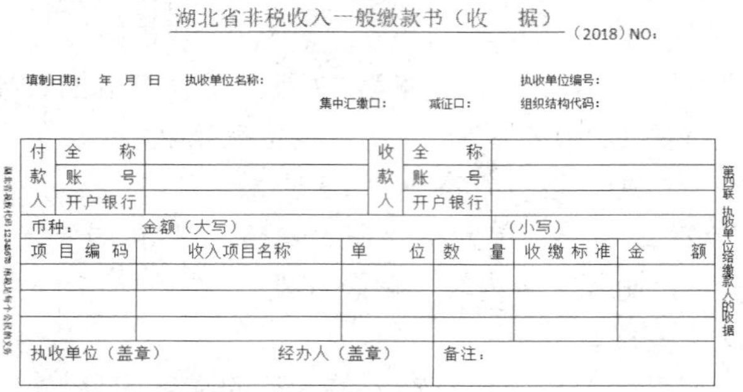
湖北省非税收入一般缴款书（收　据）（2018）NO：

填制日期：　年　月　日　执收单位名称：　执收单位编号：

集中汇缴口：　减征口：　组织结构代码：

付款人	全　称		收款人	全　称		
	账　号			账　号		
	开户银行			开户银行		
币种：	金额（大写）				（小写）	
项目编码	收入项目名称	单　位	数　量	收缴标准	金　额	
执收单位（盖章）		经办人（盖章）	备注：			

第四联 执收单位给缴款人的收据

图 2-196 “收据”效果图

2. 操作步骤

（1）新建一个空白 Word 文档，选择“页面布局”选项卡，单击“页面设置”组中的“纸张大小”下拉按钮，在展开的下拉列表中选择“A4”选项，“纸张方向”设置为“纵向”，上、下边距分别为“2.54 厘米”，左、右边距分别为“3.17 厘米”。

（2）按两次 Enter 键，使文档有 3 个段落，如图 2-197 所示。

（3）将光标定位到第 2 行的段落标记前，选择“插入”选项卡，单击“表格”组中的“表格”下拉按钮，在展开的下拉列表中选择“插入表格”选项，弹出“插入表格”对话框，在“列数”数值框中输入“6”，“行数”数值框中输入“9”，单击“确定”按钮，一个 9 行 6 列的表格出现在文档中。

（4）选中第 1 行第 1 列、第 2 行第 1 列、第 3 行第 1 列共 3 个单元格，在“表格工具-布局”选项卡的“合并”组中单击“合并单元格”按钮。用同样的方式，将第 1 行第 4 列、第 2 行第 4 列、第 3 行第 4 列共 3 个单元格合并为一个单元格。

（5）在第 1 个合并单元格中输入文字“付款人”，在第 2 个合并单元格中输入文字“收款人”，如图 2-198 所示。

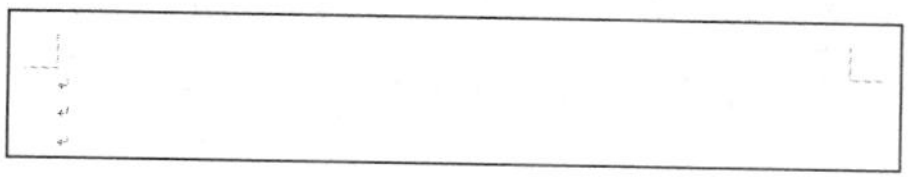

图 2-197 按两次 Enter 键后的文档编辑区

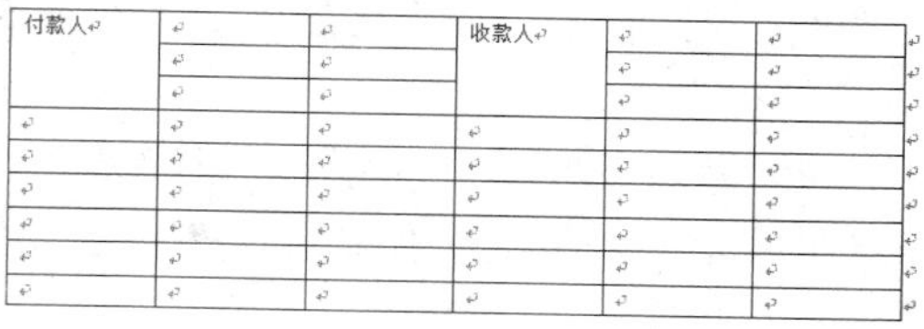

图 2-198 在合并单元格中输入文字

（6）选中第 1 行第 1 列和第 2 列的第 1～3 行单元格，如图 2-199 所示，将鼠标指针移动到第 1 列单元格和第 2 列单元格之间的内框线处，当鼠标指针变成双向箭头时，按住鼠标左键，此时会产生一条垂直的虚线，如图 2-200 所示，按住鼠标左键不要松开，向左移动鼠标，直到第 1 列仅保留一个中文字符的宽度时，松开左键，此时表格如图 2-201 所示。

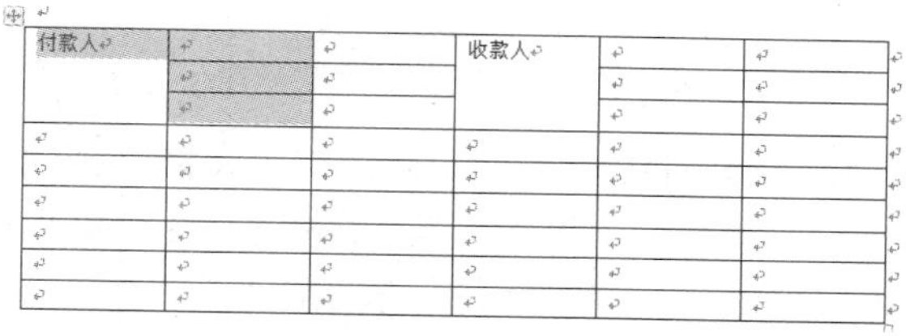

图 2-199 选中指定单元格

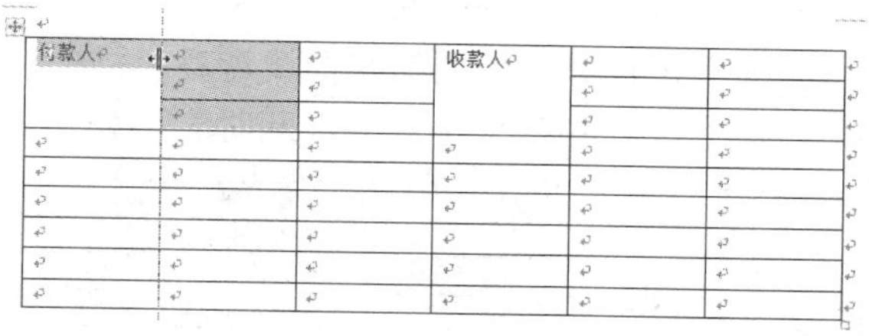

图 2-200 垂直虚线

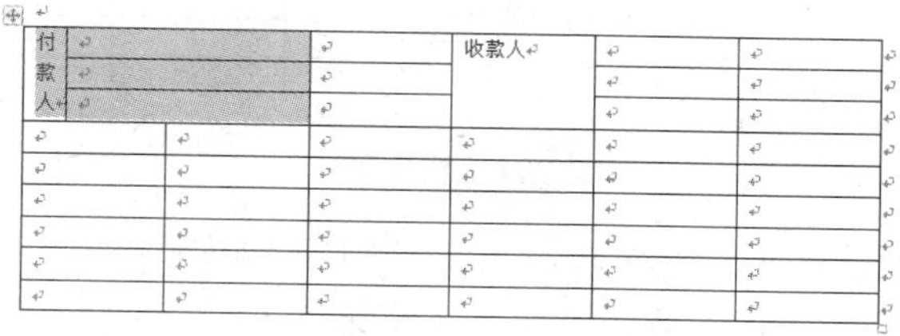

图 2-201 调整框线后的表格（一）

（7）参照步骤（6），将收款人右边的内框线向左移动，调整后的表格如图 2-202 所示。

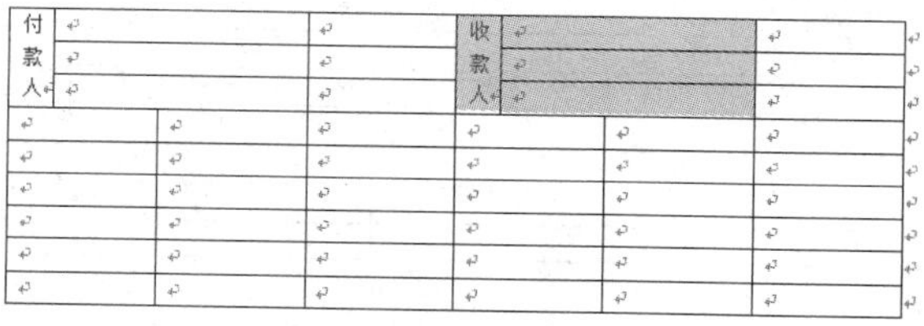

图 2-202 调整框线后的表格（二）

（8）参照样图，在表格的第 2 列和第 5 列的前 3 行中分别输入文字“全称”“账号”“开户银行”。

（9）参照步骤（6），调整表格的第 2 列和第 5 列的前 3 行列宽，使单元格内的文字能够在单元格内部不换行显示，并将这几个单元格的对齐方式设置为“分散对齐”，如图 2-203 所示。

付款人	全　　称		收款人	全　　称	
	账　　号			账　　号	
	开户银行			开户银行	

图 2-203　表格前 3 行的效果

（10）选中第 4 行第 1～4 列共 4 个单元格，在“表格工具-布局”选项卡“合并”组中单击“合并单元格”按钮；选中第 4 行第 5、6 列共 2 个单元格，在“表格工具-布局”选项卡“合并”组中单击“合并单元格”按钮。

（11）选中合并后的第 4 行第 2 列单元格，将鼠标指针移动到第 1 列单元格和第 2 列单元格之间的内框线处，当鼠标指针变成双向箭头时，按住鼠标左键不要松开，向右移动鼠标，直到该内框线与上 1 行最后 1 列的左框线对齐时，松开鼠标左键；在该行输入相应的文字“币种”“金额（大写）”“（小写）”，此时表格如图 2-204 所示。

付款人	全　　称		收款人	全　　称	
	账　　号			账　　号	
	开户银行			开户银行	
币种：	金额（大写）			（小写）	

图 2-204　表格第 4 行

（12）在表格第 5 行单元格中输入相应文字“项目编码”“收入项目名称”“单位”“数量”“收缴标准”“金额”，并适当调节列宽；将第 5 行第 2 列设为居中对齐，该行其他单元格设置为分散对齐，调整后的效果如图 2-205 所示。

付款人	全　　称		收款人	全　　称	
	账　　号			账　　号	
	开户银行			开户银行	
币种：	金额（大写）			（小写）	
项 目 编 码	收入项目名称	单　　位	数　　量	收 缴 标 准	金　　额

图 2-205　第 5 行完成后的效果

（13）选中最后1行第1～3列共3个单元格，在“表格工具-布局”选项卡“合并”组中单击“合并单元格”按钮；选中最后1行第4～6列共3个单元格，在“表格工具-布局”选项卡“合并”组中单击“合并单元格”按钮。

（14）将光标定位在最后1行，在“表格工具-布局”选项卡“单元格大小”组中，设置行高为“1厘米”。

（15）在最后一行输入文字“执收单位（盖章）”“经办人（盖章）”“备注：”，如图2-206所示。

付款人	全　称		收款人	全　称	
	账　号			账　号	
	开户银行			开户银行	
币种：　金额（大写）				（小写）	
项 目 编 码	收入项目名称	单　位	数　量	收 缴 标 准	金　额
执收单位（盖章）　经办人（盖章）			备注：		

图2-206　最后1行完成后的效果

（16）选中整个表格，将字体设为“宋体”“五号”。

（17）将光标定位到表格上方的段落标记前，输入文字“湖北省非税收入一般缴款书（收　据）”；设置字体格式为“宋体”“四号”，段落格式为“居中对齐”。

（18）选择“插入”选项卡，单击“插图”组中的“形状”下拉按钮，在展开的下拉列表中选择“直线”选项，按住键盘上的Shift键的同时，在标题文字正下方画一条直线，绘制完成，松开鼠标，松开键盘，如图2-207所示。

湖北省非税收入一般缴款书（收　据）

付款人	全　称		收款人	全　称	
	账　号			账　号	
	开户银行			开户银行	
币种：　金额（大写）				（小写）	
项 目 编 码	收入项目名称	单　位	数　量	收 缴 标 准	金　额
执收单位（盖章）　经办人（盖章）			备注：		

图2-207　绘制直线

（19）选中直线，选择“绘图工具-格式”选项卡，单击“形状样式”组中的“形状轮廓”下拉按钮，在展开的颜色列表中选择“主题颜色”组中的“黑色，文字1”选项。

（20）将光标定位到标题文字“湖北省非税收入一般缴款书（收　据）”右侧，按两次Enter键；选择“插入”选项卡，单击“文本”组中的“文本框”下拉按钮，在展开的下拉列表中选择“绘制文本框”选项，在标题文字右侧绘制一个文本框，并输入文字“（2018）NO:”，如图2-208所示。

（21）将光标定位到文本框内，在“绘图工具-格式”选项卡“形状样式”组中，将“形状填充”设置为“无填充颜色”；将“形状轮廓”设置为“无轮廓”，并适当调整文本框的位置，完成的效果如图2-209所示。

（22）将光标定位到标题文字"湖北省非税收入一般缴款书（收　据）"下第 1 行，选择"插入"选项卡，单击"文本"组中的"文本框"下拉按钮，在展开的下拉列表中选择"绘制文本框"选项，在标题文字下方绘制一个文本框，参照图 2-210 输入文字；将文本框的"形状填充"设置为"无填充颜色"，"形状轮廓"设置为"无轮廓"，文本框内的字体格式设置为"宋体""六号"。

图 2-208　插入文本框

图 2-209　标题文字与文本框相对位置

图 2-210　第二个文本框完成后的效果

（23）选择"插入"选项卡，单击"文本"组中的"文本框"下拉按钮，在展开的下拉列表中选择"绘制竖排文本框"选项，在表格右侧绘制一个文本框，输入文字"第四联 执收单位给缴款人的收据"；文本框的"形状填充"设置为"无填充颜色"，"形状轮廓"设置为"无轮廓"，文本框内的字体格式设置为"宋体""六号"；适当调整文本框的位置，完成的效果如图 2-211 所示。

图 2-211　表格右侧的竖排文本框

（24）选择"插入"选项卡，单击"文本"组中的"文本框"下拉按钮，在展开的下拉列表中选择"绘制竖排文本框"选项，在表格左侧绘制一个文本框，输入文字"湖北省税收代码 12345678 纳税是每个公民的义务"；文本框的"形状填充"设置为"无填充颜色"，"形状轮廓"设置为"无轮廓"，文本框内的字体格式设置为"宋体""七号"；适当调整文本框的位置；将光标定位在该文本框中，选择"绘图工具-格式"选项卡，单击"文本"组中的"文字方向"下拉按钮，在展开的下拉列表中选择"将所有文字旋转 90°"选项，完成后的效果如图 2-212 所示。

（25）单击快速访问工具栏中的"保存"按钮，将其保存为"收据.docx"。

图 2-212　表格左侧的竖排文本框

2.3.5　知识点详解

文档中的有些信息仅仅通过文字的描述是不够直观的，可以使用表格来更好地表达这些信息。因此，表格处理在文档中也占有一定的比例，Word 2010 提供的表格处理功能可以方便地处理各种表格，特别适用于一般文档中包括的简单表格（如学生成绩登记表、课程表等）。表格的排版与文本的排版基本相似，但也有自己的特点。

1．表格的创建

用户可以使用 Word 提供的"快速表格"选项创建表格，也可以根据自己的需求自定义建立表格。利用 Word 2010 可以创建规则的行、列表格，也可以创建不规则的行、列表格。

1）利用"快速表格"选项创建表格

当单击"插入"选项卡"表格"组中的"表格"下拉按钮后，在展开的下拉列表中，最后一项是"快速表格"选项，它的菜单中列出了内置的快速表格库部分内容，如图 2-213 所示，可以直接单击选择某一菜单项，快速完成表格的建立。用户则不必自建表格框架，只需要修改表格内容。

2）规则表格的创建

对于规则的行、列表格，可以将光标定位到需要插入表格的地方，选择"插入"选项卡，然后单击"表格"组中的"表格"下拉按钮，在展开的下拉列表中选择"插入表格"选项，在弹出的"插入表格"对话框中设置好表格的行数和列数后，单击"确定"按钮，即可按要求插入表格。本节的示例均是采用此种方式建立表格。

当单击"插入"选项卡"表格"组中的"表格"下拉按钮后，在展开的下拉列表中，还有一个虚拟表格，移动鼠标指针可选择表格的行和列，最后单击，即可在文档中插入一个规则的表格。如图 2-214 所示，鼠标指针移动到第 3 行第 4 列处，表格包含的单元格呈现不同颜色边框提示，此时单击，文档中将创建一个 3 行 4 列的表格。

3）不规则表格的创建

对于不规则行、列的表格，用户可以考虑自己绘制。将光标定位到需要插入表格的地方，选择"插入"选项卡，单击"表格"组中的"表格"下拉按钮，在展开的下拉列表中选择"绘制表格"选项，此时鼠标指针变成"笔"的形状，只需将鼠标指针移动到文档中需要绘制表格的位置，按住鼠标左键不要松开，同时拖曳鼠标，出现一个表格的虚框,如图 2-215 所示,待达到合适的大小后,释放鼠标,虚框线变成实线,成为表格的边框,如图 2-216 所示;在边框的任意位置按住鼠标左键不放,向下、向右或斜向拖动鼠标指针,可以绘制表格的竖线、横线内框线或斜线框线;当按键盘左上角的 Esc 键时,即可取消鼠标的表格绘制状态。

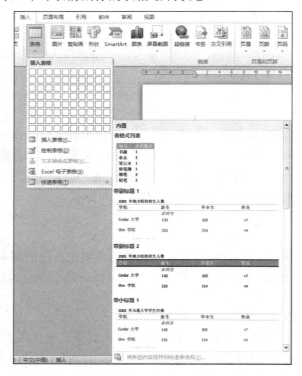

图 2-213　快速表格

图 2-214　插入 4×3 表格

图 2-215　鼠标绘制表格

图 2-216　仅有外框线的表格

2. 表格的编辑

在使用表格过程中,有时需要为表格添加新的行、列,有时需要删除不需要的行、列,或者是对部分单元格合并,或者是拆分某个单元格,所有这些编辑操作,都可以激活表格后,通过"表格工具-布局"选项卡中的选项去实现。

1) 为表格添加新的行、列

将光标定位到表格中某一个单元格内,选择"表格工具-布局"选项卡,在"行和列"组中有着"在上方插入""在下方插入""在左侧插入""在右侧插入"4 个按钮,直接单击相应的按钮,即可完成行或者列在指定位置的添加。

2）删除行、列

若要删除行或者列，或者某个单元格，甚至整个表格，则单击"表格工具-布局"选项卡"行和列"组中的"删除"下拉按钮，在展开的如图 2-217 所示的下拉列表中进行进一步的选择，则会删除光标所在的行或者列，或者是表格，当选择的是"删除单元格"时，会弹出如图 2-218 所示的对话框，询问下一步的处理方式。

图 2-217　"删除"下拉列表　　　　　图 2-218　"删除单元格"对话框

3）单元格的合并和拆分

（1）有时需要将几个单元格合并后使用，需要先选中要合并的单元格，然后在"表格工具-布局"选项卡的"合并"组（图 2-219）中，单击"合并单元格"按钮，即可完成对所选单元格的合并操作。

（2）若要将某个单元格拆分，则在"表格工具-布局"选项卡的"合并"组中，单击"拆分单元格"按钮，在弹出的如图 2-220 所示的"拆分单元格"对话框中设置相应的行数和列数即可。

若单击"拆分表格"按钮，则从光标所在行断开，光标所在行成为第二个表格的第一行。

4）表格中行高和列宽的调整

只需将鼠标指针移动到表格行或列的框线上，当鼠标指针变成双向箭头后，按下鼠标左键并向所需要的方向拖动，直到达到理想的行高和列宽为止。

或者将光标定位在需要调整的单元格中，通过"表格工具-布局"选项卡"单元格大小"组的"高度"和"宽度"来设置；也可以在表格中选择要平均分布的多列单元格或多行单元格，然后在"布局"选项卡中的"单元格大小"组中，选择如图 2-221 所示的"分布行"或"分布列"选项，实现表格中多列或多行单元格的均分。

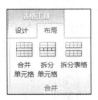

图 2-219　"合并"组　　　图 2-220　"拆分单元格"对话框　　　图 2-221　"单元格大小"组

3．格式化表格

Word 2010 内置了很多表格样式，如图 2-222 所示，以便于用户调用。用户只需将光标定位到要套用格式的表格中任意位置，在"表格工具-设计"选项卡中单击"表格样式"组中所需要套用的表格样式即可。

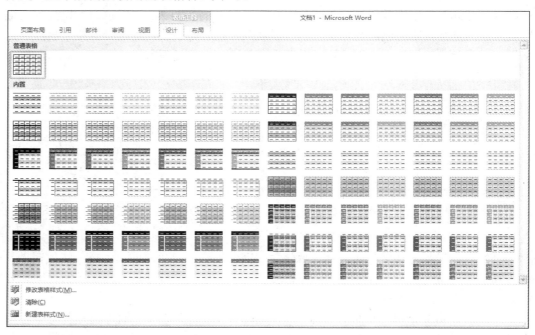

图 2-222　表格样式

对于表格的边框线和底纹的设置，用户也可以通过"表格工具-设计"选项卡"表格样式"中的"边框"和"底纹"按钮来设置。例如，同本节示例中的操作，先选择表格中要设置框线的行、列或单元格，在框线样式中选择所需的框线类型，如实线、虚线、双线或多线等；再选择框线线条的粗细，如 0.25 磅、0.5 磅、1 磅等；接着选择框线的颜色，如红色、蓝色等；最后选择框线的位置，如所有框线、外侧框线、内部框线、上（下）框线、左（右）框线、斜上（下）框线等。

在"表格工具-布局"选项卡"对齐方式"组中，有着 9 种单元格文本的对齐方式，如图 2-223 所示，当文字方向为横向时，对齐方式从左往右、从上往下依次是"靠上两端对齐""靠上居中对齐""靠上右对齐""中部两端对齐""水平居中对齐""中部右对齐""靠下两端对齐""靠下居中对齐""靠下右对齐"。当单击"文字方向"按钮，文字方向变为竖排时，这 9 种对齐方式相应发生变化，如图 2-224 所示。用户可以使用这些对齐工具，设置表格中文字的各种对齐方式，十分便利。

图 2-223　文字横排时的对齐方式

图 2-224　文字竖排时的对齐方式

4. 表格中数据的处理

Word 2010 中的表格，可以做一些简单的数据处理的操作，较常见操作是进行排序。如果是较复杂的数据处理，用户可以在 Excel 2010 中完成。

1）排序

在 Word 中可以对表格中的数字、文字和日期数据进行排序操作。排序时可以按照单个关键字排序，也可以使用多个关键字进行排序。

单个关键字排序指在表格中，只按照某一列字段的数据值排序。例如，2.3.2 节工资表中完成的排序，是按照实发工资进行排序的。只需先选中需要参与排序的单元格，然后单击"表格工具-布局"选项卡"数据"组中的"排序"按钮，在弹出的"排序"对话框中设置即可。

在"主要关键字"下拉列表中选择排序依据的主要关键字，在"类型"下拉列表中选择"笔画"、"数字"、"日期"或"拼音"选项。如果参与排序的数据是文字，则可以选择"笔画"或"拼音"选项；如果参与排序的数据是日期类型，则可以选择"日期"选项；如果参与排序的只是数字，则可以选择"数字"选项。选中"升序"或"降序"单选按钮设置排序的顺序类型。

Word 对表格的排序功能，最多可以使用 3 个关键字进行排序。如果要选择多个关键字进行排序，方法和前面基本一样，只需依次选择"主要关键字"、"次要关键字"和"第三关键字"的字段名，并选择确定相应的排序方向（升序或降序）即可。

在默认情况下，无论以什么规则进行排序，同一行的数据总是绑定在一起的。如果要强制对表格的单列进行排序，而不影响其他列的顺序，则需要在表格中选中要进行单独排序的列，然后单击"表格工具-布局"选项卡"数据"组中的"排序"按钮，在弹出的"排序"对话框中单击"选项"按钮，在弹出的如图 2-225 所示的"排序选项"对话框的"排序选项"组中勾选"仅对列排序"复选框；设置完毕后，单击"确定"按钮返回"排序"对话框，再单击"确定"按钮即可。

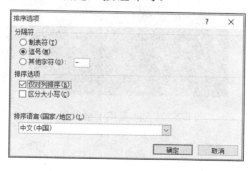

图 2-225 "排序选项"对话框

2）简单数据运算

Word 作为一个文字编辑软件，也可以进行一些简单的表格数据运算，如 2.3.2 节工资表中对实发工资和各项平均的数值计算。

只需将光标定位于要插入运算结果的单元格中，单击"表格工具-布局"选项卡"数据"组中的"公式"按钮，在弹出的"公式"对话框中完成公式的输入及计算结果的格式设置，单击"确定"按钮，单元格中就会出现计算结果。

使用公式计算得到的数据，是作为域出现的。如果公式中被引用的数据发生了改变，公式不会实时更新。若要更新计算结果，则需选择公式计算的数据结果，然后按 F9 键；或在公式上右击，在弹出的快捷菜单中选择"更新域"命令即可。

2.4　Word 2010 综合应用

2.4.1　"大学生职业规划讲座海报"的制作

1. 案例知识点及效果图

本案例为 Word 2010 章节文档排版的综合应用案例，除了前面已经学习过的知识点之外，还运用了以下知识点：文档背景图片效果设置、文档中不同页面效果设置、在文档中插入 SmartArt 图形样式、段落首字母下沉效果，以及表格、图片、文字的混合排版效果等。案例效果如图 2-226 和图 2-227 所示。

图 2-226　海报第 1 页效果

2. 操作步骤

（1）启动 Word 2010 建立一个空白文档，在"页面设置"对话框中设置纸张大小为"自定义大小"，高度调整为"35 厘米"，宽度调整为"27 厘米"；页边距上、下为"5 厘米"，左、右为"3 厘米"。

（2）在"页面布局"选项卡的"页面背景"组中，单击"页面颜色"下拉按钮，在展开的下拉列表（图 2-228）中选择"填充效果"选项，弹出"填充效果"对话框，如

图 2-229 所示；选择"图片"选项卡，单击"选择图片"按钮，在弹出的"选择图片"对话框中，选中需要设置为背景的图片即可。

图 2-227　海报第 2 页效果图

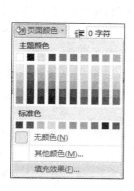

图 2-228　"页面颜色"下拉列表

图 2-229　"填充效果"对话框

（3）输入海报文档第 1 页的文字内容，并按照下面的要求设置文字格式。

"职业规划就业讲座"：黑体、48 号，加粗，红色，居中对齐，段前 5 行、段后 2 行、单倍行距。

"报告题目："：宋体、小一号，加粗，黑色，两端对齐，段前 1 行、段后 1 行、单倍行距。

"报告人："：宋体、小一号，加粗，黑色，两端对齐，段前 1 行、段后 1 行、单倍行距。

"报告日期："：宋体、小一号，加粗，黑色，两端对齐，段前1行、段后1行、单倍行距。

"报告时间："：宋体、小一号，加粗，黑色，两端对齐，段前1行、段后1行、单倍行距。

"报告地点："：宋体、小一号，加粗，黑色，两端对齐，段前1行、段后1行、单倍行距。

"大学生职业规划讲座"：宋体、小一号，加粗，白色，两端对齐，段前1行、段后1行、单倍行距。

"汪洋教授"：宋体、小一号，加粗，白色，两端对齐，段前1行、段后1行、单倍行距。

"2018年4月12日"：宋体、小一号，加粗，白色，两端对齐，段前1行、段后1行、单倍行距。

"14:00—16:00"：宋体、小一号，加粗，白色，两端对齐，段前1行、段后1行、单倍行距。

"校图书馆报告厅"：宋体、小一号，加粗，白色，两端对齐，段前1行、段后1行、单倍行距。

"欢迎大家踊跃参加！"：华文新魏、48号，白色，两端对齐，段前3行、段后2行、单倍行距。

"主办："：宋体、二号，加粗，黑色，右对齐，段前1行、段后1行、单倍行距。

"校学工处"：宋体、二号，加粗，白色，右对齐，段前1行、段后1行、单倍行距。

（4）将光标定位到第1页文档文字的最后面，在"页面布局"选项卡的"页面设置"组中，单击"分隔符"下拉按钮，展开如图2-230所示的下拉列表，选择"分节符"组中的"下一页"选项，文档产生了新的一页。

（5）将光标定位到文档第2页中，设置第2页页面为A4纸张、横向；页边距上、下为"2.5厘米"，左、右为"3厘米"。

（6）输入海报文档第2页的文字内容，并按照下面的要求设置文字格式。

"汪洋教授简介："：宋体、二号，加粗，两端对齐，段前5行、段后1行、单倍行距。

介绍文字：宋体、小三号，红色，加粗，两端对齐，段前0.5行，段后0行，行距为最小值0磅，段落首字下沉2行。

"日程安排："：宋体、二号，加粗，两端对齐，段前1行、段后0行、单倍行距。

（7）将光标定位到段落"日程安排："后面，在"插入"选项卡"插图"组中单击"SmartArt"按钮，弹出"选择SmartArt图形"对话框；如图2-231所示，在对话框左侧窗格中选择"流程"选项，在中间窗格中选择"基本流程"

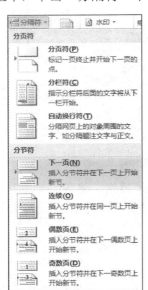

图2-230　"分隔符"下拉菜单

子类型，单击"确定"按钮，在文档中插入图 2-232 所示的 3 组文本框 SmartArt 图形；参照样图输入文字内容。

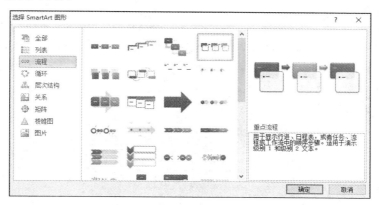

图 2-231　SmartArt 图形类别选择

（8）选中插入的 SmartArt 图形，单击"SmartArt 工具-格式"选项卡"排列"组中的"自动换行"下拉按钮，在展开的下拉列表中选择"四周型环绕"选项；单击"SmartArt 工具-设计"选项卡"SmartArt 样式"组中的"更改颜色"下拉按钮，在展开的下拉列表中选择"彩色-强调文字颜色"选项，如图 2-233 所示；适当调节该 SmartArt 图形的大小尺寸即可。

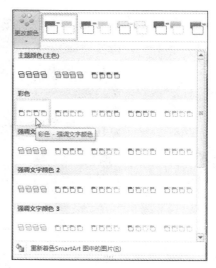

图 2-232　插入 SmartArt 图形　　　　　　　图 2-233　更改颜色

（9）单击"文件"→"保存"命令，在弹出的"另存为"对话框中将保存位置设置为 D 盘，文件名设置为"职业规划讲座"，保存类型为"Word 文档"，单击"保存"按钮完成文档的保存。

文档已经完成编辑，单击标题栏右上角的"关闭"按钮，关闭文档。

2.4.2 "东湖风景区旅游"文档的制作

1. 案例知识点及效果图

本案例将制作成图 2-234 所示的图、文、表混合排版效果样式。本案例主要运用以下知识点：字体及段落格式设置、插入艺术字、插入图片、设置图片的效果、插入表格、文字图片表格的整体效果排版等。

图 2-234 "东湖风景区旅游"文档效果

2. 操作步骤

（1）启动 Word 2010 新建一个空白文档，在"页面布局"选项卡中，设置纸张大小为"A4"；方向为"纵向"，上、下页边距分别为"1.5 厘米"，左、右页边距分别为"2厘米"；在"页面设置"对话框的"版式"选项卡中设置页眉、页脚分别为"1.5 厘米"；"文档网格"选项卡中单击"绘图网格"按钮，在弹出的"绘图网格"对话框中设置水平间距为"0.01 字符"，垂直间距为"0.01 行"。

（2）单击"插入"选项卡"文本"组中的"艺术字"按钮，在展开的"艺术字"下拉列表中选择第 6 行第 3 个样式，并输入标题艺术字"东湖风景区旅游"，设置艺术字为"华文行楷、小初、红色、分散对齐"格式。

选中该艺术字，单击"绘图工具-格式"选项卡"艺术字样式"组中的"文字效果"下拉按钮，在展开的下拉列表中选择"转换"选项，在展开的子菜单中选择"弯曲"组中第 2 行第 1 个"倒 V 形"效果，如图 2-235 所示。

选择艺术字边框对象并右击，在弹出的快捷菜单中选择"设置形状格式"命令，弹出"设置形状格式"对话框，如图 2-236 所示。在对话框的"填充"项中选中"渐变填充"单选按钮；在"方向"下拉列表中选择"线性向上"选项；去掉中间点的渐变光圈，只保留首尾两个渐变光圈设置点，设置渐变光圈的起点颜色为浅绿色，设置渐变光圈的终点颜色为黄色。

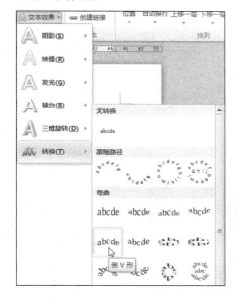

图 2-235　倒 V 形

图 2-236　"设置形状格式"对话框

（3）在艺术字下方输入关于风景区的 3 段介绍文字，如图 2-237 所示。

图 2-237　艺术字标题和前 3 段文字

（4）设置字体为宋体、五号；选中 3 段文字，单击"开始"选项卡"段落"组右下角的扩展按钮，弹出"段落"对话框，在"缩进和间距"选项卡的"缩进"组中，设置特殊格式为"首行缩进"，其磅值为"2 字符"。

（5）光标定位到第 3 段句号之后，单击"插入"选项卡"插图"组中的"图片"按钮，在弹出的"插入图片"对话框中，选择图片"落雁.jpg"并单击对话框的"插入"按钮完成图片的添加。

选中刚刚插入的图片，单击"图片工具-格式"选项卡"排列"组中的"自动换行"下拉按钮，在展开的下拉列表中选择"四周型环绕"选项。

选中图片后右击，在弹出的快捷菜单中选择"大小和位置"命令，在弹出的"布局"对话框中，取消勾选"锁定纵横比"，设置图片的高度绝对值、宽度绝对值分别为"9.2厘米"和"3.8 厘米"。

选中图片，单击"图片工具-格式"选项卡"图片样式"组中的"图片效果"下拉按钮，在展开的下拉列表中选择"棱台"选项，展开如图 2-238 所示的子菜单，选择第一行第一个样式"圆"，完成图片的外观设置。

将图片拖到文档中 3 段文字的右方，调整其位置，效果如图 2-239 所示。

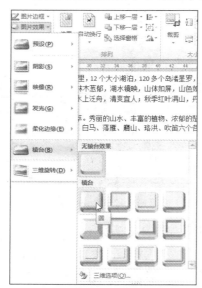

图 2-238　图片效果设置

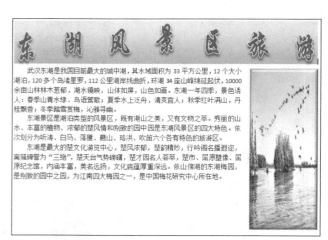

图 2-239　图片调整后的效果

（6）将光标定位到风景区文字介绍的下一行，单击"插入"选项卡"表格"组中的"表格"下拉按钮，在展开的下拉列表中用鼠标在虚拟表格中拖出一个 4×2 的表格，单击即可在文档中插入一个 2 行 4 列的表格。

单击表格左上角的"全选表格"图标，选中整个表格，然后在表格上右击，在弹出的快捷菜单中选择"单元格对齐方式"→"水平居中"命令，表格中的内容将水平居中对齐。

将光标定位到表格第 1 行第 1 列单元格中，然后选择"插入"选项卡"插图"组中的"图片"按钮，在弹出的"插入图片"对话框中，选择图片"观鱼潭.jpg"，然后单击"插入"按钮，将图片插入文档。

在插入的图片"观鱼潭.jpg"上右击，在弹出的快捷菜单中选择"大小和位置"命令，弹出"布局"对话框；在对话框"大小"选项卡中首先取消勾选"锁定纵横比"复选框，然后在"高度"和"宽度"组中，设置图片高度和宽度绝对值分别为"2 厘米"和"2.6 厘米"，最后单击"确定"按钮。

选择图片"观鱼潭.jpg"，单击"图片工具-格式"选项卡"图片样式"组的图片样式列表框，选择"映像圆角矩形"效果，如图 2-240 所示。

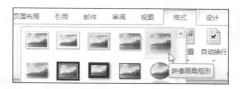

图 2-240　图片样式设置

采用同样的方法，在表格第 1 行第 2 列、第 3 列和第 4 列处分别插入图片"沙滩浴场.jpg""楚王祭天.jpg""湖心亭.jpg"，并分别设置图片的高度绝对值为"2 厘米"，宽度绝对值为"2.6 厘米"，"映像圆角矩形"效果。

在表格的第 2 行中，分别为图片添加文字说明，依次为"观鱼潭""沙滩浴场""楚王祭天""湖心亭"，并设置文字的格式为华文楷体、五号字。

选中整个表格，在表格上右击，在弹出的快捷菜单中选择"边框和底纹"命令；在弹出的"边框和底纹"对话框中，选择"边框"选项卡，设置边框为"无"，设置完成后单击"确定"按钮。设置完成的图片及说明文字的效果如图 2-241 所示。

观鱼潭　　　　沙滩浴场　　　　楚王祭天　　　　湖心亭

图 2-241　文字和图片的效果

（7）光标定位到表格下一行，选择"插入"选项卡，单击"插图"组的"形状"下拉按钮，在展开的下拉列表中选择"矩形"组中的第一个对象"矩形"，鼠标指针变成十字形，此时在文档中绘制一个矩形框，设置矩形的宽度绝对值和高度绝对值分别为"3.7 厘米"和"1 厘米"，"形状填充"为"浅绿"，"形状轮廓"为"无轮廓"。

选中矩形对象并右击，在弹出的快捷菜单中选择"添加文字"命令，在矩形内部即出现输入文字光标，此时输入文字"东湖磨山四景"，并设置字体格式为华文新魏、小四、紫色。

选中矩形框并右击，在弹出的快捷菜单中选择"设置形状格式"命令，在弹出的"设置形状格式"对话框中，选择"文本框"选项，并设置上、下边距为"0 厘米"，左、右边距为"0.25 厘米"，如图 2-242 所示。

图 2-242   文本框格式设置

将矩形框拖动到文档中图片表格的下方、文档中间位置，设置环绕方式为"四周型环绕"。

（8）将光标定位到文档中文本框的下方位置，然后输入如下一段文字内容：

东湖磨山风景区三面环水，六峰透迤，犹如一座美丽的半岛。在这里登高峰而望清涟，踏白浪以览群山，能体味到各种山水之精妙。充足的雨量与光照，使这里各种观赏树种达 250 多种。

在文字的段落后面再增加一空行，然后选中刚输入的文字段落，在"页面布局"选项卡中单击"分栏"下拉按钮，在展开的下拉列表中选择"更多分栏"选项；在弹出的"分栏"对话框中设置预设为"两栏"，再设置间距为"2.5 字符"，单击"确定"按钮，设置完成后的文字段落如图 2-243 所示。

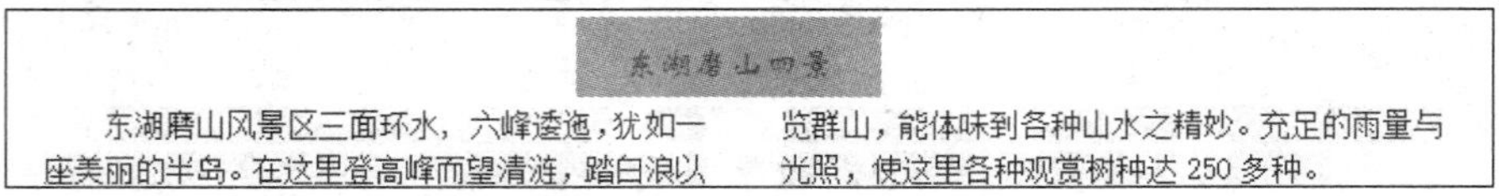

东湖磨山四景

东湖磨山风景区三面环水，六峰透迤，犹如一座美丽的半岛。在这里登高峰而望清涟，踏白浪以 览群山，能体味到各种山水之精妙。充足的雨量与光照，使这里各种观赏树种达 250 多种。

图 2-243   分栏设置

（9）将光标定位至分栏文字的下一行，左对齐，无缩进，单击"插入"选项卡"表格"组中的"表格"下拉按钮，在展开的下拉列表中，用鼠标在虚拟表格中拖出一个 3×1 的表格，单击即可在文档中插入一个 1 行 3 列的表格。

将光标定位到第 1 个单元格，在"表格工具-布局"选项卡的"单元格大小"组中，设置单元格的高度为"2 厘米"，宽度为"0.95 厘米"；用同样的方法依次设置第 2 个单元格的高度为"2 厘米"，宽度为"12.7 厘米"；第 3 个单元格的高度为"2 厘米"，宽度为"4 厘米"。

在表格的第 1 列中输入文字"梅园"，在第 2 列中插入对应的介绍文字"梅园位于磨山西南的湖岛山丘，三面临水，回环错落，古木参天，风景秀丽，有劲松修竹掩映，自然形成岁寒三友景观。梅园现有品种 309 个，盆栽梅花 5 千余盆。"字体、字号均为默认的宋体、五号；在第 3 列插入一张图片"梅园.jpg"，图片的高度、宽度分别为"2 厘米"和"3 厘米"。

将光标定位到第 1 个单元格内部，单击"表格工具-布局"选项卡"对齐方式"组中的"文字方向"按钮，文字变为竖排显示；然后单击"对齐方式"组中的"中部居中"按钮，使文字居中显示；将光标放置在"梅园"两字中间，按空格键 2 次，在字中间插入 2 个空格。

设置第 2 个单元格中的文字的对齐方式分别为"中部两端对齐"，第 3 个单元格中图片的对齐方式为"中部居中"。

选中第 3 个单元格中的图片，然后单击"图片工具-格式"选项卡"图片样式"组中的"柔化边缘矩形"样式。

拖曳鼠标选择表格的 3 个单元格，单击"表格工具-设计"选项卡"表格样式"组中的"底纹"下拉按钮，在展开的下拉列表中选择浅蓝色，设置完成后的表格效果如图 2-244 所示。

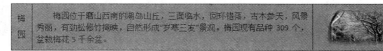

图 2-244　表格效果

（10）光标定位到第 3 个单元格中图片的右侧，按 Tab 键，新增一行。第 2 行第 1 个单元格内的文字为"樱园"，第 2 个单元格内的文字为"东湖樱花园位于磨山南麓，占地面积 210 亩，园内定植樱花树 10078 棵，品种 45 个。利用天然的水面、溪流、林荫以及常绿植物及主体树木樱花，巍峨壮观，别具一格。"，第 3 个单元格插入图片"樱园.jpg"，按照表格第 1 行"梅园"的文字及图片的格式设置效果。

光标定位到第 2 行第 3 个单元格中图片的右侧，按 Tab 键，新增一行。第 3 行第 1 个单元格内的文字为"冷艳亭"，第 2 个单元格内的文字为"冷艳亭位于梅花岗中部土丘上，为重檐攒尖五角亭。'冷艳亭'为马万和所题。'冷艳'二字恰当地体现了初春寒冷季节，梅花红白相间、暗香四溢的画意诗境。"，第 3 个单元格插入图片"冷艳亭.jpg"，该行的文字和图片格式设置与表格第 1 行"梅园"的文字及图片格式设置效果相同。

光标定位到第 3 行第 3 个单元格中图片的右侧，按 Tab 键，新增一行。第 4 行第 1 个单元格内的文字为"楚天台"，第 2 个单元格内的文字为"'楚天台'匾额由赵朴初先生题写。台高 36 米，建筑面积 2260 平方米，外五层内六层，金碧辉煌，气势恢宏，共 345 级台阶，台前楚天仙境图由 600 块大理石按自然纹路拼合而成。"，第 3 个单元格插入图片"楚天台.jpg"，该行的文字和图片格式设置与表格第 1 行"梅园"的文字及图片格式设置效果相同。

（11）将光标定位到表格第 4 行内，单击"表格工具-布局"选项卡"合并"组中的"拆分表格"按钮，表格被拆分为一个 3×3 的表格和一个 3×1 的表格；将光标定位到 3×3 的表格的最后一行内，单击"表格工具-布局"选项卡"合并"组中的"拆分表格"按钮，表格被拆分为一个 3×2 的表格和一个 3×1 的表格；将光标定位到 3×2 的表格的最后一行内，单击"表格工具-布局"选项卡"合并"组中的"拆分表格"按钮，表格被拆分为两个 3×1 的表格。至此，原 3×4 表格被拆分成了 4 个 3×1 的表格，如图 2-245 所示。

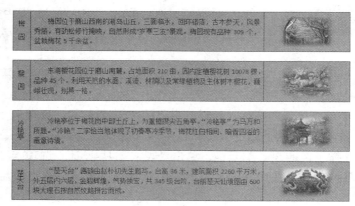

图 2-245　拆分为 4 个表格

（12）单击"插入"选项卡"插图"组中的"形状"下拉按钮，在展开的下拉列表中选择"矩形"组中的"圆角矩形"选项，然后在文档空白处拖动鼠标画出一个圆角矩形；选中该圆角矩形，在出现的"绘图工具-格式"选项卡中，单击"形状填充"下拉按钮，在展开的下拉列表中选择"无填充颜色"选项；单击"形状轮廓"按钮，在展开的下拉列表中选择"虚线"子菜单中的"短划线"选项；单击"形状轮廓"按钮，在展开的下拉列表中选择"粗细"子菜单中的"0.25 磅"选项；设置矩形高、宽度分别为"2.9 厘米"和"19 厘米"；将虚线矩形框拖到如图 2-246 所示位置处。此时矩形框处于文字和表格的上方，原因是矩形框是后制作成的对象，一般后制作的对象都处于上方。

选择矩形框，右击，在弹出的快捷菜单中选择"衬于文字下方"命令，将矩形放在文字和表格的下方。

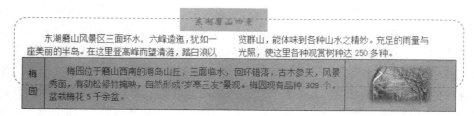

图 2-246　虚线框的位置

（13）将虚线框复制 3 个，并将其分别拖到如图 2-247 所示位置处。特别注意：各个矩形框之间是相切并排放置的，各个矩形框与文字和表格的位置关系都是"衬于文字下方"。

（14）单击"文件"→"保存"命令，在弹出的"另存为"对话框中将保存位置设置为 D 盘，文件名设置为"东湖风景旅游"，保存类型为"Word 文档"，单击"保存"

按钮完成文档的保存。

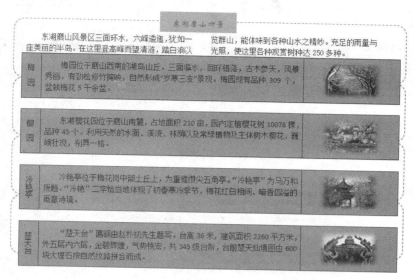

图 2-247 4 个虚线框的位置

文档已经完成编辑，单击标题栏右上角的"关闭"按钮，关闭文档。

2.4.3 长文档的编排

1. 案例知识点及效果图

本案例主要运用以下知识点：文字的综合排版、样式的设置及使用、目录的生成及修改、导航窗口的应用、文档的分页设置等。案例效果如图 2-248 和图 2-249 所示。

2. 操作步骤

（1）启动 Word 2010 新建一个空白文档，输入文档内容，如图 2-250 所示。

（2）将鼠标指针移动到页面左边距处，鼠标指针变为向右上的箭头状态，连续 3 次单击，此时整个文档内容被选中。

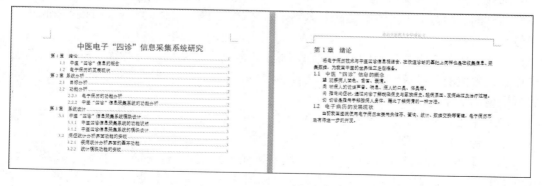

图 2-248 文档效果（一）

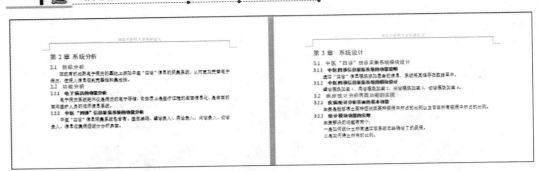

图 2-249　文档效果（二）

中医电子“四诊”信息采集系统研究
第 1 章　绪论
将电子病历技术与中医“四诊”信息相结合，在快速诊断的基础上同样也是在收集信息、采集数据，为我国中医的世界性立足做准备。
1.1　电子病历的发展现状
当前我国医院使用电子病历主要用来储存、查询、统计、数据交换等管理，电子病历市场有待进一步的开发。
1.2　中医“四诊”信息的概念
望 观察病人面色、舌苔、表情。
闻 听病人的说话声音、喘息、病人的口臭、体臭等。
问 指询问症状，通过问诊了解既往病史与家族病史、起病原因、发病经过及治疗过程。
切 切诊是指用手触按病人身体，藉此了解病情的一种方法。
第 2 章 系统分析
2.1　目标分析
在现有的成熟电子病历的基础上添加中医“四诊”信息的采集系统，从而更加完善电子病历，使病人信息做到完整性和集成性。
2.2　功能分析
2.2.1　电子病历的功能分析
电子病历系统绝不仅是病历的电子存储，它实质上是医疗过程的全面信息化，是全面的面向医护人员的临床信息系统。
2.2.2　中医“四诊”信息采集系统的功能分析
中医“四诊”信息采集系统包含有：医生登录、望诊录入、闻诊录入、问诊录入、切诊录入、信息收集病症统计分析界面。
第 3 章　系统设计
3.1　中医“四诊”信息采集系统模块设计
3.1.1　中医“四诊”信息采集系统的功能说明
通过“四诊”信息模块添加患者的信息，系统将其储存在数据库中。
3.1.2　中医“四诊”信息采集系统的模块设计
望诊模块如图 1，闻诊模块如图 2，问诊模块如图 3，切诊模块如图 4。
3.2　病症统计分析界面功能的实现
3.2.1　疾病统计分析界面的基本功能
主要是能够得出某种症状在某种疾病中所占的比例以及它在所有疾病中所占的比例。
3.2.2　统计模块功能的实现
主要解决的问题有两个：
一是如何统计出所有通过该系统已经确诊了的疾病。
二是如何得出所需的比例。

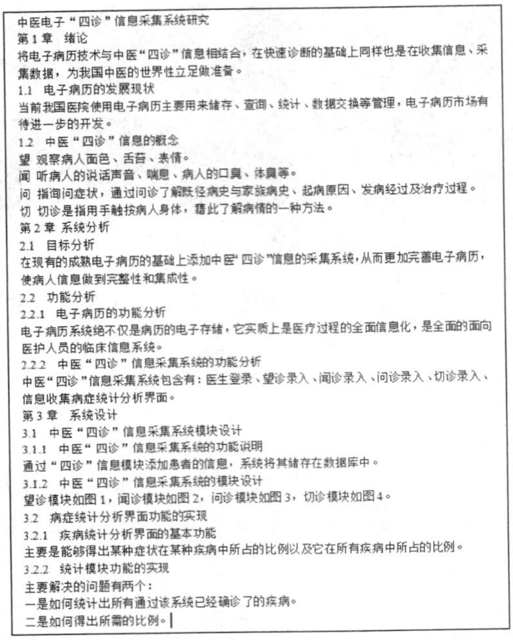

图 2-250　文档内容

选择“开始”选项卡，单击“字体”组右下角的扩展按钮，弹出“字体”对话框，在对话框的“字体”选项卡中，设置中文字体为“宋体”，西文字体为“Times New Roman”，字号为“五号”。

单击“段落”组右下角的扩展按钮，弹出“段落”对话框，在“缩进和间距”选项卡中，设置段前、段后距为“0 行”；行距为“单倍行距”，特殊格式为“首行缩进”，并设置磅值为 2 字符。

（3）单独选中文档第一行文字“中医电子……”，其字体和段落格式设置如下：黑体、小二号，段前、段后距 0，单倍行距，居中对齐，无缩进。

（4）单击“开始”选项卡“样式”组右下角的扩展按钮，打开“样式”窗格，如图 2-251 所示，将鼠标指针移动到列表项“标题 1”上，在“标题 1”右侧出现下拉按钮，单击该下拉按钮，在展开的如图 2-252 所示下拉列表中选择“修改”选项，弹出“修改样式”对话框，如图 2-253 所示；在对话框中，显示的是此文档中“标题 1”默认的格式设置。

在“修改样式”对话框中，单击左下方的“格式”按钮，出现如图 2-254 所示的“格式”列表，在其中选择“段落”选项，弹出“段落”对话框，选择“缩进和间距”选项卡，段前、段后距设置为 0；单倍行距；两端对齐；无缩进，大纲级别 1 级。设置完成后，单击“确定”按钮，返回“修改样式”对话框；再次单击左下方的“格式”按钮，在出现的格式列表中选择“字体”选项，弹出“字体”对话框，设置“黑体”“四号”，单击“确定”按钮，即完成文档“标题 1”样式的格式设置。

图 2-251 “样式”窗格

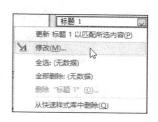

图 2-252 “标题 1”下拉列表

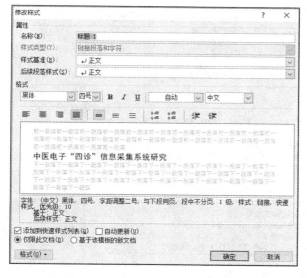

图 2-253 “修改样式”对话框

图 2-254 “格式”列表

（5）参照步骤（4）中“标题 1”样式的设置方法，完成“标题 2”和“标题 3”样式的设置，“标题 2”和“标题 3”的样式如下：

标题 2：黑体、小四号；段前、段后距 0；单倍行距；两端对齐；无缩进，大纲级别 2。

标题 3：黑体、五号、加粗；段前、段后距 0；单倍行距；两端对齐；无缩进，大纲级别 3。

（6）选择“第 1 章　绪论”，单击“开始”选项卡“样式”组中样式列表中的“标题 1”；用同样的方法，设置“第 2 章　系统分析”“第 3 章　系统设计”为“标题 1”样式。

（7）选择“1.1　电子病历的发展现状”，单击“开始”选项卡“样式”组中样式列表中的“标题 2”；用同样的方法，设置“1.2　中医‘四诊’信息的概念”“2.1　目标分析”“2.2　功能分析”“3.1　中医‘四诊’信息采集系统模块设计”“3.2　病症统计分析界面功能的实现”为“标题 2”样式。

（8）选择“2.2.1　电子病历的功能分析”，单击“开始”选项卡“样式”组中样式列表中的“标题 3”；用同样的方法，设置“2.2.2　中医‘四诊’信息采集系统的功能分析”“3.1.1　中医‘四诊’信息采集系统的功能说明”“3.1.2　中医‘四诊’信息采集系统的模块设计”“3.2.1　疾病统计分析界面的基本功能”“3.2.2　统计模块功能的实现”为“标题 3”样式。文档各级标题设置完成后的部分效果如图 2-255 所示。

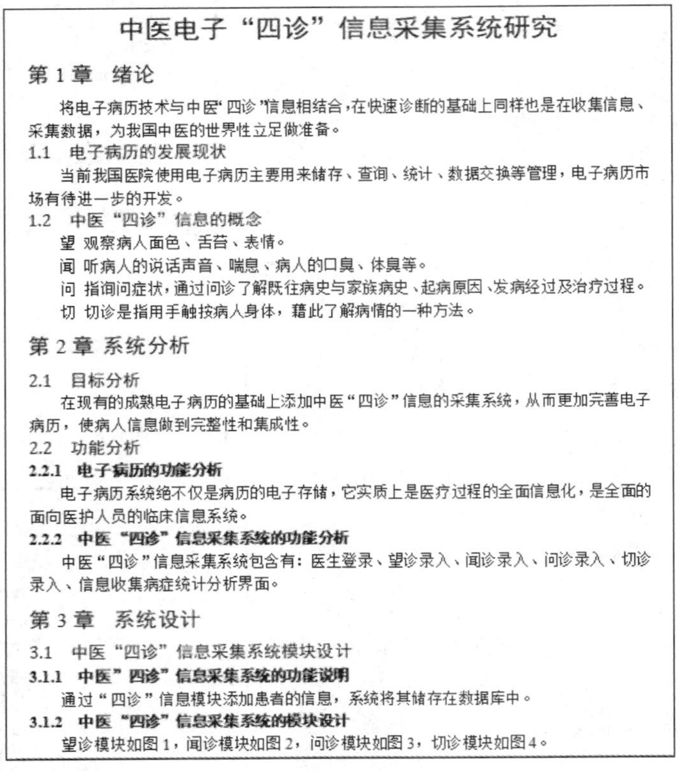

中医电子“四诊”信息采集系统研究

第 1 章　绪论

将电子病历技术与中医“四诊”信息相结合，在快速诊断的基础上同样也是在收集信息、采集数据，为我国中医的世界性立足做准备。

1.1　电子病历的发展现状

当前我国医院使用电子病历主要用来储存、查询、统计、数据交换等管理，电子病历市场有待进一步的开发。

1.2　中医“四诊”信息的概念

望 观察病人面色、舌苔、表情。

闻 听病人的说话声音、喘息、病人的口臭、体臭等。

问 指询问症状，通过问诊了解既往病史与家族病史、起病原因、发病经过及治疗过程。

切 切诊是指用手触按病人身体，藉此了解病情的一种方法。

第 2 章 系统分析

2.1　目标分析

在现有的成熟电子病历的基础上添加中医“四诊”信息的采集系统，从而更加完善电子病历，使病人信息做到完整性和集成性。

2.2　功能分析

2.2.1　电子病历的功能分析

电子病历系统绝不仅是病历的电子存储，它实质上是医疗过程的全面信息化，是全面的面向医护人员的临床信息系统。

2.2.2　中医“四诊”信息采集系统的功能分析

中医“四诊”信息采集系统包含有：医生登录、望诊录入、闻诊录入、问诊录入、切诊录入、信息收集病症统计分析界面。

第 3 章　系统设计

3.1　中医“四诊”信息采集系统模块设计

3.1.1　中医”四诊”信息采集系统的功能说明

通过“四诊”信息模块添加患者的信息，系统将其储存在数据库中。

3.1.2　中医“四诊”信息采集系统的模块设计

望诊模块如图 1，闻诊模块如图 2，问诊模块如图 3，切诊模块如图 4。

图 2-255　标题设置完成后的效果

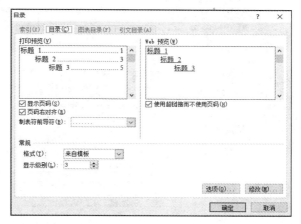

（9）将光标定位到文档第 2 行"第 1 章 绪论"起始处前面，如图 2-256 所示。选择"引用"选项卡，单击"目录"组中的"目录"下拉按钮，展开如图 2-257 所示的下拉列表，选择"插入目录"选项，弹出如图 2-258 所示的"目录"对话框。

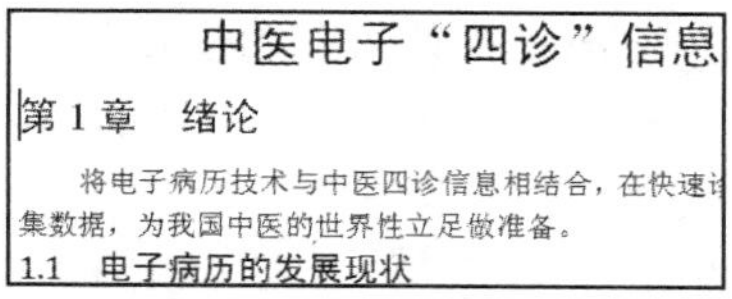

图 2-256 光标定位

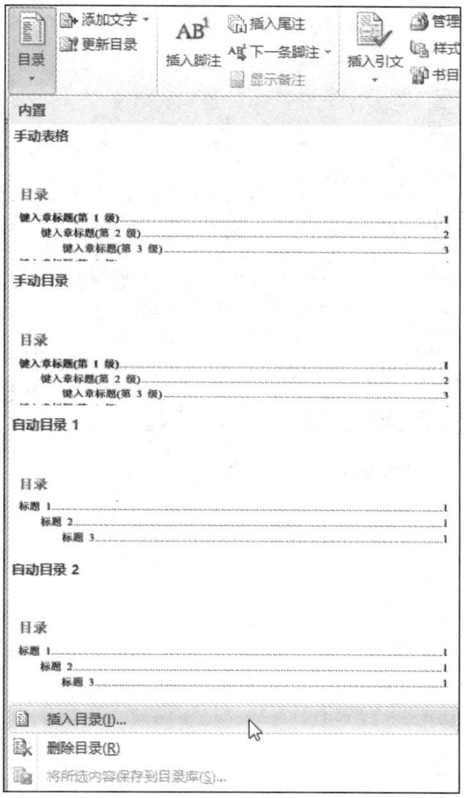

图 2-257 "目录"下拉列表　　　　图 2-258 "目录"对话框

在对话框的"目录"选项卡中，显示了即将生成的目录外观样式。用户也可以通过"选项"或"修改"按钮，打开对话框进行其他效果设置。这里使用默认的设置，单击"确定"按钮即可，至此，在光标处可以看到文档的目录结构已经自动生成，如图 2-259 所示。

（10）单击文档窗口右下方的"大纲视图"按钮，将视图切换到"大纲视图"，此时文档内容的呈现方式发生改变，如图 2-260 所示。

双击标题"1.1 电子病历的发展现状"前面的⊕，则此小节下的正文内容都折叠隐藏起来；双击标题"1.2 中医'四诊'信息的概念"前面的⊕，折叠隐藏该小节的正文内容；将鼠标移动到标题"1.2 中医'四诊'信息的概念"前面的⊕上方，当鼠标指针呈现 4 个方向的箭头时，如图 2-261 所示，按下鼠标左键，向上拖曳，直到如图 2-262 所示位置，松开鼠标左键，此时标题"1.1 电子病历的发展现状"和标题"1.2 中医'四诊’信息的概念”的位置做了调换。

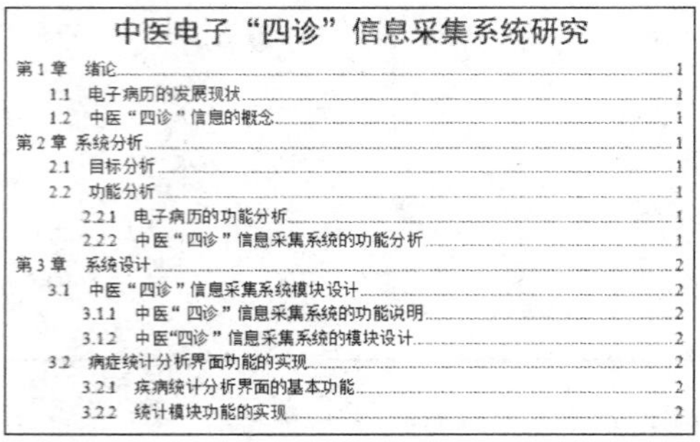

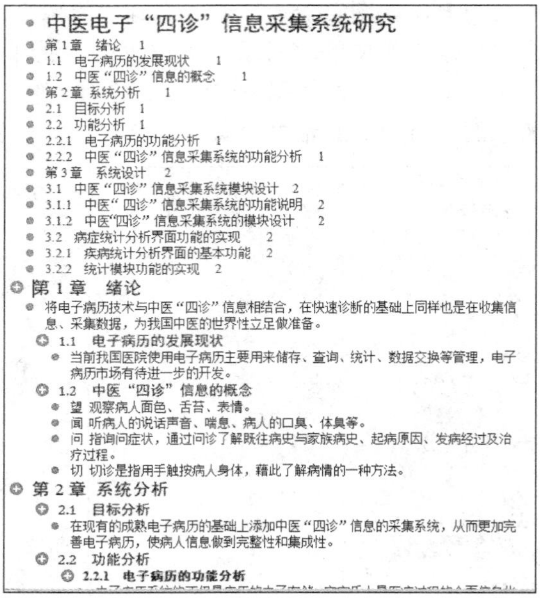

中医电子“四诊”信息采集系统研究

第 1 章 绪论......1
1.1 电子病历的发展现状......1
1.2 中医“四诊”信息的概念......1
第 2 章 系统分析......1
2.1 目标分析......1
2.2 功能分析......1
2.2.1 电子病历的功能分析......1
2.2.2 中医“四诊”信息采集系统的功能分析......1
第 3 章 系统设计......2
3.1 中医“四诊”信息采集系统模块设计......2
3.1.1 中医“四诊”信息采集系统的功能说明......2
3.1.2 中医“四诊”信息采集系统的模块设计......2
3.2 病症统计分析界面功能的实现......2
3.2.1 疾病统计分析界面的基本功能......2
3.2.2 统计模块功能的实现......2

图 2-259 文档目录结构

中医电子“四诊”信息采集系统研究
第 1 章 绪论 1
1.1 电子病历的发展现状 1
1.2 中医“四诊”信息的概念 1
第 2 章 系统分析 1
2.1 目标分析 1
2.2 功能分析 1
2.2.1 电子病历的功能分析 1
2.2.2 中医“四诊”信息采集系统的功能分析 1
第 3 章 系统设计 2
3.1 中医“四诊”信息采集系统模块设计 2
3.1.1 中医“四诊”信息采集系统的功能说明 2
3.1.2 中医“四诊”信息采集系统的模块设计 2
3.2 病症统计分析界面功能的实现 2
3.2.1 疾病统计分析界面的基本功能 2
3.2.2 统计模块功能的实现 2
第 1 章 绪论
将电子病历技术与中医“四诊”信息相结合，在快速诊断的基础上同样也是在收集信息、采集数据，为我国中医的世界性立足做准备。
1.1 电子病历的发展现状
当前我国医院使用电子病历主要用来储存、查询、统计、数据交换等管理，电子病历市场有待进一步的开发。
1.2 中医“四诊”信息的概念
望 观察病人面色、舌苔、表情。
闻 听病人的说话声音、喘息、病人的口臭、体臭等。
问 指询问症状，通过问诊了解既往病史与家族病史、起病原因、发病经过及治疗过程。
切 切诊是指用手触按病人身体，藉此了解病情的一种方法。
第 2 章 系统分析
2.1 目标分析
在现有的成熟电子病历的基础上添加中医“四诊”信息的采集系统，从而更加完善电子病历，使病人信息做到完整性和集成性。
2.2 功能分析
2.2.1 电子病历的功能分析

图 2-260 大纲视图下的文档

第 1 章 绪论
将电子病历技术与中医四诊信息相结合，在快速诊断的基础上同样也是在收集信息、采集数据，为我国中医的世界性立足做准备。
1.1 电子病历的发展现状
1.2 中医“四诊”信息的概念

图 2-261 鼠标指针呈现 4 个方向的箭头

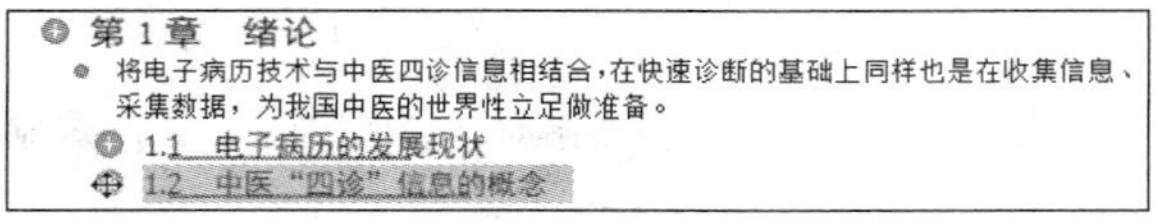

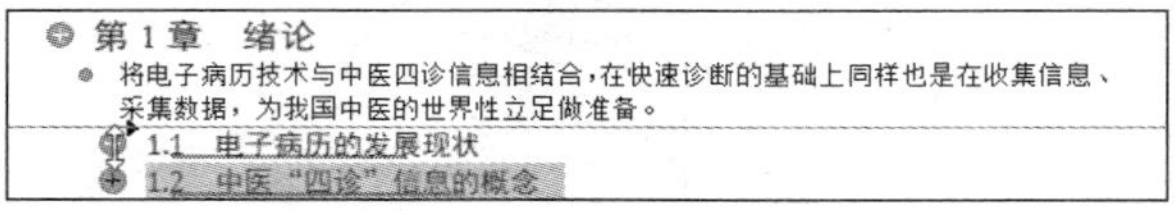

第 1 章 绪论
将电子病历技术与中医四诊信息相结合，在快速诊断的基础上同样也是在收集信息、采集数据，为我国中医的世界性立足做准备。
1.1 电子病历的发展现状
1.2 中医“四诊”信息的概念

图 2-262 鼠标拖曳到指定位置

双击标题“1.2 中医‘四诊’信息的概念”前面的⊕，展开显示出该小节的正文内容；双击标题“1.1 电子病历的发展现状”前面的⊕，展开显示出该小节的正文内容，发现两个小节的正文内容也跟随小节标题做了位置调换，如图 2-263 所示。

第 1 章 绪论
将电子病历技术与中医四诊信息相结合，在快速诊断的基础上同样也是在收集信息、采集数据，为我国中医的世界性立足做准备。
1.2 中医“四诊”信息的概念
望 观察病人面色、舌苔、表情。
闻 听病人的说话声音、喘息、病人的口臭、体臭等。
问 指询问症状，通过问诊了解既往病史与家族病史、起病原因、发病经过及治疗过程。
切 切诊是指用手触按病人身体，藉此了解病情的一种方法。
1.1 电子病历的发展现状
当前我国医院使用电子病历主要用来储存、查询、统计、数据交换等管理，电子病历市场有待进一步的开发。

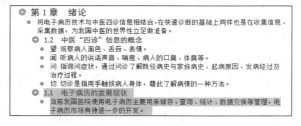

图 2-263 正文跟随小节标题一起更换位置

（11）单击文档窗口右下方的“页面视图”按钮▤，将视图切换到“页面视图”，将小节标题"1.2　中医'四诊'信息的概念"修改为"1.1　中医'四诊'信息的概念"，将"1.1　电子病历的发展现状"修改为"1.2　电子病历的发展现状"。

（12）单击文档最前端已经生成的目录，如图 2-264 所示，此时整个目录呈现灰色被选中状态；在被选择的目录上右击，在弹出的快捷菜单中选择"更新域"命令，弹出如图 2-265 所示的"更新目录"对话框。

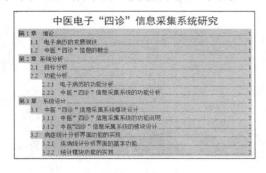

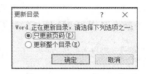

图 2-264　目录被选中时的状态　　　　　图 2-265　"更新目录"对话框

选中"更新整个目录"单选按钮，单击"确定"按钮，此时在更新的目录中，文档中两个二级标题的文字已经更新得和文档中一致了。

（13）将光标定位到文档"第 1 章……"标题行文字的最左边，在"插入"选项卡的"页"组中，单击"分页"按钮 📄分页，文档第 1 章内容，从新的一页开始。

同样的方法，将"第 2 章……""第 3 章……"都做分页操作。分页完成后的文档内容整体效果如图 2-266 所示。

图 2-266　文档分页完成后的效果

（14）单击文档最前端已经生成的目录，在目录上右击，在弹出的快捷菜单中选择"更新域"命令，弹出"更新目录"对话框，使用默认设置，直接单击"确定"按钮。

（15）更新后的目录如图 2-267 所示，会发现页码是从 2 开始的，与日常使用习惯不符。将光标定位到文档"第1章……"标题行文字的最左边，在"页面布局"选项卡的"页面设置"组中，单击"分隔符"下拉按钮 分隔符 ▾，在展开的下拉列表中选择"分节符"组中的"连续"选项，如图2-268所示；此时在页面视图看不出文档有任何变化，单击文档窗口右下方的"草稿视图"按钮 ，将视图切换到"草稿视图"，可以看到在文档"第1章……"标题行与目录之间有一个连续分节符，如图2-269所示。

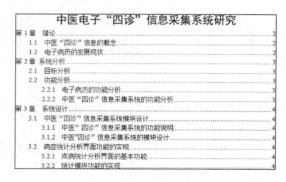

图 2-267　每章分页后的目录

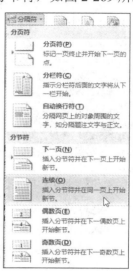

图 2-268　"分隔符"下拉列表

（16）单击文档窗口右下方的"页面视图"按钮，将视图切换到"页面视图"，在"插入"选项卡的"页眉和页脚"组中，单击"页码"下拉按钮，在展开的下拉列表中，选择"设置页码格式"选项，在弹出的"页码格式"对话框中，选中"起始页码"单选按钮，在其后的文本框中将值设置为"1"，如图2-270所示。

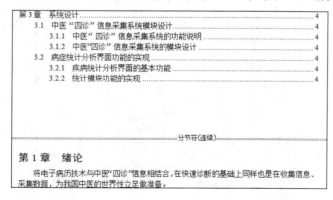

图 2-269　草稿视图下分节符显示出来

图 2-270　起始页码的设置

（17）单击文档最前端已经生成的目录，在目录上右击，在弹出的快捷菜单中选择"更新域"命令，弹出"更新目录"对话框，使用默认设置，直接单击"确定"按钮。更新后的目录，页码已经符合日常习惯，从1开始。

（18）将光标定位到"第1章……"所在页面，在"插入"选项卡的"页眉和页脚"组中，单击"页眉"下拉按钮，在展开的下拉列表中，选择"编辑页眉"选项，进入页眉编辑模式，光标出现在"第1章……"所在页面的页眉处，如图2-271所示，默认当前的页眉"与上一节相同"。此时单击"页眉和页脚工具-设计"选项卡"导航"组中的"链接到前一条页眉"按钮，取消了当前与前一节页眉之间的联系，图2-271右部显示的"与上一节相同"将会消失。

图 2-271 光标定位在页眉处

此时输入页眉文字"湖北中医药大学毕业论文"，单击"页眉和页脚工具-设计"选项卡"关闭"组中的"关闭页眉和页脚"命令，返回文档编辑窗口。此时的文档页面，目录页没有页眉，后续章节页面均有页眉，如图2-272所示。

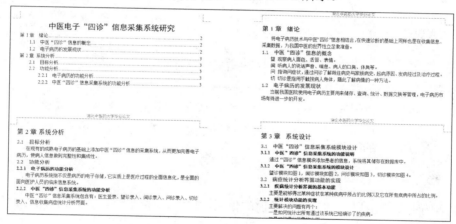

图 2-272 编辑页眉后的文档

（19）在"视图"选项卡"显示"组中，勾选"导航窗格"复选框，在文档窗口左侧显示如图2-273所示的文档结构目录。在各级大纲标题前面有"黑三角" ◢ 或"白三角" ▷，"黑三角"表示该级大纲已经展开，单击"黑三角"即可收缩该级大纲；"白三角"表示该级大纲还没有展开，单击"白三角"即可将该级大纲展开，如图2-274所示。

此时在左侧导航窗格中单击要查看或编辑的文档内容所在的章节标题，右侧文档窗格立刻定位文档章节内容的位置。当单击左侧导航窗格中的标题行"3.2.1 疾病统计……"时，在右侧窗格中，立刻显示对应的"3.2.1"章节内容，如图2-275所示。

（20）单击"文件"→"保存"命令，在弹出的"另存为"对话框中将保存位置设置为D盘，文件名设置为"毕业论文"，保存类型为"Word文档"，单击"保存"按钮完成文档的保存。

文档已经完成编辑，单击标题栏右上角的"关闭"按钮，关闭文档。

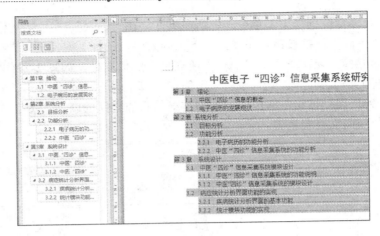

图 2-273　导航窗格

图 2-274　大纲级别的展开与折叠

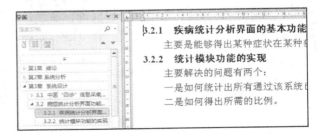

图 2-275　文档内容通过导航定位

2.4.4　"邀请函"的制作

1. 案例知识点及效果图

本案例主要运用以下知识点：模板的使用、邮件合并等。案例效果如图 2-276 所示。

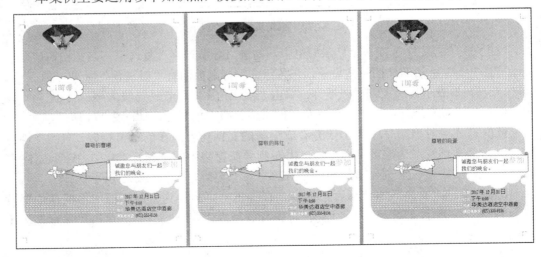

图 2-276　"邀请函"效果图

2. 操作步骤

（1）启动 Word 2010，选择"文件"→"新建"命令，在"新建"子菜单中，向下拖曳垂直滚动条，单击"Office.com 模板"组中的"邀请函"图标，如图 2-277 所示；进入"邀请函"类别模板的选择界面，在列表中单击"聚会请柬（普通）"图标，如图 2-278 所示，然后单击"下载"按钮，将会从互联网下载该模板，下载完成后，会自动创建一个使用了该模板的新文档，如图 2-279 所示。

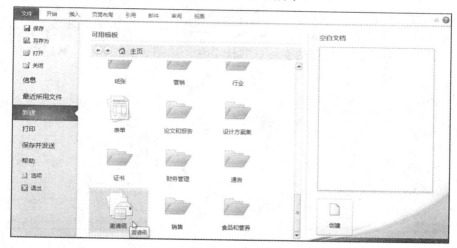

图 2-277　选择模板类别

图 2-278　"聚会请柬（普通）"模板

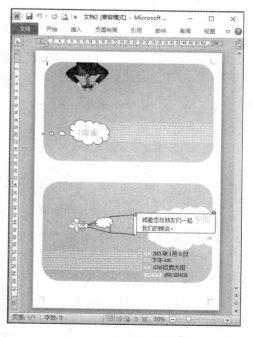

图 2-279　基于模板创建的新文档

（2）将文档中的日期更改为"2017 年 12 月 31 日"，地点更改为"华美达酒店空中酒廊"，联系电话更改为"(027) 555-0156"。

（3）选择"插入"选项卡，单击"文本"组中的"文本框"下拉按钮，在展开的下拉列表中选择"绘制文本框"选项，鼠标指针变为十字形，在文档中拖曳出一个文本框，在文本框内输入文字"尊敬的"，字体格式设置为"宋体""小二"；选中文本框，在"绘图工具-格式"选项卡"形状样式"组中，设置形状填充为"无填充颜色"，形状轮廓为"无轮廓"；将文本框移动到图 2-280 所示的位置。

（4）选择"邮件"选项卡，单击"开始邮件合并"组中的"选择收件人"下拉按钮，在展开的如图 2-281 所示下拉列表中选择"使用现有列表"选项，在弹出的"选取数据源"对话框中找到需要的文件，并选中它，如图 2-282 所示，然后单击"打开"按钮。

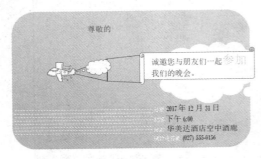

图 2-280　新插入的文本框位置

图 2-281　"选择收件人"下拉列表

图 2-282　"选择数据源"对话框

弹出"选择表格"对话框，如图 2-283 所示，直接单击"确定"按钮即可。

（5）将光标定位到文本框中文字"尊敬的"之后，选择"邮件"选项卡，单击"编写和插入域"组中的"插入合并域"下拉按钮，在展开的下拉列表中列出了表格中的行标题，如图 2-284 所示，选择"姓名"选项，此时文本框中文字"尊敬的"后面出现了一个域，如图 2-285 所示。

（6）单击"邮件"选项卡"预览结果"组中的"预览结果"按钮，文档中的域被表格中的第 1 个姓名替换，如图 2-286 所示；单击"邮件"选项卡"预览结果"组中的"下一记录"按钮 ▶，则文档中的域被表格中的第 2 个姓名替换，如图 2-287 所示。

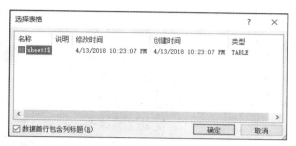

图 2-283　"选择表格"对话框

图 2-284　插入合并域的选择

尊敬的«姓名»

图 2-285　插入文档的域

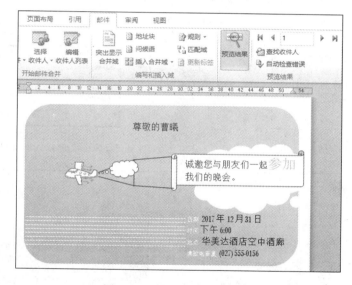

图 2-286　合并后的预览效果

（7）单击"邮件"选项卡"完成"组中的"完成并合并"下拉按钮，在展开的如图 2-288 所示的下拉列表中，用户可以根据需要选择，这里选择"编辑单个文档"选项，弹出"合并到新文档"对话框，如图 2-289 所示，用户可以根据需要选择，这里采用默认设置，直接单击"确定"按钮即可。

（8）一个新的文档产生，如图 2-290 所示。该文档包含 10 页，每一页为一份邀请函，每一页的姓名不同，均来自于指定的数据源表格。

（9）单击"文件"→"保存"命令，在弹出的"另存为"对话框中将保存位置设置为 D 盘，文件名设置为"邀请函"，保存类型为"Word 文档"，单击"保存"按钮完成文档的保存。

文档已经完成编辑，单击标题栏右上角的"关闭"按钮，关闭文档。

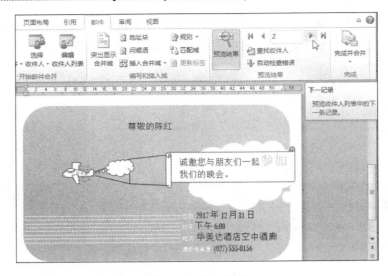

图 2-287　下一记录

图 2-288　"完成并合并"下拉列表

图 2-289　"合并到新文档"对话框

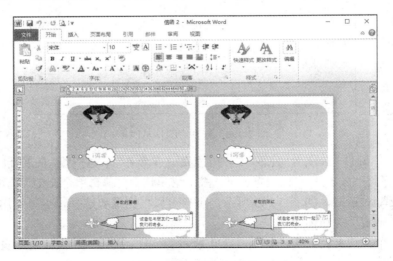

图 2-290　邀请函文档

2.4.5　知识点详解

1. 新建基于模板的文档

模板是 Word 预先设置好内容格式的文档，Word 2010 中提供了多种具有统一规格的预设文档模板，如传真、信函、简历等，用户可以根据需要选择相应的模板快速创建基于模板的文档。2.4.4 节"邀请函"的制作，就是基于 Office.com 站点的模板创建的文档。

　　单击"文件"→"新建"命令，在右侧子菜单中选择准备使用的文档模板，可以使用"可用模板"组中的本地模板，也可以使用"Office.com 模板"组中的模板，如图 2-291 所示。单击"样本模板"图标，进入"样本模板"列表，在如图 2-292 所示的列表中双击准备使用的模板样式，就可以新建一个基于模板的文档。

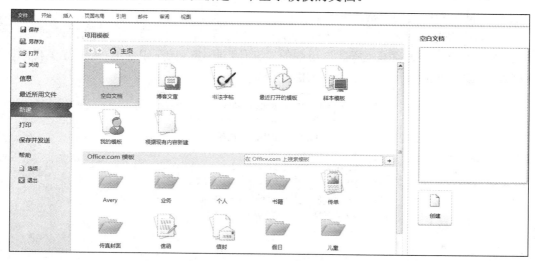

图 2-291　两类模板

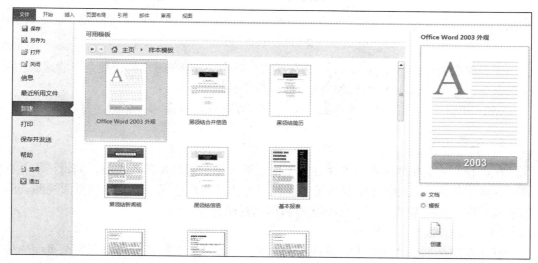

图 2-292　样本模板列表

　　在选择的模板文档中，文本的格式（如字体、字号、段落的间距、文本的对齐方式）等已经设置完成，用户只需要进行内容的输入即可。

2. 样式

Word 的样式是指一组已经命名的字符格式或段落格式的特定集合。它包括字体、段落、制表位、边框和底纹、图文框、语言、项目列表符号和编号等格式。

用户可以将一种样式应用于某个段落，或者段落中选中的字符上，所选中的段落或字符便具有这种样式定义的格式。在 Word 文档编排过程中，使用样式格式化文档的文本，可以简化重复设置文本的字体格式和段落格式的工作，节省文档编排时间，加快编辑速度，同时确保文档中格式的一致性。

"开始"选项卡"样式"组有样式库列表，用户只需选中待套用样式的段落或字符，然后单击"开始"选项卡"样式"组中的"其他"按钮（向下箭头），展开更多样式库内容，如图 2-293 所示，单击想要应用的样式即可。

图 2-293　样式库列表

样式库中的样式都可以修改，只需在样式名称上右击，在弹出的快捷菜单中选择"修改"命令，然后在弹出的"修改样式"对话框中做设置即可。

Word 提供了专门的"管理样式"工具，可以对样式重命名、删除、复制等。

3. 视图方式

在进行文档编辑时，用户的关注点不同，可选择不同的视图方式进行编辑，从而更好地完成工作。Word 2010 中提供了多种视图方式供用户选择，主要包括页面视图、阅读版式视图、Web 版式视图、大纲视图和草稿视图。

1）页面视图

页面视图是 Word 2010 中的默认视图方式，可以显示文档所有内容在整个页面的分布状况和整个文档在每一页上的位置，并可对其进行编辑操作。在页面视图中，可进行编辑排版、添加页眉页脚、查看多栏版面、处理文本框、添加图文框和检查文档的最后外观等操作，在屏幕上看到的页面内容就是实际打印的真实效果，具有"所见即所得"的效果。

在 Word 2010 中，选择"视图"选项卡，然后在"文档视图"组中单击"页面视图"按钮，如图 2-294 所示；或者在 Word 2010 文档窗口右下方单击"页面视图"按钮，即可切换到页面视图，如图 2-295 所示。

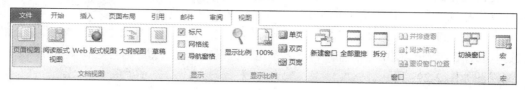

图 2-294　文档视图

图 2-295　"页面视图"按钮

在页面视图中，上一页与下一页之间具有一定的分界区域，双击该区域，页面会相连显示；双击页面连接处，则又可以恢复到分页显示的状态。

2）阅读版式视图

阅读版式视图是模拟书籍的阅读方式，将文档以图书的分栏样式显示，两页文档同时显示在一个视图窗口，一般应用于阅读和编辑长篇文档。阅读版式视图能够以最大的空间来阅读或批注文档。在该视图下，可以显示文档的背景、页边距，还可以进行文本的输入、编辑等操作，但不显示文档的页眉和页脚。

在 Word 2010 中，选择"视图"选项卡，然后在"文档视图"组中单击"阅读版式视图"按钮，或者在 Word 2010 文档窗口右下方单击"阅读版式视图"按钮，即可切换到阅读版式视图。

如果用户需要退出阅读版式视图，在屏幕右上角单击"关闭"按钮即可。阅读版式视图如图 2-296 所示。

图 2-296　阅读版式视图

3）Web 版式视图

Web 版式视图以网页的形式显示 Word 2010 文档，在该视图中没有页码、章节等信息，可以看到背景和为了适应窗口而换行显示的文本，图形位置与在 Web 浏览器中的位置一致。如果文档中含有超链接内容，超链接内容的下方将带有下划线标注，适合于发送电子邮件、创建和编辑 Web 页面。

在 Word 2010 中，选择"视图"选项卡，然后在"文档视图"组中单击"Web 版式视图"按钮，或者在 Word 2010 文档窗口右下方单击"Web 版式视图"按钮，即可切换到 Web 版式视图。

4）大纲视图

大纲视图主要用于 Word 2010 长文档的快速浏览和设置，用缩进文档标题的形式代表标题在文档结构中的级别，并可以方便地折叠和展开各种层级的文档，还可以通过拖曳标题来移动、复制和重新组织调整整章或者整节的文本内容。

在 Word 2010 中，选择"视图"选项卡，然后在"文档视图"组中单击"大纲视图"按钮，或者在 Word 2010 文档窗口右下方单击"大纲视图"按钮，即可切换到大纲视图。大纲视图如图 2-297 所示。

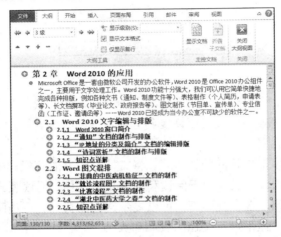

图 2-297　大纲视图

在大纲视图中，可以通过双击标题左侧的⊕标记，展开或折叠文档，使其显示或隐藏各级标题及内容，或者单击"大纲"选项卡"大纲工具"组里面的"展开"按钮➕，或"折叠"按钮➖来显示或隐藏各级标题及内容。

在大纲视图下，还可以通过单击"大纲"选项卡"大纲工具"组里面的"升级"按钮⬅，来提升所选项目的大纲级别，或者单击"大纲"选项卡"大纲工具"组里面的"降级"按钮➡，来降低所选项目的大纲级别。

如果用户需要退出大纲视图，在"大纲"选项卡的"关闭"组中，单击"关闭大纲视图"按钮即可。

5）草稿视图

草稿视图取消了页面边距、分栏、页眉页脚和图片等元素，仅显示标题和正文，便于快速编辑文本，是最节省计算机系统硬件资源的视图方式。

在 Word 2010 中，选择"视图"选项卡，然后在"文档视图"组中单击"草稿"按钮，或在 Word 2010 文档窗口右下方单击"草稿"按钮，即可切换到草稿视图。

4. 邮件合并

在日常办公过程中，经常会遇到这样一类的编排工作：按统一的格式批量制作通知、邀请函、请柬、信封等。如此这样的一些日常事务工作，我们可以借助 Word 的邮件合并功能来完成。

使用 Word 2010 邮件合并功能的主要步骤如下。

（1）创建邮件合并主文档。

（2）建立邮件合并数据源文件。

（3）插入合并域到主文档中。

（4）完成邮件合并。

如图 2-298 所示的 Word 文档，是湖北中医药大学下发到学校各部门的会议通知。从文档中可以看到，除通知抬头“部门”处的各个部门名称不同外，通知的内容都应该是一样的。下面我们就以制作该会议通知为例，来介绍一个完整的邮件合并的操作过程。

1）创建主文档

新建一个空白的 Word 文档，按图 2-299 所示输入会议通知内容，并设置文中字体、段落的格式，完成邮件合并主文档的建立。

将编辑好的邮件主文档进行保存，如保存在“我的文档”文件夹中，文件名为“会议通知主文档.docx”。

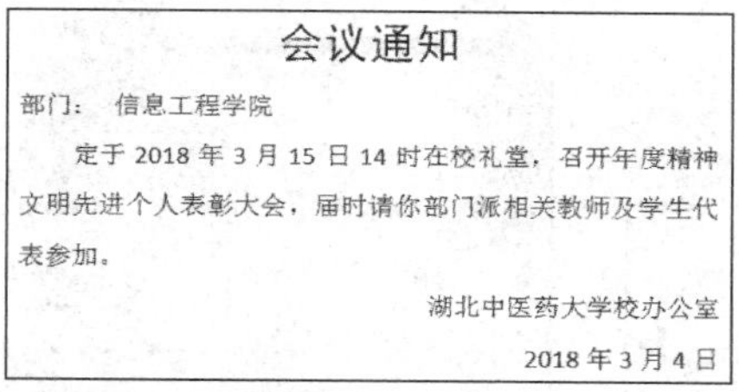
会议通知

部门： 信息工程学院

定于 2018 年 3 月 15 日 14 时在校礼堂，召开年度精神文明先进个人表彰大会，届时请你部门派相关教师及学生代表参加。

湖北中医药大学校办公室

2018 年 3 月 4 日

图 2-298　会议通知

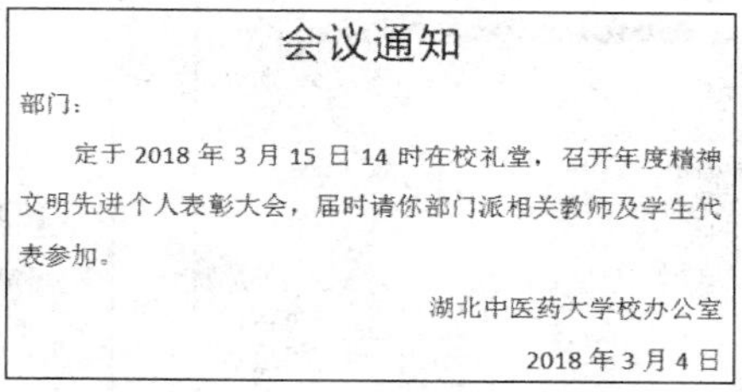
会议通知

部门：

定于 2018 年 3 月 15 日 14 时在校礼堂，召开年度精神文明先进个人表彰大会，届时请你部门派相关教师及学生代表参加。

湖北中医药大学校办公室

2018 年 3 月 4 日

图 2-299　会议通知主文档

2）创建数据源

建立好会议通知主文档后，下一步建立会议通知中的数据源文件，即通知中的收件人或收件单位名称等信息。收件人的信息应该处在主文档中“部门：”之后的位置，我们称之为“部门名称”数据项，也称其为“数据域”。

这里要建立的数据源数据，就是会议通知中的学校各个下属机构的名称。设共有 6 个部门：信息工程学院、基础医学院、药学院、管理学院、人文社科学院、外语学院。

建立数据源数据文件的方式如下。

（1）选择“邮件”选项卡，单击“开始邮件合并组”中的“选择收件人”下拉按钮，展开“选择收件人”下拉列表，如图 2-300 所示，选择“键入新列表”选项，弹出如图 2-301 所示的“新建地址列表”对话框。

（2）在“新建地址列表”对话框中，显示了 Word 默认的部分数据字段列表项，如职务、名字、姓氏、公司名称等。我们在通知中要插入的数据项为“部门名称”，在默认项名称列表中没有，因而需要增加“部门名称”数据项。

在“新建地址列表”对话框中单击“自定义列”按钮，弹出“自定义地址列表”对话框，如图 2-302 所示；单击“添加”按钮，弹出如图 2-303 所示的“添加域”对话框；在“键入域名”文本框中输入“部门名称”字段，单击“确定”按钮，返回“自定义地址列表”对话框；此时可以看到，新添加的字段名出现在“字段名”列表中，如图 2-304

所示，单击"确定"按钮，返回"新建地址列表"对话框。

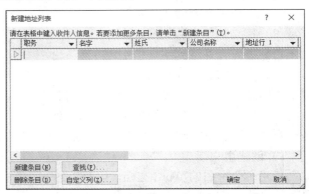

图 2-300 "选择收件人"下拉列表　　　　图 2-301 "新建地址列表"对话框

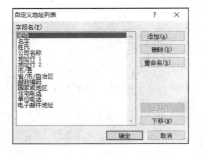

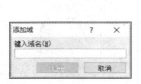

图 2-302 "自定义地址列表"　　　图 2-303 "添加域"　　　图 2-304 添加新字段后的地址列
　　　　　对话框　　　　　　　　　对话框　　　　　　　　　表对话框

（3）新增加的字段"部门名称"已经出现在列表中；在"部门名称"对应的字段下，输入通知中各部门名称，输入完第一个部门名称后，单击"新建条目"按钮，继续输入第二条，如此完成所有部门名称的输入，如图 2-305 所示。

（4）单击"确定"按钮，打开"保存通讯录"窗口，输入文件名"部门名称数据.mdb"，单击"保存"按钮，即完成数据源文件的建立和保存工作。

3）插入合并域到主文档中

对已编辑好的主文档及数据源进行保存后，接下来是将所建数据源的域（在此为"部门名称"字段）插入主文档中。插入邮件合并的数据域，操作如下。

（1）打开主文档，将光标定位在要插入数据域字段（指插入"部门名称"字段）的地方，这里为文档抬头处"部门："之后的位置。

（2）单击"邮件"选项卡"编写和插入域"组中的"插入合并域"，弹出如图 2-306 所示的"插入合并域"对话框；选择"部门名称"字段域，单击"插入"按钮，"部门名称"域字段就被插入主文档中光标所在的位置，如图 2-307 所示；"插入合并域"对话框中的"取消"按钮变为"关闭"按钮，单击"关闭"按钮，邮件合并插入域操作完成。

4）预览邮件合并的效果

单击"邮件"选项卡"预览结果"组中的"预览结果"按钮，如图 2-308 所示，在窗口中邮件合并的效果就出来了，如图 2-309 所示。可单击"预览结果"组中的"上一记录"或"下一记录"按钮来向前或向后翻看邮件合并后的文档。

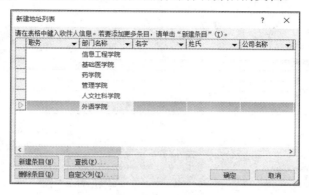

图 2-305　部门名称的 6 个条目

图 2-306　"插入合并域"对话框

图 2-307　插入字段域后的文档

图 2-308　"预览结果"按钮

图 2-309　预览通知第 1 条数据

5）邮件合并

最后一个步骤就是完成邮件主文档和数据源的合并操作，方法如下。

单击"邮件"选项卡"完成"组中的"完成并合并"下拉按钮，展开如图 2-310 所示的下拉列表，选择"编辑单个文档"选项，弹出如图 2-311 所示的"合并到新文档"对话框，选中"全部"单选按钮，单击"确定"按钮，即完成邮件合并操作。

完成邮件合并操作后，即可以看到文档的合并效果，是一页一页的文档形式，每一页显示一个部门的通知。图 2-312 是将文档页面缩小后，6 页通知的缩版预览图。

图 2-310 "完成并合并"下拉列表　　　　图 2-311 "合并到新文档"对话框

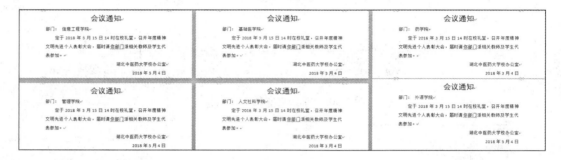

图 2-312 合并后的新文档

合并邮件工作完成后，可以将通知文档打印出来；或将文档命名保存，以备下次使用。至此，通知的邮件合并工作全部完成。

6）"使用现有列表"方式建立数据源数据

在前面的邮件合并案例中，需要建立的数据源数据较少，可以使用"键入新列表"方式来创建数据。对于数据量较大的情况，我们可以在 Excel 2010 中完成数据的输入建立工作，再将 Excel 2010 数据文件插入邮件主文档中。

打开 Excel 2010，新建一个工作簿文件；将工作表"Sheet1"改名为"部门"；删除"Sheet2""Sheet3"，即只保留需要的一个表"部门"；在"部门"表中输入通知中的各部门名称数据；输入完成后，保存文件，打开"另存为"对话框，保存类型为 Excel 工作簿（*.xlsx）类型，文件名称为"部门名称数据.xlsx"，单击"保存"按钮，邮件数据源数据的输入及保存工作完成。

打开邮件合并信函主文档，在 Word 窗口中单击"邮件"选项卡"开始邮件合并"组中的"选择收件人"下拉按钮，在展开的"选择收件人"下拉列表中选择"使用现有列表"选项，弹出如图 2-313 所示的"选取数据源"对话框；选择"部门名称数据.xlsx"文件项，单击"打开"按钮，弹出"选择表格"对话框，如图 2-314 所示。

选择"部门名称"栏表，单击"确定"按钮，"部门名称数据.xlsx"文件插入工作完成。

在主文档中将光标定位在要插入"部门名称"字段域的位置，单击"插入合并域"按钮，弹出"插入合并域"对话框，选择"部门名称"字段域，单击"插入"按钮，完成邮件合并域插入操作。

其后的操作同前所述，预览邮件、合并邮件即可完成全部邮件合并的操作。

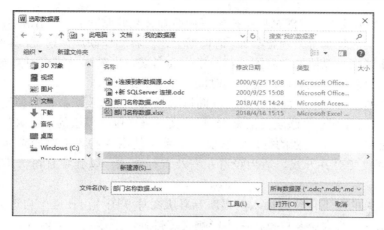

图 2-313 "选取数据源"对话框

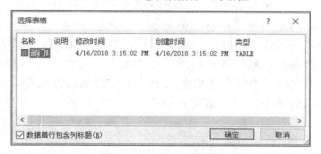

图 2-314 "选择表格"对话框

思考与练习

一、思考题

1．邮件合并的基本步骤有哪些？简述各个步骤。

2．在 Word 中主要有哪些格式设置？

3．在 Word 中建立表格的基本方法有哪几种？

4．在 Word 中插入的图形对象与文字的环绕方式主要有哪几种？

5．在制作页眉页脚过程中，怎样设置首页文档没有页眉页脚？怎样设置文档奇数页、偶数页页眉页脚不同？

6．怎样在快速访问工具栏中添加新的工具按钮或删除不需要的工具按钮？

7．Word 中的视图方式主要有哪几种？各自的用途和特点是什么？

8．在文档中使用 SmartArt 图形有什么意义？简述在文档中插入流程图类 SmartArt 图形的基本方法。

二、练习题

新年将至，湖北中医药大学信息工程学院团支部及学生会，定于 2017 年 12 月 31

日晚上 7:00，在学校大礼堂演播厅举办学院迎新春文艺联欢晚会。拟邀请学校有关领导、各有关部门及其他院系有关领导参加。请根据上述内容制作联欢会请柬，具体要求如下。

（1）制作请柬，以信息学院团支部及学生会名义发出邀请，请柬中需要包含标题、收件人的部门、职务及姓名，联欢会的时间、地点和邀请人。

（2）请柬制作在一个页面上，采用横向排版版面，具体要求：请柬使用 3 种以上的字体、字号，标题部分（"联欢会请柬"）与正文部分（以"尊敬的×××"开头）采用不相同的字体和字号，文档的标题、正文及落款等使用 3 种以上的段距、行距设置，对必要的段落改变对齐方式，适当设置左右及首行缩进，以美观且符合中国人阅读习惯为准。

（3）在请柬的左下角位置插入一幅新春喜庆图片（图片可在网上自选），应用四周型环绕方式，调整其大小及位置，应不影响文字排列、不遮挡文字内容。

（4）进行页面设置，加大文档的上边距；为文档添加页眉，要求页眉内容包含信息学院团支部及学生会的联系电话，联系电话为 400-66668888。

（5）使用画图软件制作一幅浅色条纹背景图，作为请柬的背景图片。

（6）运用邮件合并功能制作内容相同、收件人不同（收件人不得少于 10 人）的多份请柬，要求先将主文档以"新春联欢会.docx"为文件名进行保存，再在进行效果预览后生成可以单独编辑的单个文档"请柬.docx"。

第3章

Excel 2010 的应用

Excel 2010 是微软公司推出的一款电子表格处理软件，是 Microsoft Office 2010 的核心组件之一，也是一款专业的电子表格处理软件，其功能非常强大。从基本的数据输入、表格制作、利用公式与函数对数据进行分析与计算，到图表的插入、数据的排序及筛选等管理功能，一应俱全。Excel 2010 可以利用比以往更多的方法分析、管理和共享信息，帮助用户跟踪和突出显示重要的数据趋势，从而做出更好、更明智的决策。

3.1 Excel 2010 基本编辑与格式排版

3.1.1 Excel 2010 窗口简介

启动 Excel 2010 后，将打开如图 3-1 所示的 Excel 2010 工作窗口。从图 3-1 中可以看出，标题栏、快速访问工具栏、功能区、滚动条和状态栏，这些与 Word 窗口的组成部分基本相同，不同点如下。

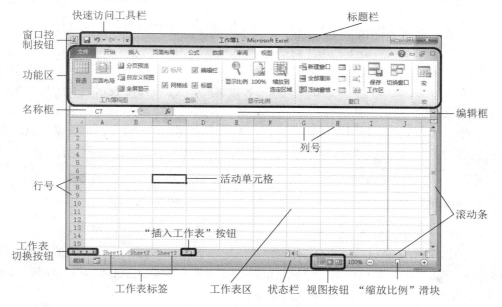

图 3-1　Excel 2010 工作窗口

1. 工作簿与工作表

工作簿指在 Excel 中用来保存并处理工作数据的文件。一个 Excel 文件就是一个工作簿，其文件扩展名为.xlsx（默认保存类型为 Excel 工作簿，其扩展名为.xlsx；若保存为 Excel 97-2003 工作簿，其扩展名为.xls）。初次启动 Excel 会创建一个名为"工作簿 1"的工作簿，再次启动 Excel 即会创建"工作簿 2""工作簿 3"等。默认情况下，一个工作簿中包含 3 张工作表，其名称分别为 Sheet1、Sheet2、Sheet3。每张工作表的名称显示在工作簿窗口底部的工作表标签中，工作表标签位于水平滚动条左侧。用户可以根据需要来增加或者删除工作簿中的工作表数目，如使用组合键 Shift+F11 可将工作表增加至几千张，其上限数量受系统内存大小限制，不再是 Excel 2003 中的最多只能包含 255张工作表。

Excel 的工作区是一张大的表格，称为工作表，是用来记录数据的区域。工作表是 Excel 文件的基本组成单位。一张工作表由 1048576 行和 16384 列（即 17179869184 个单元格）组成，行号为 1～1048576，列号为 A，B，…，X，Y，Z，AA，AB，…，AZ，BA，BB，BC，…，BZ，…，ZZ，AAA，…，XFC，XFD。每个工作簿中的当前工作表只有一张，用户可以通过单击工作表的名称来选择工作表。白色底色的即为当前工作表，如图 3-1 中的 Sheet1。若要切换工作表，可以单击相应的工作表标签。当工作表的数量较多时，标签栏无法将全部工作表标签都显示出来，此时可以单击工作表标签左侧的工作表切换按钮，找到所需的工作表标签。

提示：Excel 2003 中的工作表由 65536 行和 256 列组成，Excel 2010 工作表的行、列数量均有较大的增加。

2. 单元格

单元格是组成工作表的最小单位，用于存储和显示数据。单元格的地址由单元格所在列号和行号确定，如第 1 列第 1 行的单元格为 A1，第 3 列第 7 行的单元格为 C7。当前被选定的单元格称为活动单元格，有黑框包围，如图 3-1 所示。单元格的名称也有另外一种表示方法：R（行）××C（列）××。因此，A1 也可以表示为 R1C1，C7 也可以表示为 R7C3。

单击工作表某行的行号，可选定该行；单击工作表某列的列号，可选定该列。若要选定相邻的多行或多列，只需沿行号或列号拖曳鼠标即可；或者选定第 1 行（或列）后，按住 Shift 键再选定其他的行或列。

3. 编辑栏

编辑栏在工作区的上方，用来显示和编辑活动单元格中的数据和公式。

（1）名称框。编辑栏左端是名称框，当选定单元格或区域时，相应的地址或区域名称会显示在该框中。名称框有定位的功能，如在名称框中输入 A1 后按 Enter 键，Excel 会立刻将活动单元格定位为 A1 单元格。

（2）编辑框。编辑栏右端是编辑框，在单元格中编辑数据时，其内容会同时出现在

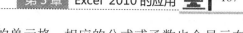

编辑框中。若选定使用公式或函数计算出结果的单元格，相应的公式或函数也会显示在编辑框中，可在编辑框中查看或修改。

（3）编辑栏按钮。位于名称框和编辑框中间，有 3 个按钮，依次为"取消""输入""插入函数"按钮 ✕ ✓ fx。通常只显示"插入函数"按钮 fx，单击此按钮可弹出"插入函数"对话框。当单元格处于编辑状态时，会显示"输入"按钮 ✓ 和"取消"按钮 ✕，单击"输入"按钮可以对当前的输入进行确认，相当于按 Enter 键；单击"取消"按钮可以取消当前的输入，相当于按 Esc 键。

4. 填充柄

当鼠标指针停留在活动单元格右下角（也可是所选单元格区域的最右下角）时，出现的黑色"+"称为填充柄。用户根据需要拖曳填充柄，可以快速完成复制、自动填充等操作。它既可以重复填充数据，也可以填充有规律变化的数据。若选定的单元格中含有公式或函数，用填充柄自动填充时，还能复制公式或函数并填充结果，但均只能在相邻的单元格中进行填充。

5. 视图按钮

与 Word 的视图相比，Excel 的视图要简单一些。状态栏的右下角有 3 个视图按钮，依次为"普通"、"页面布局"和"分页预览"按钮，这是以往 Excel 版本中没有的。"视图"选项卡的"工作簿视图"组中也提供了这 3 个按钮。

（1）普通视图。Excel 2010 启动后默认的视图方式为普通视图，在该视图方式下，数据的输入、单元格的编辑、字体的设置等基本操作都非常方便。

（2）页面布局视图。通过该视图可查看文档的打印外观，可看到页面的起始位置和结束位置，并可查看页面上的页眉和页脚。

（3）分页预览视图。单击"分页预览"按钮可启动分页预览视图，该视图方式的优点是可以随时方便地看到打印输出的效果，可以看到分页符出现的位置。因此，该视图只有在工作表大到一张页面容不下时才有用。用户可以看到工作表的每一部分将打印在哪一页。如果有需要，也可以直接在该视图下编辑工作表。分页预览视图的另一个优点是可以调整分页符实际出现的位置。分页符在屏幕上以深蓝色的线标识出来，将鼠标指针移动到这些分页符上，可单击并拖曳分页符到新的位置上。

3 种视图方式，皆可以使用"缩放比例"滑块来调整各自的显示比例。

3.1.2 "课程表"的制作

1. 案例知识点及效果图

本案例主要运用以下知识点：工作簿的创建与保存、单元格中内容的输入、利用填充柄快速填充数据、选定单元格及单元格区域、单元格底纹和边框的设置、字体格式的设置、文本对齐方式的设置、插入行与列、修改行高与列宽等。案例效果如图 3-2 所示。

课程表						
星期 节次	星期一	星期二	星期三	星期四	星期五	星期六
1	高等数学	马克思主义原理		高等数学	解剖学	
2	高等数学	马克思主义原理		高等数学	解剖学	
3		大学英语	信息技术应用	有机化学		形势政策
4		大学英语	信息技术应用	有机化学		形势政策
午　休						
5	信息技术应用	解剖学			大学体育	
6	信息技术应用	解剖学			大学体育	
7	有机化学		大学英语	马克思主义原理		
8	有机化学		大学英语	马克思主义原理		

图 3-2　"课程表"效果图

2. 操作步骤

（1）新建空白工作簿。单击"开始"→"所有程序"→"Microsoft Office"→"Microsoft Excel 2010"命令，即可启动 Excel 2010。打开 Excel 2010 窗口的同时，也创建了一个新的空白工作簿，其默认名称为"工作簿 1.xlsx"。

（2）制作标题。选定 A1 单元格并拖曳至 G1 单元格，可选定 A1:G1 单元格区域，再单击"开始"选项卡"对齐方式"组中的"合并后居中"按钮，可合并 A1～G1 的所有单元格并使其内容居中，在其内输入标题"课程表"并按键盘的 Enter 键确认输入。

若周末没课，或者周六、周日都有课，可根据实际情况自行调节大标题所占用的单元格。

（3）选定 A1 单元格，将鼠标指针置于编辑栏中，在"课程表"中加入空格，使其成为"课 程 表"并单击编辑栏中的 ✓ 按钮确认修改。设置其字体格式如图 3-3 所示。

（4）调整行高。将鼠标指针置于第 1 行行号 1 的下方，直至出现调整行高的 ↕ 图标，按住鼠标左键向下拖曳，将第 1 行行高增大。同理，增大第 2 行的行高。再单击行号 3～10，选中 3～10 行，将鼠标指针移至其中任意一行的行号下边线上，出现调整行高的图标后，按住鼠标左键并拖曳，可同时调整第 3～10 行的行高，如图 3-4 所示。

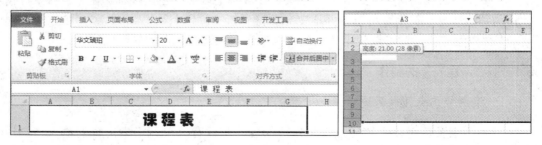

图 3-3　大标题的字体格式　　　　　　　图 3-4　同时调整第 3～10 行的行高

（5）在 A2 单元格中输入"星期"，按组合键 Alt+Enter 强制换行，输入"节次"后再按 Enter 键确认，使"星期"与"节次"在同一单元格中分两行放置。选定 A2 单元格，将鼠标指针置于编辑栏中，在"星期"前加入空格，使其靠单元格右部。

（6）选定 B2 单元格，输入"星期一"后按 Enter 键确认。再次选定 B2 单元格，将鼠标指针置于 B2 单元格右下角，出现粗加号"+"图标（即为填充柄）时按住鼠标左键并向后拖曳至 G2 单元格，使"星期二"到"星期六"自动填充，如图 3-5 所示。

（7）选定 A3 单元格，输入"1"；再选定 A4 单元格，输入"2"。选定 A3 单元格并拖曳鼠标至 A4 单元格（图 3-6），将鼠标置于选定的单元格区域右下角，出现"+"图标时按住鼠标左键并向下拖曳至 A10 单元格，使 3、4、5、6、7、8 节次自动填充。

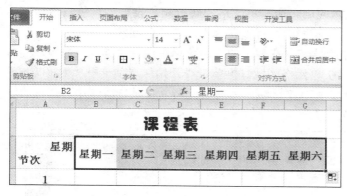

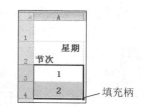

图 3-5　"星期二"到"星期六"的自动填充　　图 3-6　选定 A3 和 A4 单元格区域

（8）选定 A2:G2 单元格区域后，按住 Ctrl 键再选定 A3:A10 单元格区域，将所有的星期与节次内容，都设置为"宋体""14 号"，并加粗。除 A2 单元格外，利用"开始"选项卡"对齐方式"组中的"垂直居中"和"居中"按钮，设置星期与节次所在单元格的文字内容居中对齐。

（9）调整列宽。将鼠标指针置于列号 A 的右方，直至出现调整列宽的 ↔ 图标，按住鼠标左键向右拖曳，将 A 列列宽增大。再选中 B～G 列，将鼠标指针移至其中任意一列的列号右边线上，出现调整列宽的图标后，按住鼠标左键拖曳可同时增大 B～G 列的列宽。

（10）根据实际情况输入课程内容，并将不同的课程设置为不同颜色的底纹。

① 选定 B3 单元格，输入"高等数学"后按 Enter 键确认。再次选定 B3 单元格，将鼠标指针置于 B3 单元格右下角，出现"+"图标（即填充柄）时按住鼠标左键并向下拖曳至 B4 单元格，使"高等数学"自动填充。

② 选定 B3:B4 单元格区域，按组合键 Ctrl+C 复制，该单元格区域被闪烁的线条包围，如图 3-7 所示。再选定 E3 单元格，按组合键 Ctrl+V 粘贴。粘贴完毕后，按键盘左上角的 Esc 键取消对 B3:B4 单元格区域的选定，若不取消，还可继续粘贴数次。

图 3-7　按组合键 Ctrl+C 实现复制

③ 选定 B3:B4 单元格区域后按住 Ctrl 键，再选定 E3:E4 单元格区域（利用 Ctrl 键选择不相邻的多个单元格），依次单击"开始"选项卡→"字体"组→"填充颜色"下拉按钮→"红色，强调文字颜色 2，淡色 80%"按钮，设置"高等数学"所在单元格的底纹颜色如图 3-8 所示。

④ 选定 B7:B8 单元格区域后按住 Ctrl 键，再选定 D5:D6 单元格区域，直接输入"信息技术应用"后按组合键 Ctrl+Enter，使所有选定的单元格一次性输入同样的内容，省去了复制与粘贴步骤。

⑤ 参照步骤③将"信息技术应用"所在单元格的底纹颜色设置为黄色。再仿照上述步骤，输入其他各门课程，并将不同的课程设置为不同颜色的底纹。

（11）插入"午休"行。右击行号 7，在弹出的快捷菜单中选择"插入"命令，插入新行，如图 3-9 所示。选定 A7:G7 单元格区域，再单击"开始"选项卡→"对齐方式"组→"合并后居中"按钮，可合并 A7:G7 区域的所有单元格并使其内容居中，在其内输入"午　　休"并按 Enter 键确认输入，效果如图 3-2 所示。

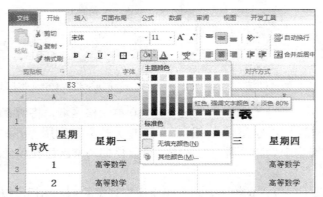

图 3-8　单元格底纹颜色的设置　　　　　　　图 3-9　插入新行

（12）设置表格的简单边框。选定 A2 单元格并拖曳至 G11 单元格，可选定 A2：G11 单元格区域。依次单击"开始"选项卡→"字体"组→"边框"下拉按钮→"所有框线"命令和"粗匣框线"命令，给所有选定的单元格添加边框线，并将外框设置为粗线，如图 3-2 所示。

（13）选定 A2 单元格，依次单击"开始"选项卡→"字体"组→"边框"下拉按钮→"绘图边框"命令，在 A2 单元格中沿对角线斜着拖曳鼠标，增加斜线框线，如图 3-2 所示。使用完毕后需再次单击"边框"按钮还原。

至此，课程表制作完毕。行高或列宽不合适的，可再次调整。保存工作簿至 D 盘下，命名为"学号姓名"。

3.1.3　"门诊医生接诊数据表"的制作（一）

1. 案例知识点及效果图

本案例主要运用以下知识点：选定单元格及单元格区域、单元格底纹和边框的设置、数据格式的设置、文本对齐方式的设置、单元格内容的自动换行与强制换行等。本案例要求根据“接诊日期、人数一览表 1”制作“接诊次数、人数统计表 2”，且将表 1 中的日期全部更改为“2016 年×月×日　星期×”的形式，如图 3-10 和图 3-11 所示。表中紫色（黑白印刷为灰色）底纹的部分需使用函数，本节暂不进行输入，待 3.3 节完成数据的统计计算。

2	接诊日期、人数一览表1		
3	接诊 / 姓名	日期	接诊人数
4	张　明	2016年3月4日　星期五	25
5	王　平	2016年3月4日　星期五	15
6	李　英	2016年3月6日　星期日	20
7	张　明	2016年3月8日　星期二	10
8	陈　刚	2016年3月11日　星期五	20
9	陈　刚	2016年3月12日　星期六	10
10	张　明	2016年3月18日　星期五	5
11	陈立军	2016年3月20日　星期日	8
12	李　英	2016年3月25日　星期五	16
13	王　平	2016年4月8日　星期五	18
14	张　明	2016年4月9日　星期六	22
15	陈立军	2016年4月12日　星期二	26
16	陈　刚	2016年4月15日　星期五	15
17	陈　刚	2016年4月16日　星期六	21
18	李　英	2016年4月17日　星期日	19
19	陈立军	2016年4月20日　星期三	27
20	张　明	2016年4月24日　星期日	9
21	李　英	2016年4月28日　星期四	20
22	接诊次数合计	（计数）	18
23	接诊人数合计	（求和）	306

图 3-10　接诊日期、人数一览表 1

2. 操作步骤

（1）选定 B4:B21 单元格区域，在该区域中右击，弹出如图 3-12 所示的快捷菜单，选择“设置单元格格式”命令，弹出“设置单元格格式”对话框。

E7　　*fx*　李　英

	A	B	C	D	E	F	G	H	I
1	某医院门诊接诊病人情况表								
2	接诊日期、人数一览表1				接诊次数、人数统计表2				
3	接诊 / 姓名	日期	接诊人数		接诊 / 姓名	接诊总次数	接诊总人数	三月接诊人数	四月接诊人数
4	张　明	3月4日	25		张　明	5	71	40	31
5	王　平	3月4日	15		王　平	2	33	15	18
6	李　英	3月6日	20		陈　刚	4	66	30	36
7	张　明	3月8日	10		李　英	4	75	36	39
8	陈　刚	3月11日	20		陈立军	3	61	8	53
9	陈　刚	3月12日	10						
10	张　明	3月18日	5						
11	陈立军	3月20日	8						
12	李　英	3月25日	16						
13	王　平	4月8日	18						
14	张　明	4月9日	22						
15	陈立军	4月12日	26						
16	陈　刚	4月15日	15						
17	陈　刚	4月16日	21						
18	李　英	4月17日	19						
19	陈立军	4月20日	27						
20	张　明	4月24日	9						
21	李　英	4月28日	20						
22	接诊次数合计	（计数）	18						
23	接诊人数合计	（求和）	306						

图 3-11　“某医院门诊接诊病人情况表”效果图（一）

（2）选择“数字”选项卡“分类”列表中的“自定义”选项，在右部的类型中选择“yyyy"年"m"月"d"日"”选项，并在其后按两次空格键再输入 aaaa，如图 3-13 所示。单击“确定”按钮，即可将日期显示为“2016 年×月×日　星期×”的形式。若出现“###”，代表无法显示单元格中内容，应增大 B 列列宽。

（3）选定 B4:B21 单元格区域，单击“开始”选项卡→“对齐方式”组→“文本右对齐”按钮。

（4）右击 A3 单元格，在弹出的快捷菜单中选择“复制”命令，再右击 E3 单元格，在弹出的快捷菜单中选择“粘贴选项”→“粘贴”命令。该“粘贴”命令实现的是单元格全部信息的粘贴，等同于 Ctrl+V 的粘贴效果。增大 E 列的列宽，其操作方法同“课程表”案例。

图 3-12   右击选定单元格区域　　　　图 3-13   "设置单元格格式"对话框
　　　弹出的快捷菜单

（5）选定 A4 单元格，按组合键 Ctrl+C 复制该单元格，再选定 E4 单元格按组合键 Ctrl+V 实现粘贴。继续将"王　平""陈　刚""李　英""陈立军"分别粘贴至 E5:E8 单元格，并利用"对齐方式"组中的"垂直居中"和"居中"按钮，将其设置为中部居中对齐。

（6）选定 F3 单元格，在其中输入"接诊"，再按组合键 Alt+Enter 强制换行，输入"总次数"后再按 Enter 键确认，使"接诊"与"总次数"在同一单元格中分两行放置，如图 3-14 所示。采用同样方法在 G3 单元格中输入"接诊总人数"。

（7）分别在 H3 和 I3 单元格中输入"三月接诊人数"和"四月接诊人数"，再选定 H3 和 I3 单元格，依次单击"开始"选项卡→"对齐方式"组中的"自动换行"按钮，设定如图 3-14 所示的显示效果。

图 3-14   自动换行与强制换行显示效果图

（8）选定 C22 和 C23 单元格，再按住 Ctrl 键选定 F4:I8 单元格区域，依次单击"开始"选项卡→"字体"组→"填充颜色"下拉按钮→"紫色，强调文字颜色 4，淡色 60%"按钮，设置如图 3-11 所示的淡紫色底纹（黑白印刷为灰色）。该单元格区域暂不进行数据计算。

（9）选定 A1:I1 单元格区域，再单击"开始"选项卡→"对齐方式"组→"合并后居中"按钮，在其内输入标题"某医院门诊接诊病人情况表"并按 Enter 键确认。

（10）选定 E3:I8 单元格区域，依次单击"开始"选项卡→"字体"组→"边框"下拉按钮→"所有框线"命令，给所有选定的单元格添加边框线。

（11）保存文件。

3.1.4 知识点详解

1. 自动填充

当工作表中某行（或列）为有规律的数据时，可以使用 Excel 提供的自动填充功能。有规律的数据指等差、等比、日期序列、系统预定义序列和用户自定义序列，以及重复的数据。

选定的单元格或单元格区域右下角有一个黑色小方块，称为填充柄，鼠标指针指向填充柄时会变形为黑色加号"＋"，上、下、左、右拖曳填充柄即可完成对 4 个方向的自动填充，填充的内容由初始值（即填充柄所在单元格的内容）决定。

1）使用鼠标左键拖曳进行填充

选定单元格中的数据类型不同，使用鼠标左键拖曳来实现自动填充的结果也不相同，如图 3-15 所示。分别选定 A1，B1，C1，…，I1，J1，K1，L1 单元格后，单击各自右下角的填充柄，使用鼠标左键拖曳填充，将产生如图 3-15 所示的填充结果。

	A	B	C	D	E	F	G	H	I	J	K	L
1	星期一	一月	A1	0001	ABC	金银花	春天	第一季	3	58	2013/5/9	15:26
2	星期二	二月	A2	0002	ABC	金银花	春天	第二季	3	58	2013/5/10	16:26
3	星期三	三月	A3	0003	ABC	金银花	春天	第三季	3	58	2013/5/11	17:26
4	星期四	四月	A4	0004	ABC	金银花	春天	第四季	3	58	2013/5/12	18:26
5	星期五	五月	A5	0005	ABC	金银花	春天	第一季	3	58	2013/5/13	19:26
6	星期六	六月	A6	0006	ABC	金银花	春天	第二季	3	58	2013/5/14	20:26
7	星期日	七月	A7	0007	ABC	金银花	春天	第三季	3	58	2013/5/15	21:26
8	星期一	八月	A8	0008	ABC	金银花	春天	第四季	3	58	2013/5/16	22:26
9	星期二	九月	A9	0009	ABC	金银花	春天	第一季	3	58	2013/5/17	23:26
10	星期三	十月	A10	0010	ABC	金银花	春天	第二季	3	58	2013/5/18	0:26

图 3-15 鼠标左键拖曳填充柄实现自动填充的效果图

（1）系统预定义序列（默认序列）的自动填充。"星期一"、"一月"和"第一季"所在列的填充结果产生了规律性变化，是源于这些序列是 Excel 默认的有规律变化序列。

用户可单击"文件"选项卡→"选项"命令，弹出"Excel 选项"对话框，如图 3-16 所示。然后，选择左列的"高级"选项，拖曳右侧的垂直滚动条至底部，单击"编辑自定义列表"按钮，弹出图 3-17 所示的"自定义序列"对话框。该对话框左部的列表中已存在的序列即为 Excel 默认的有规律变化序列。因此，用户在某单元格中输入"甲"后，拖曳其填充柄向下填充，即会依次出现"乙""丙""丁""戊"……

图 3-16 "Excel 选项"对话框

图 3-17 "自定义序列"对话框

（2）编号类型、日期型、时间型数据的自动填充。"A1"和"0001"所在列的填充结果也有着递增的规律性变化，是源于系统将其视为编号类型的数据。使用鼠标左键拖曳编号所在单元格的填充柄，将以递增方式依次填充其后的编号；使用鼠标左键拖曳日期所在单元格的填充柄，将以日期递增方式依次填充其后的日期；使用鼠标左键拖曳时间所在单元格的填充柄，将以小时递增方式依次填充其后的时间。

（3）其他类型数据的自动填充。Excel 默认序列以外的文本型数据、数值型数据，在用鼠标左键拖曳其所在单元格的填充柄时，均会以重复方式进行填充。因此，"ABC"、"金银花"、"春天"、"3"和"58"所在列均是重复填充。值得一提的是，若希望数值型数据按照依次递增的方式填充，必须先输入序列的前两个单元格的数据，然后选定这两个单元格，再用鼠标左键拖曳填充柄，系统将默认按等差序列填充。

2）使用鼠标右键拖曳进行填充

选定单元格或单元格区域后，也可使用鼠标右键拖曳其右下角的填充柄来进行自动填充。当用鼠标右键拖曳到填充结束的单元格时，会弹出如图 3-18 所示的快捷菜单。用户可根据需要选择"复制单元格"命令来进行重复填充，或选择"填充序列"命令按系统默认规律进行填充，也可以选择"序列"命令，弹出图 3-19 所示的"序列"对话框，自行设置变化规律来进行数据填充，图 3-19 所示即为填充等比值为 2 的等比序列。

提示：只有当单元格中的数据为数值型和日期、时间型时，在快捷菜单（图 3-18）中才能选择"序列"填充方式。在弹出的"序列"对话框中（图 3-19）设置相应的序列类型、步长值等，确定后完成自动填充。例如，要求时间型数据按分钟递增填充，可在步长值中输入"00:01"。

图 3-18　右键拖曳填充柄的快捷菜单　　　图 3-19　"序列"对话框

3）使用"填充"按钮进行填充

输入第一个单元格的数据后，选定包含此单元格在内的填充区域，再单击"开始"选项卡"编辑"组中的"填充"下拉按钮，在展开的下拉列表（图 3-20）中选择"系列"选项，即可弹出如图 3-19 所示的"序列"对话框进行自动填充。例如，在"类型"组中选中"等比序列"单选按钮，在"步长值"文本框中输入"2"，则会产生如图 3-21 所示的填充结果；如需填充 2008 年 8 月后的奥运年份（图 3-22），需按图 3-23 设置"序列"对话框中的各项值;如需填充时间型数据,且要求序列各项间隔 10 分钟,则需按图 3-24 设置"序列"对话框中的各项值。

图 3-20 "填充"下拉列表 　　图 3-21 填充结果

图 3-22 奥运年份　图 3-23 奥运年份的填充规律设置　图 3-24 间隔 10 分钟的填充规律设置

4)用户自定义序列填充

用户可在图 3-17 所示的"自定义序列"对话框中添加新序列,来实现用户自定义序列的填充。例如,在对话框左部单击"新序列"选项后,可在"输入序列"列表中直接输入"春天""夏天""秋天""冬天",每输入一项内容按一次 Enter 键(图 3-17),输入完毕后单击"添加"按钮即可将自定义的新序列添加到左部的"自定义序列"列表中。单击"确定"按钮返回工作表中,再次用鼠标左键拖曳"春天"所在单元格的填充柄,则会依次填充"夏天""秋天""冬天",而不再是重复填充。

2. 编辑单元格内容

1)修改单元格内容

若是整体修改单元格的全部内容,选定单元格后重新输入即可。若仅修改单元格中的部分内容,有以下两种方法。

(1)双击单元格,鼠标指针变为 I 字形,进入单元格编辑状态,可进行修改。修改完后,按 Enter 键确认或单击"输入"按钮确认即可。

(2)单击单元格,选择编辑栏的编辑框,在编辑框中进行修改,修改完后,按 Enter 键确认或单击"输入"按钮确认即可。

提示： 通常修改单元格内容完成后，也可单击其他单元格表示确定；但当单元格的内容是公式或函数时，不可以单击其他单元格来确认所进行的修改。

2）删除单元格内容

删除单元格中的内容有以下 3 种方法。

（1）选定要删除内容的单元格，按 Delete 键。

（2）单击"开始"选项卡"编辑"组中的"清除"下拉按钮，在展开的下拉列表中选择"清除内容"选项。

（3）右击要删除内容的单元格，在弹出的快捷菜单中选择"清除内容"命令。

提示： 以上方法只能清除单元格中的内容，格式仍保留在单元格中，若重新输入内容，仍会使用该单元格上次定义的格式。若要删除格式，可依次单击"开始"选项卡"编辑"组中的"清除"下拉按钮，在展开的下拉列表中选择"清除格式"选项；或单击"开始"选项卡"编辑"组中的"清除"下拉按钮，在展开的下拉列表中选择"全部清除"选项，将格式、内容及批注全都删除。

3）移动/复制单元格内容

（1）利用鼠标拖曳。选定要移动内容的单元格或区域，当鼠标指针指向其边框变形为 时，拖曳鼠标至目标位置即可移动单元格或单元格区域。拖曳鼠标的同时按住 Ctrl 键，则可进行复制。

（2）利用组合键或粘贴命令。选定单元格或单元格区域后，单击"开始"选项卡"剪贴板"组中的"剪切"和"粘贴"按钮，或使用键盘组合键 Ctrl+X 和 Ctrl+V 来实现移动操作；单击"开始"选项卡"剪贴板"组中的"复制"和"粘贴"按钮，或使用键盘组合键 Ctrl+C 和 Ctrl+V 来实现复制操作。

（3）选择性粘贴。利用 Ctrl+C 和 Ctrl+V 复制、粘贴单元格时，包含了单元格的全部信息。Excel 2010 提供了只粘贴单元格部分信息（如只粘贴数值、格式、公式或转置粘贴等）的功能。

执行完复制操作后，到达目标单元格位置并右击，将弹出如图 3-25 所示的快捷菜单。其中的"粘贴选项"命令和"选择性粘贴"命令中均提供了只粘贴单元格格式或数值等部分信息的按钮。用户可根据需要单击相应的按钮进行选择性粘贴。或者在执行完复制操作后，单击"开始"选项卡"剪贴板"组中的"粘贴"下拉按钮，在展开的下拉列表中单击相应的按钮进行选择性粘贴，如图 3-26 所示；也可以选择下拉列表中的"选择性粘贴"选项，弹出"选择性粘贴"对话框，进行更细致的设置来实现选择性粘贴。

提示： 选定单元格或区域后执行复制操作，单元格或区域会出现闪动的粗虚线边框，按 Esc 键可取消该虚线边框。

3．插入与删除单元格

1）插入单元格

右击目标位置的单元格，在弹出的快捷菜单中选择"插入"命令；或者单击目标插入位置的单元格，再单击"开始"选项卡"单元格"组中的"插入"下拉按钮，在展开的下拉列表中选择"插入单元格"选项，都会弹出"插入"对话框。在其中选择"活动单元格下移"或"活动单元格右移"命令即可。

图 3-25　右击复制操作目标单元格后弹出的快捷菜单　　　图 3-26　选择性粘贴按钮

2）删除单元格或单元格区域

删除单元格和清除单元格不同，删除单元格是将单元格（包括单元格中的全部信息）从工作表中取消，删除后，由周围的单元格来填充其位置。

选定要删除的单元格或单元格区域，单击"开始"选项卡"单元格"组中的"删除"下拉按钮，在展开的下拉列表中选择"删除单元格"选项；或者右击要删除的单元格或单元格区域，在弹出的快捷菜单中选择"删除"命令，均会弹出"删除"对话框，在其中选择确定被删除区域的"右侧单元格左移"还是"下方单元格上移"，最后单击"确定"按钮执行操作或者单击"取消"按钮放弃本次操作。

提示：对于已制作好的结构规整的表格，插入和删除单元格操作均会破坏表格的整体结构，因此要慎用。

3）插入行或列

插入行和插入列的操作方法基本相同，常用的有以下 3 种。

（1）右击单元格，在弹出的快捷菜单中选择"插入"命令，在弹出的"插入"对话框中选择"整行"或"整列"命令，即可在该单元格上方（或左边）插入整行（或整列）。

（2）选定单元格，单击"开始"选项卡"单元格"组中的"插入"下拉按钮，在展开的下拉列表中选择"插入工作表行"选项，即可在选定的单元格上方插入整行；选定单元格，单击"开始"选项卡"单元格"组中的"插入"下拉按钮，在展开的下拉列表中选择"插入工作表列"选项，即可在选定的单元格左边插入整列。

（3）右击行号或列号，在弹出的快捷菜单中选择"插入"命令，即可在选中行上方或者选中列左边插入整行或整列。

提示：选定多行的行号或者多列的列号后再右击，在弹出的快捷菜单中选择"插入"命令，则插入等数量的多行或多列。

4）删除行或列

（1）右击要删除的行或列中的任意一个单元格，在弹出的快捷菜单中选择"删除"命令，在弹出的"删除"对话框中选择"整行"或"整列"命令，单击"确定"按钮即可。

（2）选定要删除的行或列中的任意一个单元格，单击"开始"选项卡"单元格"组中的"删除"下拉按钮，在展开的下拉列表中选择"删除工作表行"或者"删除工作表列"选项。

（3）右击行号或列号，在弹出的快捷菜单中选择"删除"命令，即可删除选中的行或列。

如果要删除多行（多列），可选中多个行号（列号）后再执行如上操作。

4. 单元格中数据的格式设置

选定要设置格式的单元格或单元格区域后，可以通过"开始"选项卡"字体"组、"对齐方式"组、"数字"组、"样式"组和"单元格"组中的按钮直接对单元格格式进行设置，其操作方法与使用 Word 2010 功能区按钮的方法基本相同；也可以右击单元格或单元格区域，在弹出的快捷菜单中选择"设置单元格格式"命令，弹出"设置单元格格式"对话框进行设置。

提示：弹出"设置单元格格式"对话框常用的方法有两种：一种是右击选定的单元格或单元格区域，在弹出的快捷菜单中选择"设置单元格格式"命令；另一种是选定单元格或单元格区域后，单击"开始"选项卡"单元格"组中的"格式"下拉按钮，在展开的下拉列表中选择"设置单元格格式"选项。

1）数字格式

若要应用数字格式，可先选定要设置数字格式的单元格，再单击"开始"选项卡"数字"组中的"常规"下拉按钮，在展开的下拉列表中选择要使用的数字格式；也可以右击单元格，在弹出的快捷菜单中选择"设置单元格"命令，弹出"设置单元格格式"对话框，利用"数字"选项卡设置单元格内的数字格式。单元格内的数据类型有常规、数值、货币、日期、时间、百分比、分数等多种，每种数据类型有不同的格式设置。

（1）数值型数据可设置小数点位数、是否使用千分位符及负数的表示方式。

（2）货币型数据可设置小数点位数、货币符号（如￥）及负数的表示方式。货币型数据一定有千分位符。

（3）日期型数据可设置中式日期、英式日期、美式日期，以及是否显示年份、星期等，如"二〇〇九年四月三日""2009 年 4 月 3 日""03-Apr-09"等。

（4）时间型数据也可按区域设置"中文（中国）""英语（美国）"等，可设置 24 小时制或 12 小时制，如"下午 5 时 20 分 00 秒""17:20:00"等。

（5）百分比型数据，可使数据按百分比显示，可设置小数位数。

（6）分数型数据。在 Excel 2010 中，用户可将被选定单元格中的小数设置为与该值最接近的分数表示。在分数类型中，用户可选择分母分别为 2、4、8、16、10 和 100 的分数，并且可以设置分母的位数(包括一位分母、两位分母和三位分母)。例如，将小数 0.56789 设置为分数，选择"分母为一位数"时的值为 4/7；选择"分母为两位数"时的值为 46/81；选择"分母为三位数"时的值同样为 46/81，这与计算结果有关；选择"以 2 为分母"时的值为 1/2；选择"以 8 为分母"时的值为 5/8；选择"以 10 为分母"时的值为 6/10。用户可根据需要选择合适的分数类型，并单击"确定"按钮。

2）对齐方式

在"设置单元格格式"对话框的"对齐"选项卡中，可以设置单元格中内容的"水平对齐"和"垂直对齐"方式，同时可以设置"文字方向"，如图 3-27 所示。

图 3-27 "设置单元格格式"对话框的"对齐"选项卡

需要注意的是"文本控制"选项组，当单元格中的内容超出单元格可容纳的范围时，超出的部分会占去右边单元格的位置（但不影响右边单元格的输入，一旦右边单元格中输入数据，超出的部分会自动被右边单元格挡住），勾选"自动换行"复选框，会自动扩大行高，使超出的部分换行显示；勾选"缩小字体填充"复选框，会自动缩小字体以适应单元格的大小。这两种功能都是为了在一个单元格中放置超出其容纳范围的内容，没有同时使用的意义。

如果选定多个单元格后，再勾选"文本控制"选项组中的"合并单元格"复选框，Excel 只把选定区域左上角的数据放入合并后的单元格内，其他单元格数据将丢失；"开始"选项卡"对齐方式"组中有一个"合并后居中"按钮，也可以使选定的多个单元格合并成一个单元格，并使该单元格内的文字居中显示。

提示：自动换行功能应用的前提条件是，单元格中输入的内容超出其可容纳的范围；若未超过，使用此功能将无任何意义。前面案例中提到过，在一个单元格内按组合键 Alt + Enter 可将输入的内容换行分段显示，与自动换行功能的操作效果类似。

3）字体格式

"设置单元格格式"对话框中的"字体"选项卡与 Word 的"字体"对话框类似，可用于设置单元格内文字的"字体""字号""字形"等。

提示：若在单元格编辑状态下（鼠标指针变为 I 字形）右击单元格，在弹出的快捷菜单中选择"设置单元格格式"命令，弹出的"设置单元格格式"对话框只会出现"字体"选项卡，这时只能修改"字体"格式。

5. 单元格的格式设置

1）设置行高和列宽

（1）鼠标指针指向需改变行高（或列宽）的行号（或列号）分隔线上，当指针变形为上下双向箭头（或左右双向箭头）时拖曳鼠标，可调整该行（或列）的高度（或宽度）。若要同时调整多行（或多列）的高度（或宽度），则先选定多行（或多列）后，再拖曳其中任意一行（或列）的分隔线即可；若要整体调整工作表中所有的行高和列宽，可先选定整个工作表，然后拖曳任意行（或列）的分隔线即可。

（2）选定单元格后，单击"开始"选项卡"单元格"组中的"格式"下拉按钮，在展开的下拉列表中选择"行高"或"列宽"命令，弹出"行高"或"列宽"对话框，在其中输入行高或列宽的数值，可指定单元格所在行的高度或列的宽度。若要调整多行或多列的高度（或宽度），则先选定多个单元格后，再执行如上操作进行设置。

（3）若要将行高或列宽设置为根据单元格中的内容自动调整。选定单元格后，单击"开始"选项卡"单元格"组中的"格式"下拉按钮，在展开的下拉列表中选择"自动调整行高"或"自动调整列宽"命令，可根据所选单元格中的内容恰好完全显示所需的行高或列宽来调整单元格所在行的高度或列的宽度。

2）行或列的隐藏和取消

若工作表中有些行或列暂时不需要被看见，可将其隐藏起来，需要时再取消隐藏将其显示出来。常用的操作方法如下。

（1）隐藏行（或列）。

① 选定要隐藏的行或列中的任一单元格，依次单击"开始"选项卡→"单元格"组中的"格式"下拉按钮→"隐藏和取消隐藏"命令→"隐藏行"或"隐藏列"命令即可。

② 选定要隐藏行（或列）的行号下分隔线（或列号右分隔线），当鼠标指针变形为上下双向箭头（或左右双向箭头）时，按下鼠标左键并向上（或向左）拖曳，直到和上方（或左方）分隔线重叠为止。

③ 选定单元格后，在其"行高"或"列宽"对话框中设置行高或列宽的值为0，即可隐藏单元格所在的行或列。

④ 右击要隐藏行（或列）的行号（或列号），在弹出的快捷菜单中选择"隐藏"命令。若要同时隐藏多行（或多列），则先选定多行（或多列）后，再执行如上操作即可。

（2）取消行或列的隐藏。

① 鼠标指针指向有隐藏行（或列）的行号分隔线（或列号分隔线）后，稍稍向下（或向右）移一点，当鼠标指针变形为双线分隔的双向箭头形状时，按下鼠标左键并向下（或向右）拖曳，即可使隐藏的行（或列）显示出来。

② 选定隐藏行（或列）两边的单元格区域，单击"开始"选项卡"单元格"组中的"格式"下拉按钮，在展开的下拉列表中选择"隐藏和取消隐藏"→"取消隐藏行"或"取消隐藏列"命令。

3）设置边框

默认情况下，Excel 中的网格线都是淡灰线的，它并不等同于单元格的边框线，因此打印时不会打印出网格线。若要取消 Excel 工作区的网格线或对网格线的颜色进行修改，可选择"文件"选项卡→"选项"命令，弹出"Excel 选项"对话框。然后选择左列的"高级"选项，拖曳右侧的垂直滚动条直至显示出如图 3-28 所示的界面，取消勾选"显示网格线"复选框,也可以单击"网格线颜色"右侧的下拉按钮,在展开的下拉列表中重新选择网格线的颜色。

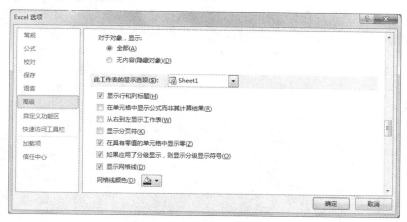

图 3-28 "Excel 选项"对话框

为了美观,也为了便于操作,可以对 Excel 表格设置边框。常用的操作方法如下。

(1)通过"设置单元格格式"对话框设置边框。右击需要添加边框的单元格区域,在弹出的快捷菜单中选择"设置单元格格式"命令,在弹出的"设置单元格格式"对话框中选择"边框"选项卡,如图 3-29 所示。在"线条"组中可选择各种线型和边框颜色,在"边框"组中可分别单击上边框、下边框、左边框、右边框和中间边框按钮设置或取消边框线,还可以单击斜线边框按钮选择使用斜线。另外,在"预置"组中提供了"无"、"外边框"和"内部"3 种快速设置边框的按钮。用户选择线条样式和颜色后,再单击"预置"组或"边框"组中的边框线按钮,即可设置相应的边框线。

(2)通过边框按钮设置边框。选定需要添加边框的单元格区域,单击"开始"选项卡"字体"组中的"边框"下拉按钮,展开如图 3-30 所示的"边框"下拉列表。列表中为用户提供了 13 种常用的边框类型,用户可根据实际需要选择任一合适的框线类型,即可将选定单元格区域的边框设置成相应格式。

> 提示:设置边框时应先设置边框线条的样式和颜色,再设置边框线的应用范围,在预览区内看到应用效果后再单击"确定"按钮;否则,边框线会按默认的样式和颜色出现。

4)设置底纹和图案

可以在单元格中设置适当的背景色或图案,以突出表格中的某些部分,使表格更清晰。

(1)通过"设置单元格格式"对话框设置图案。右击需要设置图案的单元格区域,在弹出的快捷菜单中选择"设置单元格格式"命令,在弹出的"设置单元格格式"对话框中选择"填充"选项卡,在其中可设置单元格的背景色、图案样式和颜色、填充效果等。

(2)通过功能区的"填充颜色"按钮设置底色。选定需要填充底色的单元格区域,单击"开始"选项卡"字体"组中的"填充颜色"下拉按钮,展开如图 3-31 所示的颜色列表。在列表中单击其中一种颜色按钮,可使当前单元格或选定的单元格区域的底色变为该颜色。

（3）添加工作表背景。单击"页面布局"选项卡"页面设置"组中的"背景"按钮，弹出"工作表背景"对话框，在其中选择要作为背景的图片（图 3-32），单击"插入"按钮，即可将选定的图片作为工作表背景。添加工作表背景后，"背景"按钮相应的位置变为"删除背景"，单击该按钮即可删除工作表的背景图案。

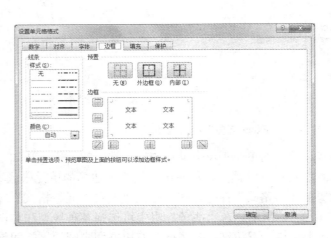

图 3-29　"设置单元格格式"对话框的"边框"选项卡　　　图 3-30　"边框"下拉列表

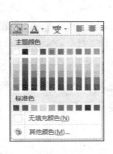

图 3-31　"填充颜色"下拉列表

图 3-32　"工作表背景"对话框

3.2　工作簿和工作表的操作

3.2.1　"药品库存表"的制作

1. 案例知识点及效果图

本案例主要运用以下知识点：工作簿的创建与保存、工作表的切换与选定、修改工作表名和标签颜色、各类数据的输入、插入批注等。案例效果如图3-33～图3-35所示。

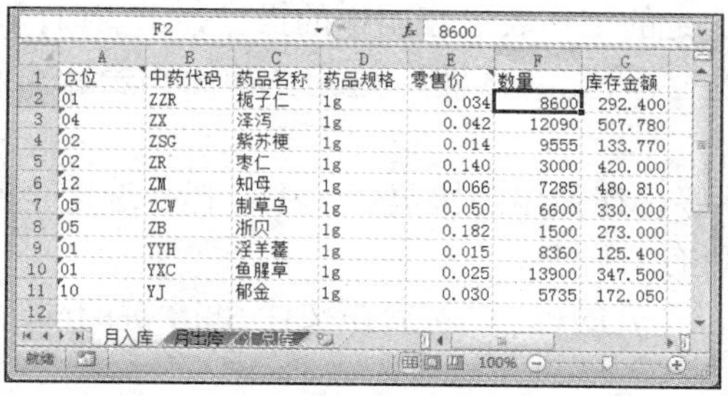

仓位	中药代码	药品名称	药品规格	零售价	数量	库存金额
01	ZZR	栀子仁	1g	0.034	8600	292.400
04	ZX	泽泻	1g	0.042	12090	507.780
02	ZSG	紫苏梗	1g	0.014	9555	133.770
02	ZR	枣仁	1g	0.140	3000	420.000
12	ZM	知母	1g	0.066	7285	480.810
05	ZCW	制草乌	1g	0.050	6600	330.000
05	ZB	浙贝	1g	0.182	1500	273.000
01	YYH	淫羊藿	1g	0.015	8360	125.400
01	YXC	鱼腥草	1g	0.025	13900	347.500
10	YJ	郁金	1g	0.030	5735	172.050

图3-33 “月入库”工作表

仓位	中药代码	药品名称	药品规格	零售价	数量	库存金额
01	ZZR	栀子仁	1g	0.034	3200	108.800
04	ZX	泽泻	1g	0.042	9540	400.680
02	ZSG	紫苏梗	1g	0.014	6210	86.940
02	ZR	枣仁	1g	0.140	1230	172.200
12	ZM	知母	1g	0.066	3210	211.860
05	ZCW	制草乌	1g	0.050	4050	202.500
05	ZB	浙贝	1g	0.182	1400	254.800
01	YYH	淫羊藿	1g	0.015	3095	46.425
01	YXC	鱼腥草	1g	0.025	9640	241.000
10	YJ	郁金	1g	0.030	4060	121.800

图3-34 “月出库”工作表

仓位	中药代码	药品名称	药品规格	零售价	数量	库存金额
01	ZZR	栀子仁	1g	0.034	5400	183.600
04	ZX	泽泻	1g	0.042	2550	107.100
02	ZSG	紫苏梗	1g	0.014	3345	46.830
02	ZR	枣仁	1g	0.140	1770	247.800
12	ZM	知母	1g	0.066	4075	268.950
05	ZCW	制草乌	1g	0.050	2550	127.500
05	ZB	浙贝	1g	0.182	100	18.200
01	YYH	淫羊藿	1g	0.015	5265	78.975
01	YXC	鱼腥草	1g	0.025	4260	106.500
10	YJ	郁金	1g	0.030	1675	50.250

图3-35 “汇总库”工作表

2. 操作步骤

（1）新建空白工作簿。单击“开始”→“所有程序”→“Microsoft Office”→“Microsoft Excel 2010”命令，即可启动Excel 2010。打开Excel 2010窗口的同时，也创建了一个新的空白工作簿，其默认名称为“工作簿1.xlsx”。

（2）修改工作表名和标签颜色。单击工作表标签即可进行不同工作表之间的切换。将3个工作表依次改名为“月入库”“月出库”“汇总库”，工作表的标签色依次为黄色、绿色、红色。修改工作表名有以下3种方法。

① 右击工作表标签，在弹出的快捷菜单中选择“重命名”命令，在当前的工作表标签中输入新工作表名后按Enter键确定即可，按Esc键则取消操作。

② 双击工作表标签，工作表名即被选中，这时输入新工作表名即可替换原工作表名。

③ 单击“开始”选项卡“单元格”组中的“格式”下拉按钮，在展开的下拉列表中选择“重命名工作表”命令，再输入新工作表名后按Enter键确认即可。

修改工作表的标签颜色，是为了突出显示各工作表。其操作方法：右击要设置颜色的工作表标签，在弹出的快捷菜单中选择“工作表标签颜色”命令（图3-36），或单击“开始”选项卡“单元格”组中的“格式”下拉按钮，在展开的下拉列表中选择“工作表标签颜色”命令，即可修改标签颜色。

图3-36 修改工作表标签颜色

（3）选定全部工作表后，参照图3-33输入A1:E11单元格区域的内容。“月入库”、“月出库”

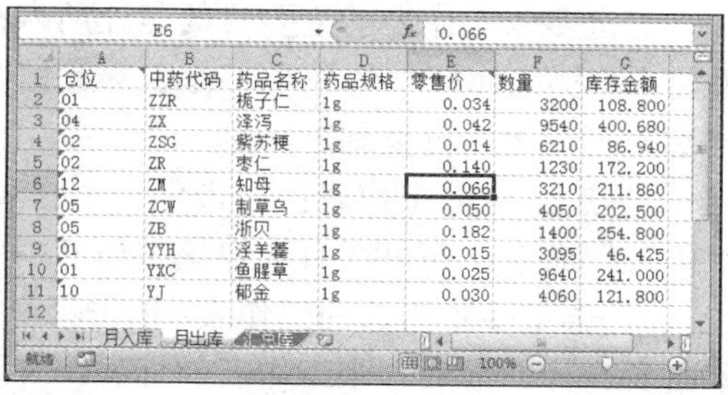

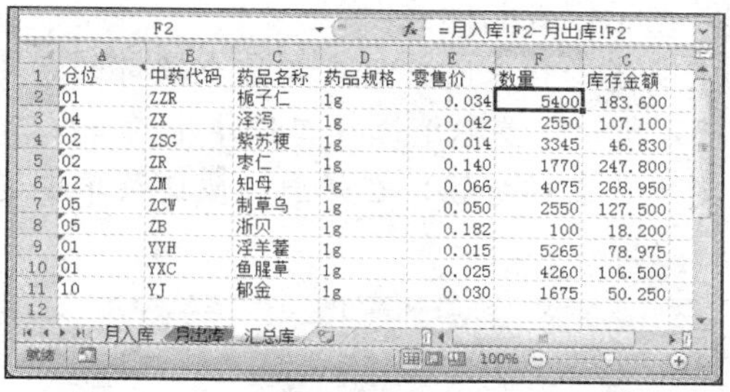

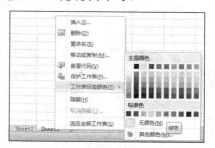

和"汇总库"工作表中的数量及库存金额可分别在各工作表中进行输入。

选定多张工作表的主要目的是让所有被选定的工作表进行同样的操作，节省时间。例如，本例工作簿中的 3 个工作表都有相同的行标题及列标题，选定全部工作表后输入一次即可，无须再复制、粘贴。

① 选定全部工作表：右击任一工作表标签，在弹出的快捷菜单中选择"选定全部工作表"命令，即可同时选中该工作簿中的所有工作表。

② 选定多张相邻的工作表：单击第一张工作表的标签，然后在按住 Shift 键的同时，单击要选择的最后一张工作表的标签。

③ 选定多张不相邻的工作表：单击第一张工作表的标签，然后在按住 Ctrl 键的同时，依次单击要选择的其他工作表的标签。

提示：选定多张工作表时，将在工作表顶部的标题栏中显示"[工作组]"字样，如图 3-37 所示。要取消选择工作簿中的多张工作表，请单击任意未选定的工作表；或右击选定工作表的标签，在弹出的快捷菜单中选择"取消组合工作表"命令。

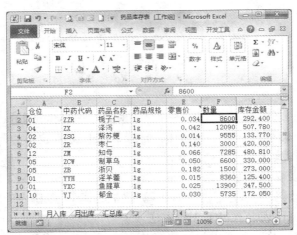

图 3-37　3 个工作表组成一个工作组

本案例中，"仓位"列中内容的输入，需首先输入英文标点单引号"'"，再输入阿拉伯数字"01""04"等，使用文本型数据输入。"零售价"列中的数据，需使用"开始"选项卡"数字"组中的"增加小数位数"按钮设置小数位数为 3 位，如图 3-38 所示。库存金额需利用公式另外进行计算。

（4）对 A1 和 E1 单元格分别插入批注。

① 右击 A1 单元格，在弹出的快捷菜单中选择"插入批注"命令（图 3-39），弹出批注编辑框。默认情况下，批注编辑框的第一行显示当前系统用户的姓名。删除第一行内容，输入"柜号"，单击任一单元格即确认输入。在 A1 单元格的右上角出现一个红色小三角，表示该单元格含有批注。

② 选定 E1 单元格，单击"审阅"选项卡"批注"组中的"新建批注"按钮（图 3-40），同样弹出批注编辑框，清空该框中的内容输入"单位：元"，单击任一单元格确认输入。

图 3-38 "增加小数位数"按钮

图 3-39 选择"插入批注"命令

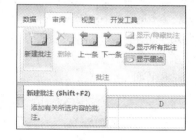

图 3-40 "新建批注"按钮

（5）在"月入库"和"月出库"工作表中利用公式计算库存金额（可安排在 3.3 节中完成）。

① 单击"月入库"工作表标签，然后选定 G2 单元格，在其内输入"="。

② 再选定 E2 单元格，G2 单元格中的公式变为"=E2"，继续输入"*"，最后单击 F2 单元格使公式变为"=E2*F2"（图 3-41），按 Enter 键确认输入。E2 单元格显示计算结果为 292.4，利用"开始"选项卡"数字"组中的"增加小数位数"按钮设置小数位数为 3 位。

③ 选定 G3 单元格，直接在其编辑栏中输入公式"=E3*F3"，即输入公式时也可直接输入单元格名称而不必选定该单元格。

④ 选定 G3 单元格，单击其右下角的填充柄，并用鼠标左键向下拖曳（使用填充柄复制公式），继续完成 G4、G5、G6 等单元格的计算。

⑤ 仿照上述步骤，在"月出库"工作表中计算库存金额。

（6）在"汇总库"工作表中利用公式计算数量和库存金额（可安排在 3.3 节中完成）。

① 选定"汇总库"工作表的 F2 单元格，输入"="。

② 单击"月入库"工作表标签，选定 F2 单元格，如图 3-42 所示。

③ 在编辑栏继续输入"-"，再单击"月出库"工作表标签，选定 F2 单元格（图 3-43），最后按 Enter 键确认公式的输入，即可返回"汇总库"工作表中，F2 单元格显示计算结果为 5400。

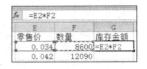  

图 3-41　输入公式 G2=E2*F2　　图 3-42　选定"月入库"F2 单元格　　图 3-43　跨工作表编辑公式

④ 选定 F2 单元格，单击其右下角的填充柄，并用鼠标左键向下拖曳，即可计算出其他中药的数量。仿照步骤（5），继续在"汇总库"工作表中计算库存金额。

（7）保存工作簿。将此工作簿保存在 D 盘，文件名为"药品库存表"。用户也可以对工作簿设置打开密码，通过密码帮助阻止未经授权的访问，从而保护工作簿。其操作方法与 Word 2010 中保存文档和保护文档的方法一致。

值得引起重视的是，用户在使用计算机工作时常会发生一些异常情况，导致文件无法响应等。如果用户正在编辑文件却没能及时保存，再次重启或开机后很难将原文件找回。Microsoft Office 2010 中的定时保存功能可以较好地避免这一问题。在 Excel 2010 中设置定时保存的步骤：单击"文件"选项卡→"选项"命令，弹出"Excel 选项"对话框，如图 3-44 所示。选择左列的"保存"选项，在右侧"保存自动恢复信息时间间隔"中设置所需的时间间隔。

图 3-44　"Excel 选项"对话框的保存工作簿设置

（8）关闭工作簿并退出 Excel 2010。关闭工作簿与退出 Excel 2010 是两个不同的概念，不少用户经常将二者混淆。工作簿窗口作为典型的文档窗口，是嵌套在 Excel 2010 应用程序窗口中的。因此，退出 Excel 2010 后必然也关闭了工作簿，但关闭工作簿不意味着退出 Excel 2010。单击如图 3-45 所示的工作簿　"关闭窗口"按钮，即可关闭工作簿。

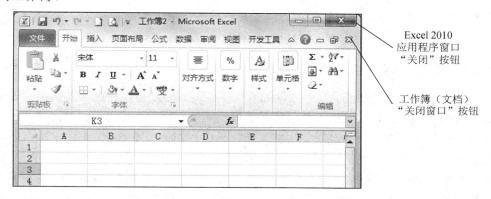

Excel 2010
应用程序窗口
"关闭"按钮

工作簿（文档）
"关闭窗口"按钮

图 3-45　关闭 Excel 2010 应用程序与关闭工作簿

3.2.2　知识点详解

1．新建空白工作簿

空白工作簿是没有使用过的、无任何信息的工作簿，用户可根据需要自行输入和编辑内容。新建工作簿通常有以下几种方法。

（1）初次启动 Excel 就会创建一个名为"工作簿 1"的空白工作簿，再次启动 Excel 即会创建"工作簿 2""工作簿 3"等。

（2）选择"文件"选项卡→"新建"命令，单击"空白工作簿"按钮，再单击窗口右部的"创建"按钮（图 3-46），即可新建一个空白工作簿。也可直接双击"空白工作簿"按钮新建一个空白工作簿。

图 3-46　新建空白工作簿

（3）在 Excel 2010 的快速访问工具栏中单击"新建"按钮，即可新建一个空白工作簿。若在快速访问工具栏中没有找到"新建"按钮，可单击快速访问工具栏右侧的"自定义快速访问工具栏"按钮 ，展开"自定义快速访问工具栏"下拉列表，单击其中的"新建"选项，即可将其添加到快速访问工具栏的按钮中。

（4）通过按组合键 Ctrl+N，同样可以新建一个空白工作簿。

2．新建基于模板的工作簿

Excel 2010 软件中自带了多个预设的模板工作簿，用户可以根据需要制作的表格内容选择对应的模板工作簿。以下是新建基于模板的工作簿的操作方法：选择"文件"选项卡→"新建"命令，选择准备使用的工作簿模板，如单击图 3-46 中的"样本模板"按钮进入"样本模板"列表，在列表中选择准备使用的模板样式（如"贷款分期付款"），再单击右部的"创建"按钮（图 3-47），即可新建一个基于该模板的工作簿。也可在"样本模板"列表中双击准备使用的模板样式，如双击"贷款分期付款"按钮，可以直接创建基于该模板的工作簿。

提示：当计算机接入因特网时，选择"文件"选项卡→"新建"命令后，也可以选择"Office.com 模板"列表下的各类工作簿模板来创建工作簿。选择好某个模板后，单击界面右下角的"下载"按钮，模板下载完成后即创建了一个基于该模板的工作簿。

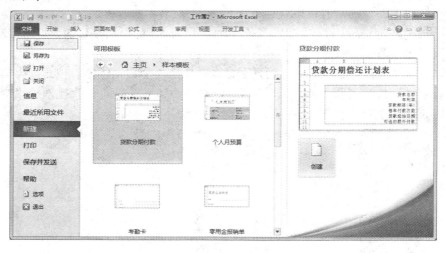

图 3-47　新建基于模板的工作簿

3．插入工作表

Excel 中，一个工作簿默认的工作表数为 3 张，默认名称为 sheet1、sheet2、sheet3。当需要增加新的工作表时，可使用以下 4 种方法。

（1）单击工作表标签右侧的"插入工作表"按钮（图 3-48），即可在工作表标签的右侧插入新的空白工作表。

（2）按组合键 Shift+F11，插入的新工作表在活动工作表的左侧，效果如图 3-48 所示。

图 3-48 插入新工作表效果图

（3）右击工作表标签，在弹出的快捷菜单中选择"插入"命令（图 3-49），在弹出的"插入"对话框中选择"工作表"图标，最后单击"确定"按钮（图 3-50），即可在当前工作表标签处创建一张空白工作表。也可选择"电子表格方案"选项卡中的各模板图标，来创建基于该模板的工作表。

图 3-49 右击工作表标签后弹出的快捷菜单

图 3-50 "插入"对话框

（4）单击"开始"选项卡"单元格"组中的"插入"下拉按钮，在展开的下拉列表中选择"插入工作表"选项即可，如图 3-51 所示。

4. 删除工作表

删除工作表的步骤如下：①选定要删除的工作表；②右击工作表标签，在弹出的快捷菜单（图 3-49）中选择"删除"命令；或者单击"开始"选项卡"单元格"组中的"删除"下拉按钮，在展开的下拉列表中选择"删除工作表"选项（图 3-52）；③以上操作中，若删除的是有数据的工作表，会弹出警告对话框，如图 3-53 所示；④单击"删除"按钮确定删除，单击"取消"按钮则取消该删除操作。

图 3-51 "插入"下拉列表

 提示：随工作表删除的数据是无法依靠单击快速访问工具栏中的"撤销"按钮来恢复的。

图 3-52 "删除"下拉列表

图 3-53 删除工作表的警告对话框

5. 移动或复制工作表

工作表的移动和复制，既可以在同一个工作簿窗口中进行，也可以在不同的工作簿窗口之间进行。常用的方法有以下 3 种。

（1）单击"开始"选项卡"单元格"组中的"格式"下拉按钮，在展开的下拉列表中选择"移动或复制工作表"选项（图 3-54），弹出如图 3-55 所示的"移动或复制工作表"对话框。在该对话框中选择目标工作簿和工作表的位置，单击"确定"按钮即可。若勾选"建立副本"复选框即为复制工作表；若未勾选该复选框，则为移动工作表。目标工作簿可以是已打开的任意一个工作簿，也可以是即将新建的空白工作簿。

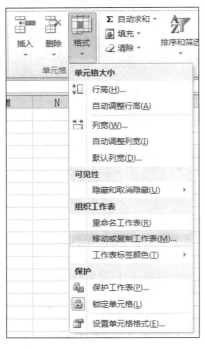

图 3-54 "格式"下拉列表　　　　图 3-55 "移动或复制工作表"对话框

（2）右击工作表标签，在弹出的快捷菜单（图 3-49）中选择"移动或复制"命令，弹出"移动或复制工作表"对话框（图 3-55），操作同上。

（3）选定要移动或复制的工作表的标签，可按住 Ctrl 键选定多个不连续工作表，也可按住 Shift 键选定多个连续工作表，拖曳鼠标至目标位置放开，即可移动工作表。拖曳的同时按住 Ctrl 键则可复制工作表（鼠标指针顶部会出现黑色小加号）。此方法只适用于在同一个工作簿窗口中对工作表进行移动或复制。

6. 保护工作表

启用保护工作表后，可阻止其他用户修改工作表中的内容，除已知撤销保护工作表所需密码的用户外，其他用户均只能选定单元格而无法修改。需注意的是，保护工作表功能必须与锁定单元格（图 3-56）搭配使用，否则无保护意义。

默认情况下，Excel 工作表中的所有单元格均为锁定状态。单击行、列号相交处的选定所有单元格按钮，再单击"开始"选项卡"单元格"组中的"格式"下拉按钮，在展开的下拉列表中选择"设置单元格格式"选项，弹出"设置单元格格式"对话框（图 3-57），切换到该对话框的"保护"选项卡，确认所有单元格均为锁定状态。

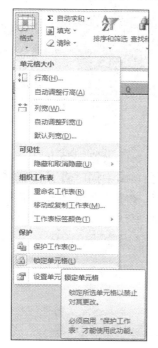

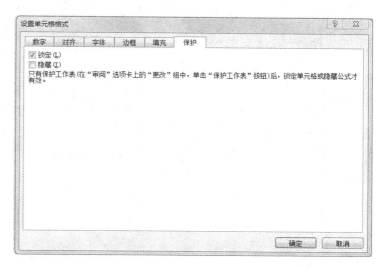

图 3-56　锁定单元格　　　　图 3-57　"设置单元格格式"对话框的"保护"选项卡

右击要保护的工作表标签，在弹出的快捷菜单（图 3-49）中选择"保护工作表"命令，或单击"开始"选项卡"单元格"组中的"格式"下拉按钮，在展开的下拉列表中选择"保护工作表"命令，或单击"审阅"选项卡"更改"组中的"保护工作表"命令，均弹出图 3-58 所示的"保护工作表"对话框。在该对话框中勾选"允许此工作表的所有用户进行"的操作（即设置权限），一般只勾选前两项，再设置"取消工作表保护时使用的密码"（该密码务必要设置，否则不需要密码即可取消保护工作表功能），再单击"确定"按钮。继而弹出"确认密码"对话框，要求再次输入密码，密码最终确认后，则启用了保护工作表的功能。若需取消保护，右击工作表标签，在弹出的快捷菜单中选择"撤销工作表保护"命令，即会弹出图 3-59 所示的"撤销工作表保护"对话框，输入"取消工作表保护时使用的密码"即可撤销工作表保护。

提示：上述步骤启用的是对整张工作表所有单元格的保护，也可只启动对工作表中部分单元格的保护。只需将所有单元格的默认"锁定"状态全部取消，重新选定部分单元格设置"锁定"状态，再进行保护工作表的设置即可。

图 3-58 "保护工作表"对话框　　　　图 3-59 "撤销工作表保护"对话框

7. 拆分和冻结工作表

拆分工作表就是把当前工作表窗口拆分成几个窗格，并且在每个窗格中都可以通过滚动条来浏览工作表中的任意一部分内容，方便用户在一个文档窗口中同时查看分隔较远的工作表部分。单击"视图"选项卡"窗口"组中的"拆分"按钮，即可将一个工作表从活动单元格处拆分为多个大小可调的窗格，如图 3-60 所示。

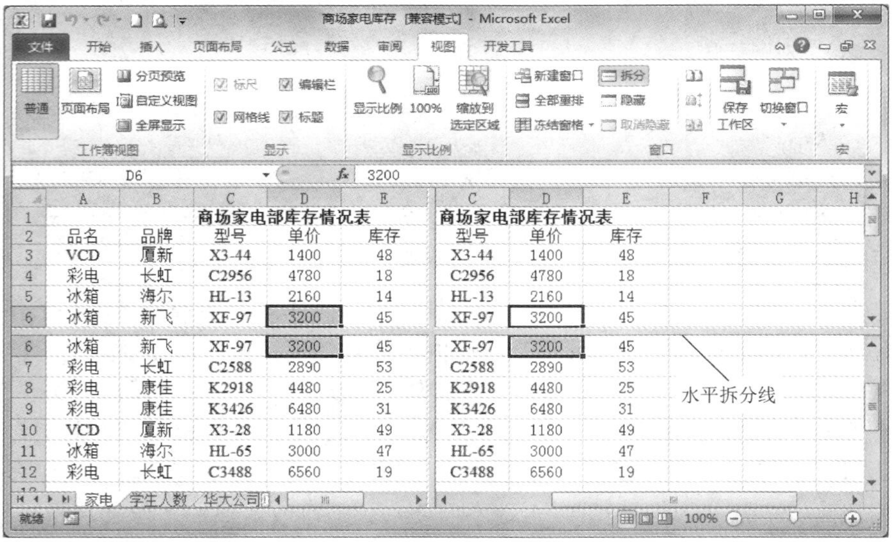

图 3-60 拆分工作表

执行"拆分"命令后，"拆分"按钮相应的位置变为"取消拆分"，单击该按钮可使工作表还原成初始状态。也可分别双击窗口中的水平拆分线和垂直拆分线来取消拆分；还可以直接拖曳水平拆分线至窗口底部或顶部取消纵向拆分，拖曳垂直拆分线至窗口最右部或最左部取消横向拆分，将工作表窗口还原。反之，用户也可以拖曳垂直滚动条上部的水平拆分线按钮实现纵向上的窗口拆分，拖曳水平滚动条右部的垂直拆分线按钮实现横向上的窗口拆分，如图 3-61 所示。

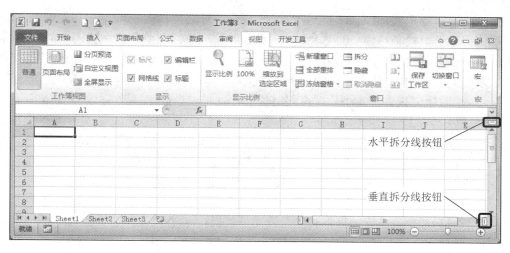

图 3-61　水平拆分线按钮和垂直拆分线按钮

利用 Excel 工作表的冻结功能达到固定显示某区域的效果，即保持工作表的某一部分在其他部分滚动时可见。单击"视图"选项卡"窗口"组中的"冻结窗格"下拉按钮，在展开的下拉列表中选择"冻结拆分窗格"选项，可以将一个工作表从活动单元格处分割为多个区域。靠左上角的区域将被固定显示（即被冻结），使用水平或垂直滚动条拖曳，原活动单元格上方的行和左侧的列均可见。冻结工作表虽然也是将当前工作表分成几个窗格，但与拆分工作表不同的是，冻结工作表会将活动单元格的左上区域锁定。通常用于冻结行标题和列标题，然后通过滚动条来查看工作表其他部分的内容。

执行"冻结拆分窗格"命令后，该命令相应的位置变为"取消冻结窗格"命令，单击该命令可使工作表还原成初始状态。

8. 单元格的输入操作

1）直接输入数据

选定单元格后即可输入数据。在单元格输入结束时按 Enter 键、Tab 键或单击编辑栏中的"输入"按钮确定输入，即可将数据存放在选定的单元格中；按 Esc 键或单击编辑栏的"取消"按钮则放弃输入。若选定的是多个单元格，按 Enter 键确认输入的内容只会显示在活动单元格中；按组合键 Ctrl+Enter 确认输入，可使所有被选定的单元格输入同样的内容。

Excel 允许用户向单元格输入两种形式的数据，即常量和公式。公式必须以"="开头，而常量是直接输入的量，包括文本、数值、日期和时间。默认情况下，文本型数据左对齐，数值、日期和时间型数据右对齐。

（1）输入文本型数据。任何可用键盘输入的符号都可作为文本型数据。对于数字形式的文本型数据，如编号、电话、身份证号（这类号码无须进行算术运算）等，应在数字前添加英文单引号"'"。特别情况，如身份证号，由于 Excel 中数字输入超过 11 位会按科学计数法表示，如一个身份证号 420033198202054233，直接输入会变为

"4.20033E+17"的形式,且后 3 位会变为 0,该身份证号则被输入成 420033198202054000,故输入时应为"'420033198202054233"。又如编号 0001,在单元格中输入 0001 后,按 Enter 键确认会发现,Excel 自动将开头的 3 个 0 取消了,只显示数字 1,且靠右对齐,将之视为数值型数据,认为开头的 0 皆无意义,故输入时应为"'0001"。值得注意的是,若将阿拉伯数字转换为文本型后,再利用其进行公式或函数计算,一般不能得到正确的结果。

在一个单元格内,按组合键 Alt+Enter 可将输入的内容换行分段显示。

(2)输入数值型数据。数值型数据由数字 0～9 组成,还包括+、-、/、E、e、$、%,以及小数点"."和千分位符号","等特殊字符。输入时要注意以下几点。

① 正、负数按正常方式输入,如 123、-1.23。

② 输入分数时,系统通常将其作为日期型数据,如输入"4/5",却显示"4 月 5 日"。要避免这种情况,应先输入"0"和空格。例如,输入"0 4/5",单元格中显示的是分数 4/5。

③ 输入小数时,小数末尾的 0 若未能显示,主要是因为数据格式的设置问题。单击"开始"选项卡"数字"组中的"增加小数位数"按钮,即可保留末尾的 0。

④ 输入数值型数据(包括日期型数据)时,有时单元格中会出现符号"###",这是因为单元格列宽不够,不足以显示全部数值,此时加大单元格列宽即可。

(3)输入日期型数据。Excel 内置了一些日期、时间格式,当输入的数据与这些格式相匹配时,Excel 会自动识别。Excel 日期格式用"/"或"-"分隔,如"2013/4/8"。若单元格中显示的日期形式不满足用户需求,可右击该单元格,弹出"设置单元格格式"对话框,在"数字"选项卡的分类中修改日期的表达形式。Excel 时间格式用冒号":"分隔,为"hh:mm",是以 24 小时计的。若要以 12 小时计,可在时间后加 AM(am)或 PM(pm),AM(am)或 PM(pm)与时间之间要空一格,如 8:20 AM,否则会被当作字符处理。按组合键 Ctrl+;可输入当前系统日期,按组合键 Ctrl+Shift+;可输入当前系统时间。

2)快速输入数据

(1)记忆式输入。当输入的内容与同列中已输入的内容相匹配时,系统将自动填写其他字符(图 3-62),按 Enter 键确认输入即可。

(2)选择列表输入。右击单元格,在弹出的快捷菜单中选择"从下拉列表中选择"命令,如图 3-63 所示;或选定单元格后,按组合键 Alt+↓。两种操作方式都将显示一个输入列表,从中选择要输入的数据项即可,如图 3-64 所示。这种方法可避免因人工输入的内容不一致(如同一学院可能被输入不同的名字,"信息工程学院"或"信息学院"),导致统计结果不准确的问题。

3)输入批注

编制的工作表很多时候不仅供自己使用,还要提供给他人使用。这就需要在单元格中添加一些注解。这种注解性内容在 Excel 中称为批注。批注隐藏在单元格中,指向单元格即可显示。

(1)编辑批注。右击含有批注的单元格,在弹出的快捷菜单中选择"编辑批注"命令；或者选定含有批注的单元格后，单击"审阅"选项卡"批注"组中的"编辑批注"按钮，即进入批注的编辑状态。

图 3-62　记忆式输入　　　图 3-63　选择"从下拉列表中选择"命令　　　图 3-64　选择列表输入

（2）删除批注。右击含有批注的单元格，在弹出的快捷菜单中选择"删除批注"命令；或者选定含有批注的单元格后，单击"审阅"选项卡"批注"组中的"删除"按钮，即可删除批注。

（3）取消显示/隐藏批注。右击含有批注的单元格，在弹出的快捷菜单中选择"显示/隐藏批注"命令；或者选定含有批注的单元格后，单击"审阅"选项卡"批注"组中的"显示/隐藏批注"按钮，则本来隐藏的批注将显示出来，而本来显示的批注将隐藏起来。单击"审阅"选项卡"批注"组中的"显示所有批注"按钮，可使所有的批注一同显示或隐藏。

3.3　单元格的编辑操作与公式、函数

3.3.1　"九九乘法表"的制作

1．案例知识点及效果图

本案例主要运用以下知识点：单元格的编辑与格式设置，单元格的自动填充，单元格内容的自动换行，利用公式进行计算，单元格的相对引用、绝对引用、混合引用，利用填充柄复制公式，设置条件格式等。案例效果如图 3-65 所示。

2．操作步骤

1）标题的制作

合并 A1:J1 单元格并居中，输入标题"九九乘法表"，如图 3-66 所示。

列号\行号	1	2	3	4	5	6	7	8	9
1	1	2	3	4	5	6	7	8	9
2	2	4	6	8	10	12	14	16	18
3	3	6	9	12	15	18	21	24	27
4	4	8	12	16	20	24	28	32	36
5	5	10	15	20	25	30	35	40	45
6	6	12	18	24	30	36	42	48	54
7	7	14	21	28	35	42	49	56	63
8	8	16	24	32	40	48	56	64	72
9	9	18	27	36	45	54	63	72	81

图 3-65　"九九乘法表"样图

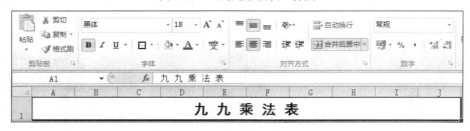

图 3-66　标题"九九乘法表"的制作

也可选定 A1:J1 单元格区域后，单击"开始"选项卡"单元格"组中的"格式"下拉按钮，在展开的下拉列表中选择"设置单元格格式"命令，在弹出的"设置单元格格式"对话框中，选择"对齐"选项卡，将"水平对齐"和"垂直对齐"都设置为居中，并勾选"合并单元格"复选框，如图 3-67 所示。

图 3-67　单元格的合并及居中

2）斜线表头的制作

（1）选定 A2 单元格，在其中输入表头内容"行号列号"，按 Enter 键确认输入。

（2）右击 A2 单元格，在弹出的快捷菜单中选择"设置单元格格式"命令，弹出"设置单元格格式"对话框。选择"对齐"选项卡,设置"水平对齐"为"常规","垂直对齐"为"居中",并勾选"自动换行"复选框。

（3）切换到"设置单元格格式"对话框的"边框"选项卡,单击斜线边框按钮（图 3-68）,然后单击"确定"按钮。

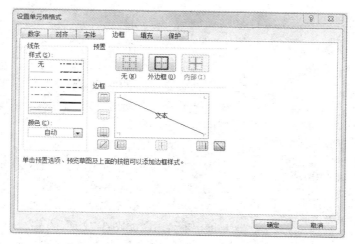

图 3-68　设置单元格的斜线边框

（4）在 A2 单元格的"行号列号"前输入空格,调整"列号"两字至超出单元格右边界,按 Enter 键确认,"列号"会自动转移到下面一行。

3）调整行高与列宽

将鼠标指针置于第 2 行行号 2 的下方,直至出现调整行高的图标后,按住鼠标左键拖曳,将第 2 行行高增大。将鼠标指针置于列号 A 的右边线上,直至出现调整列宽的图标后,按住鼠标左键向右拖曳,将 A 列列宽加大。其他各行各列若有需要,也可自行调整。

调整列宽后,表头自动换行达成的效果可能发生改变,需继续在"行号"前增加空格。

4）输入并填充行号和列号

在 B2、C2 单元格中输入 1、2 后,选定 B2:C2 单元格区域。用鼠标左键拖曳其右下角的填充柄（图 3-69）至 J2 单元格,即可快速填充乘法表的 D2～J2 单元格,填充结果如图 3-70 所示。同理也可快速实现 A3～A11 单元格中内容的输入。

此处还可以利用选择性粘贴,实现 A3～A11 单元格内容的输入。选定 B2:J2 单元格区域后,按组合键 Ctrl+C 复制该区域,再右击 A3 单元格,在弹出的快捷菜单中选择"粘贴选项"中的第 4 个选项"转置"（图 3-71）,即可实现横行变竖列的粘贴效果。

图 3-69　输入等差数列的前两项

图 3-70　利用填充柄填充等差数列

图 3-71　选择性粘贴"倒置"选项

5）应用公式

（1）在 B3 单元格中输入公式"=B2*A3"，可以计算出 B3 单元格的值，即 1×1=1；同理也可以计算出其他各单元格的值，共计 81 项，工作量非常大。该公式若采用单元格的混合引用，即能快速完成 81 项的输入。

（2）Excel 中提供了相对引用、绝对引用和混合引用 3 种单元格的引用方式。B3 单元格中的公式应采用混合引用，具体操作步骤如下：

① 在 B3 单元格中输入公式"=B$2*$A3"，按 Enter 键确认，如图 3-72 所示。

② 选定 B3 单元格，用鼠标左键拖曳其右下角的填充柄至 J3 单元格，将出现如图 3-73 所示的填充效果。

图 3-72　在 B3 单元格中输入公式

图 3-73　利用填充柄复制公式至 J3 单元格

③ 选定 B3:J3 单元格区域（图 3-73），再次利用其区域右下角的填充柄，用鼠标左键拖曳填充柄至 J11 单元格，就可以将数据区域填充完毕生成"九九乘法表"，如图 3-74 所示。

6）单元格颜色的填充

（1）选定 A2:J2 单元格区域后，按住键盘的 Ctrl 键再单击选定 A3:A11 单元格区域。单击"开始"选项卡"单元格"组中的"格式"下拉按钮，在展开的下拉列表中选择"设置单元格格式"选项，弹出"设置单元格格式"对话框。

（2）选择"设置单元格格式"对话框的"填充"选项卡，单击"填充效果"按钮，弹出"填充效果"对话框，使用双色填充底纹，如图 3-75 所示。最后单击"确定"按钮。

	1	2	3	4	5	6	7	8	9
1	1	2	3	4	5	6	7	8	9
2	2	4	6	8	10	12	14	16	18
3	3	6	9	12	15	18	21	24	27
4	4	8	12	16	20	24	28	32	36
5	5	10	15	20	25	30	35	40	45
6	6	12	18	24	30	36	42	48	54
7	7	14	21	28	35	42	49	56	63
8	8	16	24	32	40	48	56	64	72
9	9	18	27	36	45	54	63	72	81

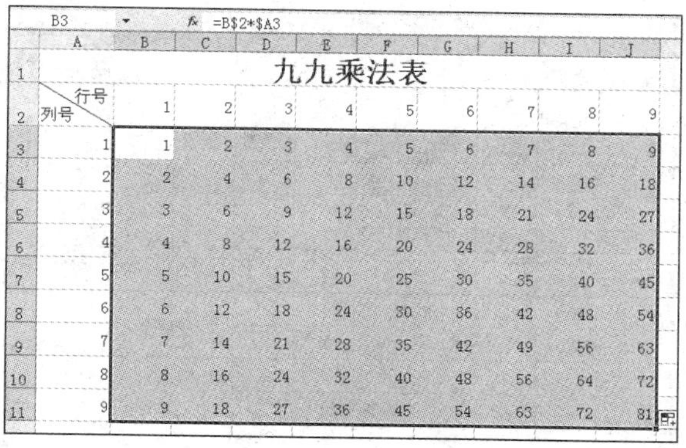

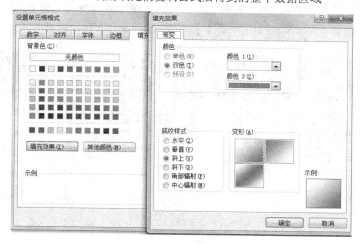

图 3-74　利用填充柄复制公式后得到的整个数据区域

图 3-75　设置单元格的双色底纹填充

（3）选定表格内部的 81 个单元格，再单击“开始”选项卡“样式”组中的“条件格式”下拉按钮，在展开的下拉列表中选择“突出显示单元格规则”→“其他规则”命令，弹出“新建格式规则”对话框。参照图 3-76 设置条件为“单元格值小于或等于 10”，再单击“格式按钮”弹出“设置单元格格式”对话框，选择“填充”选项卡，将底纹颜色设置为浅红色。

（4）重复步骤（3），将“单元格值介于 11 到 40”的单元格设置为黄色底纹，参见图 3-77。将“单元格值大于或等于 40”的单元格设置为绿色底纹，参见图 3-78。

（5）单击选定表格内部的 81 个单元格，再单击“开始”选项卡“样式”组中的“条件格式”下拉按钮，在展开的下拉列表中选择“管理规则”选项，弹出“条件格式规则管理器”对话框，并检查所有的条件格式是否正确，具体设置条件可参照图 3-79。

7）设置单元格中内容的对齐方式

选定除表头外的整个数据区域，单击“开始”选项卡“对齐方式”组中的“垂直居中”和“居中”按钮，将单元格内容都设置为居中对齐即可。

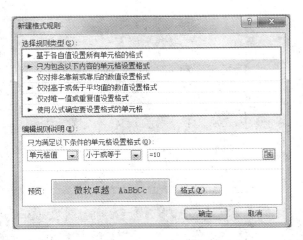

图 3-76 "单元格值小于或等于 10"的条件格式设置

图 3-77 "单元格值介于 11 到 40"的条件格式设置

图 3-78 "单元格值大于或等于 40"的条件格式设置

图 3-79 九九乘法表"条件格式规则管理器"对话框

8）设置单元格的边框

选定 A1:J11 单元格区域，单击"开始"选项卡"字体"组中的边框下拉按钮，在展开的下拉列表中选择"所有框线"选项和"粗匣框线"选项，给所有选定单元格添加边框线，并将外框设置为粗线，如图 3-65 所示。

至此，九九乘法表制作完毕。保存工作簿至 D 盘，命名为"学号姓名"。

3.3.2 "考试成绩表"的制作

1. 案例知识点及效果图

本案例主要运用以下知识点：单元格的编辑与格式设置，单元格内容的强制换行，利用公式和函数进行计算，关系运算符和文本运算符的使用，单元格的相对引用、绝对引用，利用填充柄复制函数，设置条件格式等。案例效果图如图 3-80 所示。本案例中的总分和平均分可使用公式进行计算（公式的使用方法不再赘述），以下操作步骤主要利用函数进行计算。

姓名＼科目	政治	数学	药理	英语	总分	平均分	总评等级	总分排名
于龙	90	60	80	85	315	78.75	一般	第6名
叶冲	92	80	92	69	333	83.25	良好	第2名
章伟	94	76	81	80	331	82.75	良好	第3名
李强	85	92	68	78	323	80.75	良好	第4名
吕文房	91	91	72	86	340	85.00	优秀	第1名
蓝和	72	58	80	79	289	72.25	一般	第7名
罗枫	93	73	80	71	317	79.25	一般	第5名

图 3-80 "考试成绩表"效果图

2. 操作步骤

1）输入除总分和平均分以外的所有数据内容

在 B3 单元格中，输入"科目"后，按组合键 Alt+Enter 强制换行，再输入"姓名"。

注意：在"科目"前保留适当的空格，使其尽量靠近单元格右部。

选定 B2:J2 单元格区域，再单击"开始"选项卡"对齐方式"组中的"合并后居中"按钮，在其内输入标题"考 试 成 绩 表"并按 Enter 键确认输入，设置其字体格式为"华文彩云""18 号""加粗"。

2）调整行高与列宽

将鼠标指针置于第 3 行行号 3 的下方，直至出现调整行高的图标后，按住鼠标左键向下拖曳，增大第 3 行行高。将鼠标指针置于列号 B 的右边线上，直至出现调整列宽的图标后，按住鼠标左键拖曳，将 B 列的列宽加大。其他各行各列若有需要，也可自行调整。

3）单元格的边框与底纹设置

（1）选定 B3:J10 单元格区域，单击"开始"选项卡"字体"组中的边框下拉按钮，在展开的下拉列表中选择"其他边框"选项，打开"设置单元格格式"对话框的"边框"选项卡，如图 3-81 所示。

（2）单击选定该对话框"样式"列表中的最粗线，再在"颜色"下拉列表中选定红色，最后单击"外边框"按钮，给选定的单元格区域添加加粗的红色外边框；单击选定该对话框"样式"列表中的虚线，再在"颜色"下拉列表中选定浅蓝色，最后单击"内部"按钮，给选定的单元格区域添加浅蓝色虚线内框，如图 3-81 所示。单击"确定"按钮确认更改。

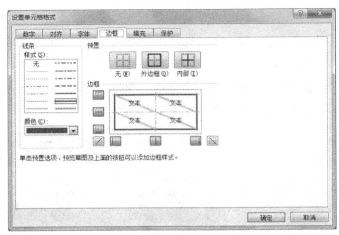

图 3-81　设置表格的边框

（3）右击 B3 单元格，在弹出的快捷菜单中选择"设置单元格格式"命令，弹出"设置单元格格式"对话框。切换到其"边框"选项卡，选定样式列表中的虚线，再在"颜色"下拉列表中选定浅蓝色（图 3-82），然后单击斜线边框按钮，最后单击"确定"按钮应用浅蓝色虚线斜内框。

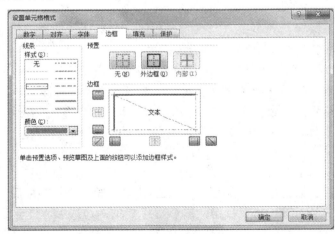

图 3-82　设置 B3 单元格的斜线边框

（4）设置 B3:J3 及 B4:B10 单元格区域的底纹颜色为蓝白双色填充。具体操作方法可参照"九九乘法表"案例中的相应操作自行设置。

4）条件格式的设置

（1）选定 C4:F10 单元格区域，再单击"开始"选项卡"样式"组中的"条件格式"

下拉按钮，在展开的下拉列表中选择"突出显示单元格规则"→"小于"命令，弹出如图 3-83 所示的"小于"对话框，将不及格的分数设置为"浅红填充色深红色文本"格式。

（2）选定 C4:F10 单元格区域，单击"开始"选项卡"样式"组中的"条件格式"下拉按钮，在展开的下拉列表中选择"突出显示单元格规则"→"其他规则"命令，弹出"新建格式规则"对话框。参照图 3-84 设置条件为"单元格值大于或等于 90"，再单击"格式"按钮，弹出"设置单元格格式"对话框，将该区域中大于或等于 90 分的单元格设置为黄色底纹、加粗字体格式。

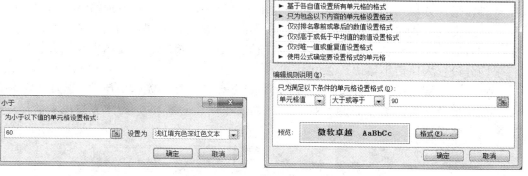

图 3-83 单元格值小于 60 的条件格式设置   图 3-84 单元格值大于或等于 90 的条件格式设置

选定设置完毕后的分数区域，单击"开始"选项卡"样式"组中的"条件格式"下拉按钮，在展开的下拉列表中选择"管理规则"命令，弹出"条件格式规则管理器"对话框，其条件格式应如图 3-85 所示。

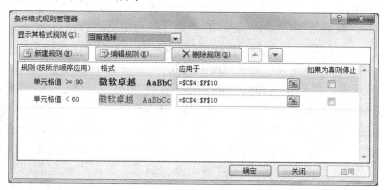

图 3-85 考试成绩表"条件格式规则管理器"对话框

5）用 SUM 函数计算各位同学的总分

选定 G4 单元格，再单击"开始"选项卡"编辑"组中的"Σ 自动求和"按钮，出现如图 3-86 所示的 SUM 函数。按 Enter 键确认求和范围为 C4:F4，即可自动将于龙的分数求和，并将计算结果填入 G4 单元格。再选定 G4 单元格，单击其右下角的填充柄，并用鼠标左键拖曳的方式，向下拖曳进行函数复制，即可计算出各位同学的总分。

科目 姓名	政治	数学	药理	英语	总分	平均分	总评等
于龙	90	60	80		=SUM(C4:F4)		一般
叶冲	92	80	92	69	SUM(number1, [number2], ...)		

图 3-86　SUM 函数

6）用 AVERAGE 函数计算各位同学所有科目的平均分

选定 H4 单元格，再单击"开始"选项卡"编辑"组中的"Σ自动求和"下拉按钮，在展开的下拉列表中选择"平均值"选项，即出现如图 3-87 所示的 AVERAGE 函数。选定 C4:F4 单元格区域，即可替换 C4:G4 单元格区域。按 Enter 键确认，即可将于龙的所有科目平均分填入 H4 单元格。再选定 H4 单元格，单击其右下角的填充柄，并用鼠标左键拖曳的方式向下拖曳进行函数复制，即可计算出各位同学的所有科目平均分。选定 H4:H10 单元格区域，单击"开始"选项卡"数字"组中的"增加小数位数"按钮，将平均分设置为保留小数位数 2 位。

提示：若默认求和或求平均值的单元格范围不能满足所需，只要单元格范围被黑色覆盖（如图 3-87 所示，C4:G4 被黑色覆盖），即可直接拖曳鼠标重新选定单元格区域。

科目 姓名	政治	数学	药理	英语	总分	平均分	总评等级	总分排名
于龙	90	60	80	85	=AVERAGE(C4:G4)			第6名
叶冲	92	80	92	69	333	AVERAGE(number1, [number2], ...)		

图 3-87　AVERAGE 函数

7）用 IF 函数计算各位同学的总评等级

总评等级使用 IF 函数来完成。平均分大于或等于 85 为"优秀"，平均分大于或等于 80 且小于 85 为"良好"；其他为一般。IF 函数一般可进行两种情况的判断，本实验的总评等级分为三等，因此需要两个 IF 函数嵌套完成判断。I4=IF(H4>=85,"优秀",IF(H4>=80,"良好","一般"))或 I4=IF(H4>=85,"优秀",IF(H4<80,"一般","良好"))均可计算出正确的等级。

选定 I4 单元格，再单击编辑栏中的"插入函数"按钮，弹出如图 3-88 所示的"插入函数"对话框。在"常用函数"类别中选择 IF 函数并单击"确定"按钮，即弹出如图 3-89 所示的"函数参数"对话框。"Logical_test"栏内输入测试条件"H4>=85"，"Value_if_true"栏内输入"优秀"，代表若符合测试条件则显示优秀，参照图 3-89 或图 3-90 输入"Value_if_false"栏内的内容均可。最后，单击"确定"按钮返回单元格，显示"一般"等级。单击 I4 单元格右下角的填充柄，并用鼠标左键拖曳的方式向下拖曳进行函数复制，即可计算出每位同学的总评等级。

8）用 RANK 函数计算各位同学的总分排名

选定 J4 单元格，再单击编辑栏中的"插入函数"按钮，弹出如图 3-88 所示的"插入函数"对话框。在"全部"类别中选择 RANK 函数，并单击"确定"按钮，即弹出如图 3-91 所示的"函数参数"对话框。"Number"栏内输入"G4"（也可直接单击 G4 单元格），"Ref栏"内输入"G4:G10"（也可直接拖曳选定 G4:G10 单元格区域），代表需要在 G4:G10 单元格区域内查找 G4 单元格中值的排位。"Order"栏可为空，该栏为 0 或为空代表降序排位，其他任意值则代表升序排位。单击"确定"按钮返回单元格，显示 6。

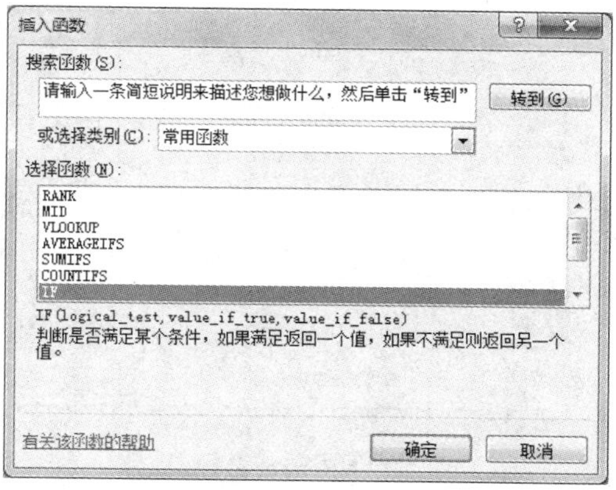

图 3-88 "插入函数"对话框

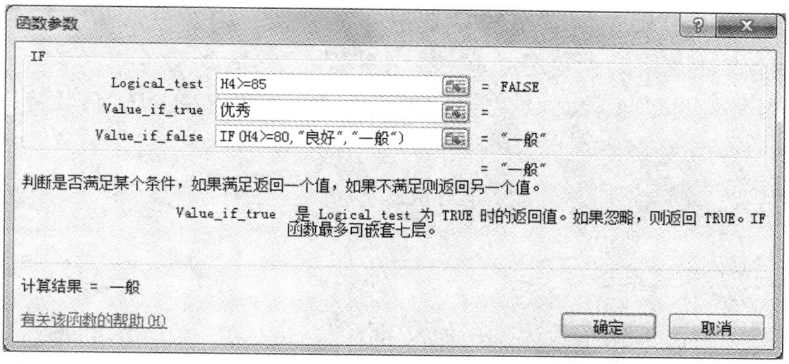

图 3-89 IF 函数参数对话框（一）

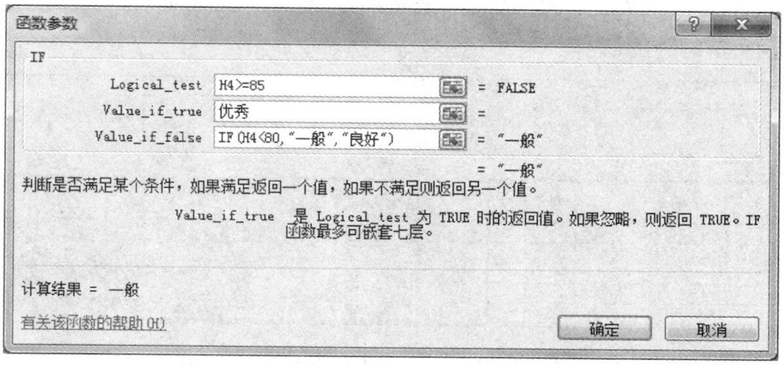

图 3-90 IF 函数参数对话框（二）

由于结果需显示为"第 6 名"，且为保证使用填充柄复制函数时，排序区域 G4:G10 不变，需对 J4 单元格中的公式进行修改。单击 J4 单元格的编辑栏，将原公式"J4=RANK (G4,G4:G10)"修改为 "J4="第"&RANK(G4,$G$4:$G$10,0)&"名""。$G$4:$G$10 是单元格区域的绝对引用，也可简化为混合引用 G$4:G$10,&则为文本连接运算符。按 Enter

键确定后再选定 J4 单元格，单击其右下角的填充柄，并用鼠标左键拖曳的方式向下拖曳进行函数复制，即可计算出各位同学的总分排名。

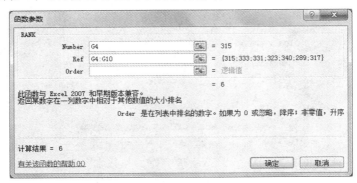

图 3-91   RANK 函数参数对话框

9）保存

由于鼠标左键拖曳填充柄实现的复制是完全复制，内边框线也会被复制到最后一行，因此需自行修补表格的红色外边框线，并保存工作簿到 D 盘。

思考：本例共使用了 4 种函数，能否增加一列？试用 ROUND 函数将平均分保留为整数。

3.3.3   "门诊医生接诊数据表"的制作（二）

1. 案例知识点及效果图

本案例主要运用以下知识点：利用函数进行统计计算，单元格的绝对引用、相对引用，利用填充柄复制函数等，案例效果如图 3-92 所示。本案例需使用较为复杂的函数，且大部分是与 IF 函数相关的系列函数，请熟练掌握"考试成绩表"案例中 IF 函数的使用方法后再进行本案例的制作。

| K4 | | fx | =AVERAGEIFS(C:C,A:A,E4,B:B,">=2016-4-1",B:B,"<=2016-4-30") | | | | | | | | |

某医院门诊接诊病人情况表										
接诊日期、人数一览表1				接诊次数、人数统计表2						
姓名＼接诊	日期		接诊人数	姓名＼接诊	接诊总次数	接诊总人数	三月接诊人数	四月接诊人数	三月平均接诊人数	四月平均接诊人数
张　明	2016年3月4日	星期五	25	张　明	5	71	40	31	13.3	15.5
王　平	2016年3月4日	星期五	15	王　平	2	33	15	18	15	18
李　英	2016年3月6日	星期日	20	陈　刚	4	66	30	36	15	18
张　明	2016年3月8日	星期二	10	李　英	4	75	36	39	18	19.5
陈　刚	2016年3月11日	星期五	20	陈立军	3	61	8	53	8	26.5

图 3-92   "某医院门诊接诊病人情况表"效果图（二）

2. 操作步骤

1）统计接诊日期、人数一览表 1 中的接诊次数和接诊人数

在 3.1 节的案例中，已完成该表的格式设置。选定 C22 单元格，再单击"开始"选项卡"编辑"组中的"Σ自动求和"下拉按钮，在展开的下拉列表中选择"计数"选项

（图 3-93），即出现如图 3-94 所示的 COUNT 函数。按 Enter 键确认计数范围为 C4:C21，即可统计出接诊次数合计为 18 次。

选定 C23 单元格，再单击功能区"开始"选项卡"编辑"组中的"Σ 自动求和"按钮，出现如图 3-95 所示的 SUM 函数。选定 C4:C21 单元格区域，即可替换 C4:C22 区域。按 Enter 键确认，即可统计出接诊人数合计为 306 人。

图 3-93　"Σ自动求和"下拉列表

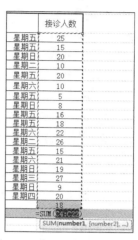

图 3-94　COUNT 函数

图 3-95　SUM 函数

2）用 COUNTIF 函数计算各位医生的接诊总次数

选定 F4 单元格，再单击编辑栏的"插入函数"按钮，弹出如图 3-96 所示的"插入函数"对话框。在"统计"类别中选择 COUNTIF 函数，并单击"确定"按钮，即弹出如图 3-97 所示的 COUNTIF"函数参数"对话框。Range 栏内输入"A4:A21"（也可直接拖曳选定 A4:A21 单元格区域），Criteria 栏内输入"E4"（也可直接单击 E4 单元格），代表需要在 A4:A21 单元格区域内查找 E4 单元格中的"张　明"共出现几次。单击"确定"按钮返回单元格，显示 5。

图 3-96　"插入函数"对话框之"统计"类别

图 3-97　COUNTIF"函数参数"对话框

为确保使用填充柄复制函数时，查找区域 A4:A21 不变，返回 F4 的编辑栏，将公式修改为 F4=COUNTIF($A$4:$A$21,E4)或 F4= COUNTIF(A$4:A$21,E4)，按 Enter 键确认

更改。再选定 F4 单元格，单击其右下角的填充柄，并用鼠标左键向下拖曳，即可统计出各位医生的接诊总次数。

3）用 SUMIF 函数计算各位医生的接诊总人数

选定 G4 单元格，再单击编辑栏的"插入函数"按钮，弹出如图 3-98 所示的"插入函数"对话框。在"数学与三角函数"类别中选择 SUMIF 函数，并单击"确定"按钮，即弹出如图 3-99 所示的 SUMIF"函数参数"对话框。Range 栏内输入"A4:A21"（也可直接拖曳选定 A4:A21 单元格区域），Criteria 栏内输入"E4"（也可直接单击 E4 单元格），Sum_range 栏内输入"C4:C21"（也可直接拖曳选定 C4:C21 单元格区域），代表需要在 A4:A21 单元格区域内查找 E4 单元格中的"张　明"，找到后需将 C4:C21 单元格区域中"张　明"所在行的接诊人数相加。单击"确定"按钮返回单元格，显示 71。

图 3-98　"插入函数"对话框之"数学与三　　　　图 3-99　SUMIF"函数参数"对话框
角函数"类别

为确保使用填充柄复制函数时，查找区域 A4:A21 和求和区域 C4:C21 均不变，返回 G4 单元格的编辑栏，将公式修改为 G4=SUMIF($A$4:$A$21,E4,$C$4:$C$10)或 G4=SUMIF(A$4:A$21,E4,C$4:C$10)。按 Enter 键确定后再选定 G4 单元格，单击其右下角的填充柄，并用鼠标左键向下拖曳，即可统计出各位医生的接诊总人数。

4）用 SUMIFS 函数统计各位医生的三月接诊人数

SUMIF 函数用于对满足单个条件的单元格求和，SUMIFS 函数则适用于对满足多个条件的单元格进行求和。例如，本案例中需统计各位医生的三月接诊人数，即需同时满足日期和姓名两个条件，需使用 SUMIFS 函数。

选定 H4 单元格，再单击编辑栏的"插入函数"按钮，弹出如图 3-98 所示的"插入函数"对话框。在"数学与三角函数"类别中选择 SUMIFS 函数，并单击"确定"按钮，即弹出如图 3-100 所示的 SUMIFS"函数参数"对话框。Sum_range 栏内输入"$C$4:$C$21"，代表求和的实际单元格区域；Criteria_range1 栏内输入"$A$4:$A$21"，Criteria1 栏内输入"E4"（也可直接单击 E4 单元格），代表条件一需满足医生姓名为"张　明"；Criteria_range2 栏内输入"$B$4:$B$21"，Criteria2 栏内输入"">=2016-3-1""，代表条件二需满足接诊日期大于或等于 2016-3-1，如图 3-100 所示；Criteria_range3 栏内输入"$B$4:$B$21"，Criteria3 栏内输入""<=2016-3-31""，代表条件三需满足接诊日期小于或等于 2016-3-31，

如图 3-101 所示。单击"确定"按钮返回单元格，显示 40，即为张明医生的三月接诊人数。选定 H4 单元格，单击其右下角的填充柄，并用鼠标左键向下拖曳，即可统计出各位医生的三月接诊总人数。

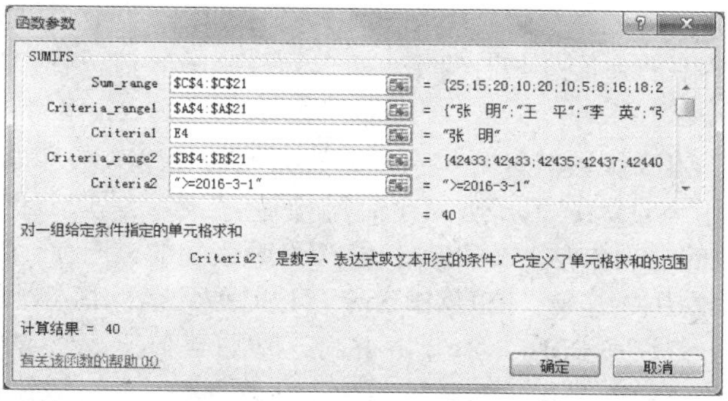

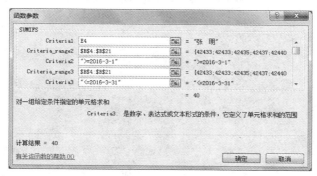

图 3-100 SUMIFS"函数参数"对话框（一）

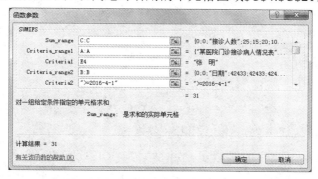

图 3-101 SUMIFS"函数参数"对话框（二）

5）用 SUMIFS 函数统计各位医生的四月接诊人数

采用$符号固定行与列的引用方式称为单元格的绝对引用，但添加$符号略显烦琐。本案例也可以采用 A:A 表示相对引用 A 列，取代绝对引用的单元格区域$A$4:$A$21；采用 C:C 表示相对引用 C 列，取代绝对引用的单元格区域$C$4:$C$21，如图 3-102 所示。

图 3-102 SUMIFS"函数参数"对话框（三）

选定 I4 单元格，在其编辑栏内输入"=SUMIFS(C:C,A:A,E4,B:B,">=2016-4-1",B:B,

"<=2016-4-30")"，代表在 A 列中查找 E4 单元格中的"张　明"，在 B 列中查找所有的四月日期，找到后需将 C 列中"张　明"与"四月日期"所在行的接诊人数相加。按 Enter 键确认输入，即可统计出张明医生的四月接诊人数为 31。再选定 I4 单元格，单击其右下角的填充柄，并用鼠标左键向下拖曳，即可统计出各位医生的四月接诊总人数。

H4 和 I4 单元格中的数值之和若等于 G4 单元格中的数值，代表应用函数计算的结果正确。

6）用 AVERAGEIFS 函数统计各位医生的三月平均接诊人数和四月平均接诊人数

上述步骤使用了 SUMIF 和 SUMIFS 函数进行计算，实际上 AVERAGEIF 和 AVERAGEIFS 函数的使用方法与之相仿。统计张明医生的三月平均接诊人数，只需复制 H4 单元格编辑栏中的函数"=SUMIFS($C$4:$C$21,$A$4:$A$21,E4,$B$4:$B$21,">=2016-3-1",$B$4:$B$21,"<=2016-3-31")"，并将其粘贴至 J4 单元格的编辑栏中，将函数名称 SUMIFS 修改为 AVERAGEIFS 即可。若采用"插入函数"按钮进行函数参数的设置，可参照图 3-103 和图 3-104。最后，选定 J4 单元格，单击其右下角的填充柄，并用鼠标左键向下拖曳，即可统计出各位医生的三月平均接诊人数。将 J3 单元格的计算结果设置为保留小数位数 1 位。

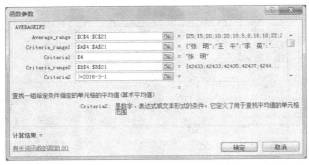

图 3-103　AVERAGEIFS "函数参数"对话框（一）

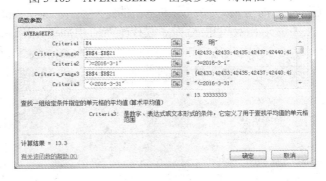

图 3-104　AVERAGEIFS "函数参数"对话框（二）

同理，可将 I4 单元格的函数复制并粘贴到 K4 单元格中，将函数名称修改为 AVERAGEIFS。K4=AVERAGEIFS(C:C,A:A,E4,B:B,">=2016-4-1",B:B,"<=2016-4-30")代表在 A 列中查找 E4 单元格中的"张　明"，在 B 列中查找所有的四月日期，找到后需将 C 列中"张　明"与"四月日期"所在行的接诊人数求平均值，即可统计出张明医生

的四月平均接诊人数为 15.5，如图 3-105 所示。

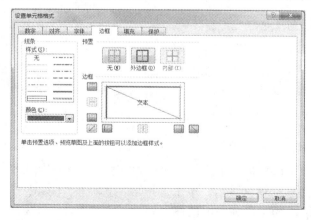

图 3-105　AVERAGEIFS"函数参数"对话框（三）

7）修补接诊次数、人数统计表 2 的表格边框线

（1）选定 E3:K8 单元格区域，单击"开始选项卡""字体"组中的边框下拉按钮，在展开的下拉列表中选择"其他边框"命令，打开"设置单元格格式"对话框的"边框"选项卡。

（2）选定该对话框"样式"列表中的最粗线，再在"颜色"下拉列表中选定紫色，最后单击"外边框"按钮，给选定的单元格区域添加加粗的紫色外边框；选定该对话框"样式"列表中的细实线，再在"颜色"下拉列表中选定紫色，最后单击"内部"按钮，给选定的单元格区域添加紫色细实线内框。单击"确定"按钮确认更改。

（3）右击 E3 单元格，在弹出的快捷菜单中选择"设置单元格格式"命令，弹出"设置单元格格式"对话框。切换到"边框"选项卡，选定"样式"列表中的细实线，再在"颜色"下拉列表中选定紫色（图 3-106），然后单击斜线边框按钮，最后单击"确定"按钮应用紫色细实线斜内框。完成后的接诊次数、人数统计表 2 如图 3-92 所示。

图 3-106　设置斜线边框

（4）保存文件。

思考：掌握本案例讲述的数据表制作方法后，若需统计"考试成绩表"案例中英语不低于 80 分的人数，以及总分大于或等于 300 分的人数，应利用什么函数来进行计算？

3.3.4 "医药公司销售情况表"的制作

1. 案例知识点及效果图

本案例要求完成医药公司销售情况表中各工作表的制作，主要运用以下知识点：套用表格样式，利用公式和函数进行计算，利用填充柄复制公式与函数，数据排序等。案例原始效果如图 3-107～图 3-110 所示，完成后效果如图 3-111～图 3-114 所示。

	A	B	C
1	型号	商品类别	单价（元）
2	ME-01		1650
3	ME-02		780
4	ME-03		4345
5	ME-04		2140
6	ME-05		8800
7	TH-01		219
8	TH-02		598
9	TH-03		228
10	TH-04		369
11	TH-05		178
12	TH-06		1452
13	TH-07		625
14	TH-08		378
15	UI-01		90
16	UI-02		1200
17	UI-03		270
18	UI-04		349
19	UI-05		329
20	UI-06		489
21	UI-07		128

图 3-107 商品基本信息表

	A	B	C	D
1	商品类别	型号	上半年销售量	上半年销售额(元)
2		ME-01	231	
3		ME-02	78	
4		ME-03	31	
5		ME-04	166	
6		ME-05	25	
7		TH-01	97	
8		TH-02	89	
9		TH-03	69	
10		TH-04	95	
11		TH-05	165	
12		TH-06	121	
13		TH-07	165	
14		TH-08	86	
15		UI-01	156	
16		UI-02	123	
17		UI-03	93	
18		UI-04	156	
19		UI-05	149	
20		UI-06	129	
21		UI-07	176	

图 3-108 上半年销售情况表

	A	B	C	D
1	商品类别	型号	下半年销售量	下半年销售额（元）
2		ME-01	156	
3		ME-02	93	
4		ME-03	21	
5		ME-04	198	
6		ME-05	34	
7		TH-01	119	
8		TH-02	115	
9		TH-03	78	
10		TH-04	129	
11		TH-05	145	
12		TH-06	89	
13		TH-07	176	
14		TH-08	109	
15		UI-01	211	
16		UI-02	134	
17		UI-03	99	
18		UI-04	165	
19		UI-05	201	
20		UI-06	131	
21		UI-07	186	

图 3-109 下半年销售情况表

	A	B	C	D	E
1	商品类别	型号	全年销售总量	全年销售总额	销售额排名
2		ME-01			
3		ME-02			
4		ME-03			
5		ME-04			
6		ME-05			
7		TH-01			
8		TH-02			
9		TH-03			
10		TH-04			
11		TH-05			
12		TH-06			
13		TH-07			
14		TH-08			
15		UI-01			
16		UI-02			
17		UI-03			
18		UI-04			
19		UI-05			
20		UI-06			

图 3-110 商品销售汇总表

2. 操作步骤

（1）在"商品基本信息表"工作表中，选定 A1:C21 单元格区域，套用表格格式。

① 选定 A1:C21 单元格区域后，单击"开始"选项卡"样式"组中的"套用表格格式"下拉按钮，在展开的下拉列表中选择"表样式中等深浅 7"选项（图 3-115），即弹出"套用表格式"对话框，如图 3-116 所示。因为表第一行为标题，故勾选"表包含标题"复选框，并单击"确定"按钮套用表格格式。

② 单击"数据"选项卡"排序和筛选"组中的"筛选"按钮，取消第 1 行列标题旁的筛选下拉按钮标识。

型号	商品类别	单价（元）
ME-01	医疗器械	1650
ME-02	医疗器械	780
ME-03	医疗器械	4345
ME-04	医疗器械	2140
ME-05	医疗器械	8800
TH-01	保健品	219
TH-02	保健品	598
TH-03	保健品	228
TH-04	保健品	369
TH-05	保健品	178
TH-06	保健品	1452
TH-07	保健品	625
TH-08	保健品	378
UI-01	进口处方药	90
UI-02	进口处方药	1200
UI-03	进口处方药	270
UI-04	进口处方药	349
UI-05	进口处方药	329
UI-06	进口处方药	489
UI-07	进口处方药	128

图 3-111　完成后的商品基本信息表

商品类别	型号	上半年销售量	上半年销售额(元)
医疗器械	ME-01	231	381150
医疗器械	ME-02	78	60840
医疗器械	ME-03	31	134695
医疗器械	ME-04	166	355240
医疗器械	ME-05	25	220000
保健品	TH-01	97	21243
保健品	TH-02	89	53222
保健品	TH-03	69	15732
保健品	TH-04	95	35055
保健品	TH-05	165	29370
保健品	TH-06	121	175692
保健品	TH-07	165	103125
保健品	TH-08	86	32508
进口处方药	UI-01	156	14040
进口处方药	UI-02	123	147600
进口处方药	UI-03	93	25110
进口处方药	UI-04	156	54444
进口处方药	UI-05	149	49021
进口处方药	UI-06	129	63081
进口处方药	UI-07	176	22528

图 3-112　完成后的上半年销售情况表

商品类别	型号	下半年销售量	下半年销售额（元）
医疗器械	ME-01	156	257400
医疗器械	ME-02	93	72540
医疗器械	ME-03	21	91245
医疗器械	ME-04	198	423720
医疗器械	ME-05	34	299200
保健品	TH-01	119	26061
保健品	TH-02	115	68770
保健品	TH-03	78	17784
保健品	TH-04	129	47601
保健品	TH-05	145	25810
保健品	TH-06	89	129228
保健品	TH-07	176	110000
保健品	TH-08	109	41202
进口处方药	UI-01	211	18990
进口处方药	UI-02	134	160800
进口处方药	UI-03	99	26730
进口处方药	UI-04	165	57585
进口处方药	UI-05	201	66129
进口处方药	UI-06	131	64059
进口处方药	UI-07	186	23808

图 3-113　完成后的下半年销售情况表

商品类别	型号	全年销售总量	全年销售额总	销售额排名
医疗器械	ME-01	387	638550	2
医疗器械	ME-02	171	133380	8
医疗器械	ME-03	52	225940	6
医疗器械	ME-04	364	778960	1
医疗器械	ME-05	59	519200	3
保健品	TH-01	216	47304	17
保健品	TH-02	204	121992	10
保健品	TH-03	147	33516	19
保健品	TH-04	224	82656	13
保健品	TH-05	310	55180	15
保健品	TH-06	210	304920	5
保健品	TH-07	341	213125	7
保健品	TH-08	195	73710	14
进口处方药	UI-01	367	33030	20
进口处方药	UI-02	257	308400	4
进口处方药	UI-03	192	51840	16
进口处方药	UI-04	321	112029	11
进口处方药	UI-05	350	115150	12
进口处方药	UI-06	260	127140	9
进口处方药	UI-07	362	46336	18

图 3-114　完成后的商品销售汇总表

图 3-115　"套用表格格式"下拉列表

图 3-116　"套用表格式"对话框

（2）利用 IF 函数，根据产品型号开头两字母填写商品类别。

① 型号列中，ME 开头的代表医疗器械，TH 开头的代表保健品，UI 开头的代表进口处方药。选定 B2 单元格，在其编辑栏中输入"=IF(MID(A2,1,2)="ME","医疗器械",IF(MID(A2,1,2)="TH","保健品","进口处方药"))"，再按 Enter 键确认，即可得到计算结果"医疗器械"。同时，B3:B21 单元格区域也同样套用了该公式，自动填充出每个型号所对应的商品类别，无须再使用填充柄进行公式复制，这是套用格式后带来的便利。

MID 函数能从文本字符串中指定的起始位置起返回指定长度的字符，如图 3-117 所示，其 Text 栏为"A2"，代表要从 A2 单元格的文本字符串中提取某些字符；Start_num 栏为"1"，代表准备提取的第一个字符的位置是 1，即从首字（母）开始提取；Num_chars 指定所要提取字符串的长度为"2"，即提取两个字（母）。

图 3-117　MID"函数参数"对话框

② 选定 B2:B21 单元格区域，按组合键 Ctrl+C 复制，再单击"上半年销售情况表"工作表标签，右击该表的 A2 单元格，在弹出的快捷菜单中选择"粘贴选项"中的"123"命令，即只粘贴值（计算结果），将商品类别填入"上半年销售情况表"工作表中。

③ 单击"下半年销售情况表"工作表标签，右击该表的 A2 单元格，在弹出的快捷菜单中选择"粘贴选项"中的"123"命令，即只粘贴值（计算结果）。同理，将商品类别填入"下半年销售情况表"和"商品销售汇总表"工作表中。

（3）在"上半年销售情况表"中，利用 VLOOKUP 函数计算"上半年销售额"。

① "上半年销售情况表"中已提供上半年销售量，要计算上半年销售额，需首先找到各商品的单价。选定 D2 单元格，再单击编辑栏的"插入函数"按钮，弹出如图 3-118 所示的"插入函数"对话框。在"查找与引用"类别中选择 VLOOKUP 函数并单击"确定"按钮，即弹出如图 3-119 所示的"函数参数"对话框。

② 在 Lookup_value 栏内输入"B2"（也可直接单击 B2 单元格）；在 Table_array 栏内单击，再单击"商品基本信息表"工作表标签，选定该表中的 A2:C21 单元格区域，即会在 Table_array 栏内出现"表 1"，如图 3-119 所示。这也是套用格式后带来的便利，省去了绝对引用$A$2:$C$21 单元格区域。在 Col_index_num 栏中输入"3"，代表在"商品基本信息表"的表 1 首列中查找 B2 单元格中的"ME-01"，找到后返回表 1 对应行中第 3 列的值，即返回单价。Range_lookup 栏中输入"0"或"FALSE"，代表 VLOOKUP

只查找精确匹配值；若为"1"或"TRUE"或者省略不输入，表示模糊查找。一般建议使用精确查找。单击"确定"按钮，返回 D2 单元格，显示 1650。

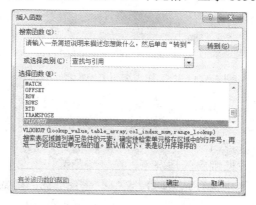

图 3-118　"插入函数"对话框之"查找与引用"类别

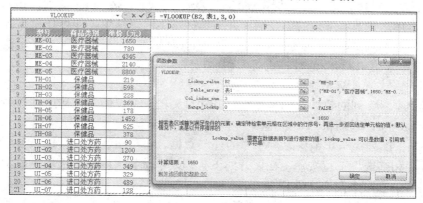

图 3-119　VLOOKUP "函数参数"对话框

③　已找到型号为"ME-01"的商品单价为 1650，需利用单价乘以数量求得销售额。选定 D4 单元格，在其编辑栏内将公式修改为"=VLOOKUP(B2,表 1,3,0)*C2"，按 Enter 键确认修改。再单击 D4 单元格右下角的填充柄，并用鼠标左键向下拖曳，即可计算出各商品的上半年销售额。

④　仿照上述步骤，在"下半年销售情况表"中计算各商品的下半年销售额。

（4）在"商品销售汇总表"中，利用公式计算全年销售总量和全年销售总额。

①　选定"商品销售汇总表"工作表的 C2 单元格，输入"="。

②　单击"上半年销售情况表"工作表标签，选定 C2 单元格，如图 3-120 所示。

图 3-120　选定"上半年销售情况表"的 C2 单元格

③　在编辑栏继续输入"+"，再单击"下半年销售情况表"工作表标签，选定 C2

单元格（图 3-121），最后按 Enter 键确认公式的输入，即可返回“商品销售汇总表”工作表中，C2 单元格显示计算结果为 387。

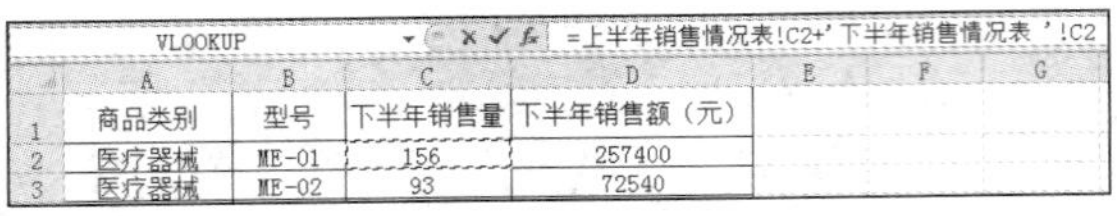

	A	B	C	D
1	商品类别	型号	下半年销售量	下半年销售额（元）
2	医疗器械	ME-01	156	257400
3	医疗器械	ME-02	93	72540

图 3-121　跨工作表编辑 C2 单元格的公式

④ 选定 C2 单元格，单击其右下角的填充柄，并用鼠标左键向下拖曳，即可统计出各商品的全年销售总量。

⑤ 仿照上述步骤，继续在“商品销售汇总表”中计算各商品的全年销售总额。

（5）在不改变原有数据顺序的情况下，在“商品销售汇总表”的 E 列中按全年销售总额给出销售额排名。要求保存结果时，表中不能有增加的新数据列。

① 采用 RANK 函数计算销售额排名。选定 E2 单元格，在其编辑栏内输入公式“=RANK(D2,$D$2:$D$21)”或“=RANK(D2,D$2:D$21)”，按 Enter 键确认输入，得到排名为 2。再单击 E2 右下角的填充柄，并用鼠标左键向下拖曳，即可计算出各商品的全年销售总额排名。

② 若不采用 RANK 函数，也可使用“排序和筛选”下拉列表（图 3-122）和填充等差序列的方式，计算出排名。

因为“型号”列的数据实际是按字母升序排列的，所以即使在排序过程中打乱了原数据的排列顺序，最后依然可以根据“型号”列的字母升序排列还原数据。

① 单击 D 列“全年销售总额”中的任一数据，再单击“开始”选项卡“编辑”组中的“排序和筛选”下拉按钮，在展开的下拉列表中选择“降序”选项（图 3-122），可将全年销售总额由大到小排序。

② 在 E 列“销售额排名”中，依次输入等差序列 1、2、3、4…可输入前两项 1 和 2 后，选定 E2:E3 单元格区域，用鼠标左键拖曳其右下角的填充柄至 E21 单元格，即可快速填充所有排名，如图 3-123 所示。

③ 单击 B 列“型号”中的任一数据，再单击“开始”选项卡“编辑”组中的“排序和筛选”下拉按钮，在展开的下拉列表中选择“升序”选项，即可恢复初始的数据顺序。

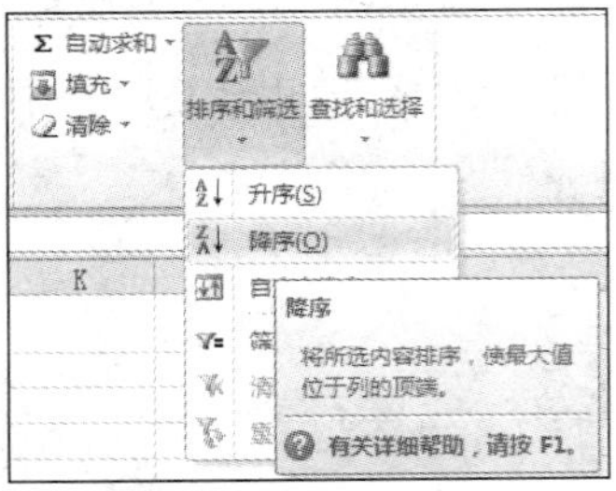

图 3-122　“排序和筛选”下拉列表

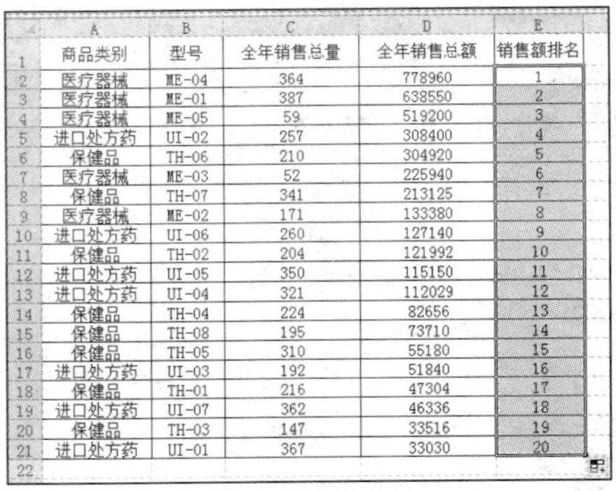

	A	B	C	D	E
1	商品类别	型号	全年销售总量	全年销售总额	销售额排名
2	医疗器械	ME-04	364	778960	1
3	医疗器械	ME-01	387	638550	2
4	医疗器械	ME-05	59	519200	3
5	进口处方药	UI-02	257	308400	4
6	保健品	TH-06	210	304920	5
7	医疗器械	ME-03	52	225940	6
8	保健品	TH-07	341	213125	7
9	医疗器械	ME-02	171	133380	8
10	进口处方药	UI-06	260	127140	9
11	保健品	TH-02	204	121992	10
12	进口处方药	UI-05	350	115150	11
13	进口处方药	UI-04	321	112029	12
14	保健品	TH-04	224	82656	13
15	保健品	TH-08	195	73710	14
16	保健品	TH-05	310	55180	15
17	进口处方药	UI-03	192	51840	16
18	保健品	TH-01	216	47304	17
19	进口处方药	UI-07	362	46336	18
20	保健品	TH-03	147	33516	19
21	进口处方药	UI-01	367	33030	20
22					

图 3-123　在“销售额排名”列中填充等差序列

（6）在"图表制作"工作表中，将 A 列列宽设置为 105 像素，B、C、D、E 列列宽均设置为 130 像素。合并 A1 至 E1 单元格，并将"各类商品销售情况表"设置为黑体、18 号字、居中对齐。B3:C5 单元格区域内的数据均利用 SUM 函数求得。D3、D4 和 D5 单元格中的数据利用 SUMIF 函数求得。E3、E4 和 E5 单元格中的数据利用 MAX 函数求得。对 A2:E5 单元格区域添加黑色细实线边框，具体效果参见图 3-124。

① 将鼠标指针置于列号 A 的右方，直至出现调整列宽的图标 ↔，按住鼠标左键向右拖曳，将 A 列列宽增大。拖曳时注意观察列宽的像素值变化，待看到 105 像素时松开鼠标左键。再单击列号 B 到 E，选定 B～E 列，将鼠标指针移至其中任意一列的列号右边线上，出现调整列宽的图标后，按住鼠标左键向右拖曳，待看到 130 像素时松开鼠标左键，如图 3-124 所示。

	各类商品销售情况表			
商品类别	上半年销售量	下半年销售量	全年销售总额	全年最大销售额
医疗器械	531	502	¥ 2,296,030	778960
保健品	887	960	¥ 932,403	304920
进口处方药	982	1127	¥ 793,925	308400

图 3-124 "各类商品销售情况表"效果图

② 标题"各类商品销售情况表"的输入及格式设置，以及 A2:E5 单元格区域的格式设置，均可参照之前案例的操作方法自行完成。

③ 选定 B3 单元格，再单击"开始"选项卡"编辑"组中的"Σ 自动求和"按钮，然后单击"上半年销售情况"工作表标签，拖曳鼠标左键选定该表中的 C2:C6 单元格区域。按 Enter 键确认 B3=SUM(上半年销售情况表!C2:C6)，即可将上半年医疗器械的销售量填入 B3 单元格。同理，利用 SUM 函数计算 B4、B5、C3、C4、C5 单元格的值。

④ 选定 D3 单元格，再单击编辑栏的"插入函数"按钮，弹出"插入函数"对话框。在"数学与三角函数"类别中选择 SUMIF 函数并单击"确定"按钮，即弹出"函数参数"对话框。参照图 3-125 设置 SUMIF 函数的各项参数，并将结果设置为会计专用格式，如图 3-126 所示。

再选定 D3 单元格，用鼠标左键拖曳其右下角的填充柄至 D5 单元格，即可计算出医疗器械、保健品和进口处方药的全年销售总额。

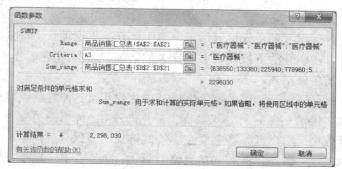

图 3-125 SUMIF"函数参数"对话框

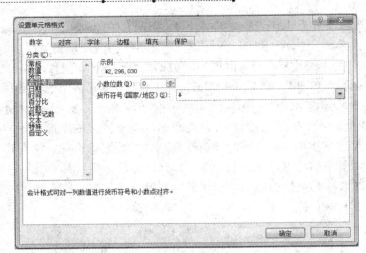

图 3-126　无小数位数的会计专用格式

　　⑤ 选定 E3 单元格，再单击"开始"选项卡"编辑"组中的"Σ自动求和"下拉按钮，在展开的下拉列表中选择"最大值"选项，然后单击"商品销售汇总表"工作表标签，拖曳鼠标左键选定该表中的 D2:D6 单元格区域，如图 3-127 所示。按 Enter 键确认 E3=MAX(商品销售汇总表!D2:D6)，即可将医疗器械的全年最大销售额填入 E3 单元格中。同理，利用 MAX 函数计算 E4 及 E5 单元格的值。

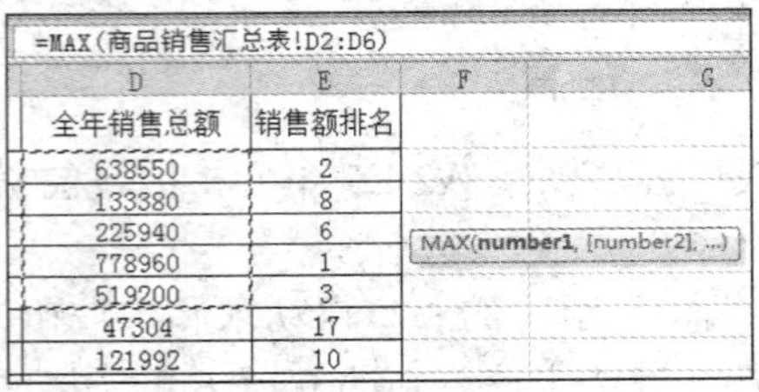

图 3-127　跨工作表选择 MAX 函数的参数

　　⑥ 保存工作簿。

3.3.5　知识点详解

1．条件格式

　　Excel 2010 提供的"条件格式"功能可以根据单元格的内容有选择地自动应用格式，在为表格增色不少的同时，还能为用户带来很多方便。本节依然以"考试成绩表"为例进行讲解。

　　1）套用默认的条件格式

　　选定要设置条件格式的单元格区域后，单击"开始"选项卡"样式"组中的"条件格式"下拉按钮，在展开的下拉列表中选择"数据条"选项、"色阶"选项或"图标集"选项来套用默认的条件格式。

　　（1）"数据条"条件格式。"数据条"选项中提供了 12 种背景色填充类型供用户选择，渐变填充和实色填充各 6 种，当鼠标指针指向这 12 种填充类型时即可在单元格区域中预览到设置效果。用户可先选定要应用条件格式的考试分数区域，再利用紫色数据条（黑白印刷为灰色）改变该区域的单元格背景色，如图 3-128 所示。数据条的长度表示单元格中值的大小，数据条越长，则所表示的数值越大。本例中，100 分为默认最大值，紫色数据条将占满 100 分所在的单元格；0 分为默认最小值，0 分所在单元格的背景将为空白色。

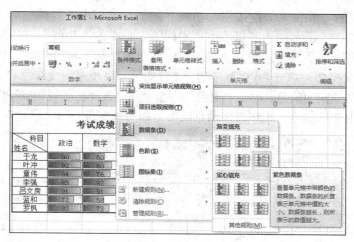

图 3-128 "条件格式"下拉列表中的"数据条"选项

（2）"色阶"条件格式。"色阶"选项中也提供了 12 种背景色填充类型供用户选择，前 6 种为三色色阶，即在一个单元格区域中显示三色渐变；后 6 种为两色色阶，即在一个单元格区域中显色双色渐变。单元格背景色表示单元格中的值。用户可先选定要应用条件格式的考试分数区域，再利用如图 3-129 所示的"红-白-蓝色阶"选项改变该区域的单元格背景色。本例中，默认将所选考试分数中最低值所在的单元格填充为蓝色，最高值所在的单元格填充为红色，中间值所在的单元格填充为白色。在这 3 个值之间的分数，系统会根据其具体数值将其填充为不同程度的浅蓝色、浅红色。

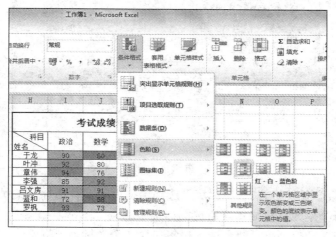

图 3-129 "条件格式"下拉列表中的"色阶"选项

Excel 2010 中也可修改默认的条件格式和显示效果，如可以自定义红、白、蓝三色对应的数值，也可将本例修改为红-白-黄色阶。其操作方法：选定已应用条件格式的考试分数区域，单击"开始"选项卡"样式"组中的"条件格式"下拉按钮，在展开的下拉列表中选择"管理规则"选项，弹出"条件格式规则管理器"对话框，如图 3-130 所示。单击其中的"编辑规则"按钮，弹出"编辑格式规则"对话框，单击该对话框中的"最小值"组中的"颜色"下拉按钮，在展开的下拉列表中选择黄色即可修改为红-白-黄色阶，如图 3-131 所示；也可以单击"中间值"组中的"类型"下拉按钮，在展开的下拉列表中选择"数字"，在"值中"输入 60，区分及格和不及格分数，如图 3-131 所示。60 分所在的单元格将被填充为白色，高于 60 分的单元格填充为浅红色和红色，不及格分数所在的单元格填充为黄色。单击"确定"按钮返回"条件格式规则管理器"对话框，单击其中的"应用"按钮可在工作表中预览效果，如满意则可单击"确定"按钮确定修改。

图 3-130 "条件格式规则管理器"对话框

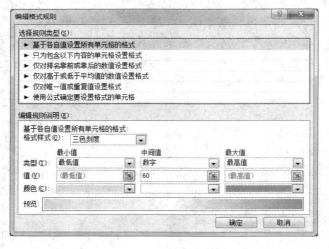

图 3-131 "编辑格式规则"对话框

（3）"图标集"条件格式。"图标集"选项中提供了多种图标方案供用户选择，应用该条件格式的每个单元格将显示其所选图标集中的一个图标，如图 3-132 所示。每个图标表示单元格中的一类型值。若所选图标集包含 3 个图标，则将所选单元格区域的数值根据从大到小的规则划分为 3 类，默认为前 1/3（较大数值）、中间的 1/3 和后 1/3（较小数值）；若所选图标集包含 4 个图标，则将所选单元格区域的数值根据从大到小的规则划分为 4 类，默认为较大的 25%、25%～50%、50%～75% 和较小的 25%；其他的类推。最大的数值范围用图标集中的第一个图标表示，最小的数值范围用图标集的最后一个图标表示。

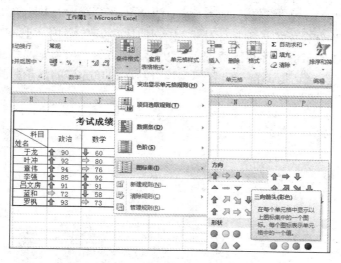

图 3-132 "条件格式"下拉列表中的"图标集"选项

本例中选择的是"三向箭头（彩色）"图标集。用户也可以根据需要修改图标和图标所对应的数值范围。使用与前例相同的操作方法弹出"编辑格式规则"对话框，在"图标"组中将默认的绿色向上箭头修改为绿色旗帜（图 3-133），也可以在"类型"组和"值"组中修改每种图标对应的数值范围。

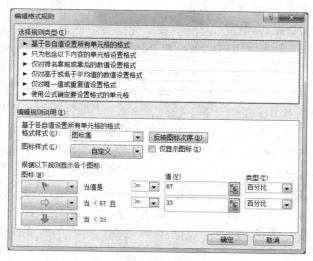

图 3-133 "编辑格式规则"对话框

2）自行编辑条件进行格式设置

用户若要根据实际需要突出显示某些单元格内的值，如标记出成绩表里不及格的分数，或当仓库内货物库存量低于某个值时突出显示，可自行编辑条件格式突出显示该单元格。

（1）根据具体值来设置条件格式。选定要应用条件格式的考试分数区域后，单击"开始"选项卡"样式"组中的"条件格式"下拉按钮，在展开的下拉列表中选择"突出显示单元格规则"选项（图 3-134），用户可根据需要自行编辑条件进行格式设置。如要将不及格分数设置为红色文本，则在此处选择"小于"选项，弹出"小于"对话框，在其中设置如图 3-135 所示的条件与格式；也可以选择最下方的"自定义格式"选项，弹出"设置单元格格式"对话框，自行设置不及格分数所在单元格的显示效果。最后，单击"确定"按钮，应用设置好的条件格式。

图 3-134 "突出显示单元格规则"子菜单　　　图 3-135 "小于"对话框

若将罗枫同学的数学成绩修改为 53，该单元格也将变为红色文本显示。

（2）根据项目选取规则来设置条件格式。若要将各科目的考试分数中低于各科目平均分的分数突出显示，则可根据"项目选取规则"选项来设置条件格式。选定要应用条件格式的各科目考试分数区域（如所有的政治分数），单击"开始"选项卡"样式"组中的"条件格式"下拉按钮，在展开的下拉列表中选择"项目选择规则"选项（图 3-136），在其子菜单中选择"低于平均值"选项，弹出"低于平均值"对话框。在其中的下拉列表中选择"浅红填充色深红色文本"选项，单击"确定"按钮，即可将政治分数中低于政治平均分的单元格设置为该格式；也可以选择最下方的"自定义格式"选项（图 3-137），弹出"设置单元格格式"对话框，自行设置低于平均值的单元格的显示效果。

用户也可以在如图 3-136 所示的子菜单中选择"值最大的 10 项""值最大的 10%项"等选项来设置条件格式，10 项和 10%皆可以根据用户的需要在相应对话框中进行修改。

（3）新建规则设置条件格式。若以上条件格式的设置方法皆不能满足用户需求，可在选定要设置条件格式的单元格区域后，单击"开始"选项卡"样式"组中的"条件格式"下拉按钮，在展开的下拉列表中选择"新建规则"选项，弹出如图 3-138 所示的"新建格式规则"对话框，在其中选择规则类型后再自行编辑规则，并单击"格式"按钮，弹出"设置单元格格式"对话框设置格式，最后单击"确定"按钮，完成自行编辑条件格式的设置。

图 3-136 "项目选择规则"子菜单

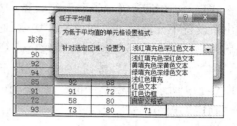

图 3-137 "低于平均值"对话框

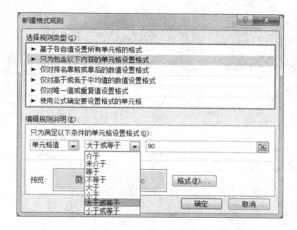

图 3-138 "新建格式规则"对话框

选择"条件格式"下拉列表中的"突出显示单元格规则"选项、"项目选取规则"选项、"数据条"选项、"色阶"选项、"图标集"选项,展开的子菜单的最后一项皆为"其他规则",选择"其他规则"选项,也可弹出图 3-138 所示的"新建格式规则"对话框。

提示:在应用条件格式的单元格区域中,若修改单元格的内容,系统会自动判断修改后的内容所符合的条件,再根据已设置的条件格式决定是否修改其格式。整个过程用户不用再进行设置,系统将自动完成。这也是应用条件格式的最大优点。

3)添加条件格式

若设置完一个条件格式后还需添加其他条件格式,既可以选定已应用条件格式的单元格区域后,按照前面所介绍的方法再重复设置第 2 个、第 3 个、…、第 N 个条件格式,又可以利用"条件格式规则管理器"对话框中的"新建规则"按钮来增加条件格式。例如,将不及格分数设置为红色文本后,还要将 90 分及以上分数所在的单元格设置为黄色背景色,可按照以下步骤进行设置(本例选用的是第 2 种方法):

（1）选定已应用条件格式的单元格区域（所有考试分数区域）。

（2）单击"开始"选项卡"样式"组中的"条件格式"下拉按钮，在展开的下拉列表中选择"管理规则"选项，弹出"条件格式规则管理器"对话框。

（3）单击其中的"新建规则"按钮，弹出"新建格式规则"对话框，在该对话框中编辑第 2 个条件格式：在"选择规则类型"列表中选择"只为包含以下内容的单元格设置格式"，将"编辑规则说明"组设置为如图 3-138 所示的状态，单击"格式"按钮，弹出"设置单元格格式"对话框，切换到其中的"填充"选项卡，并选择黄色为背景色，最后单击"确定"按钮返回"新建格式规则"对话框。

（4）单击"确定"按钮返回"条件格式规则管理器"对话框，即会出现两条规则，如图 3-139 所示。单击其中的"应用"按钮，可在工作表中预览效果，如满意，则可单击"确定"按钮确定修改；如不满意，可单击"删除规则"按钮删除所选规则，再进行重新设置。

图 3-139　"条件格式规则管理器"对话框

4）删除条件格式

若要删除条件格式，应先选定设置了条件格式的单元格区域，单击"开始"选项卡"样式"组中的"条件格式"下拉按钮，在展开的下拉列表中选择"清除规则"选项，在展开的子菜单中选择"清除所选单元格的规则"选项，即可删除所选单元格区域的所有条件格式；选择"清除整个工作表的规则"则会将该工作表中的所有条件格式删除。

2．其他格式设置

1）格式刷

使用"格式刷"按钮可以将工作表中选定区域的格式快速复制到其他区域，使这些区域具有相同的格式，而不必重复设置。用户既可以将被选中区域的格式复制到连续的目标区域，也可以复制到不连续的多个目标区域。

选定要复制格式的单元格或单元格区域，单击"开始"选项卡"剪贴板"组中的"格式刷"按钮 ，鼠标指针变形为带刷子的空心加号图标 。单击需套用该格式的单元格或拖过需套用该格式的单元格区域，即可将格式复制到连续的目标区域；如需将格式复制到多个不连续的目标区域，可双击"格式刷"按钮，使其保持使用状态（即被按下的状态）。完成格式复制后，再单击"格式刷"按钮或按 Esc 键，使其还原。

格式刷的功能与"选择性粘贴"命令中"格式"选项的效果相同，均只复制单元格格式。

2）自动套用格式

利用自动套用格式功能可快速设置表格的格式，其操作步骤如下。

（1）选定需要使用自动套用格式的单元格区域。

（2）单击"开始"选项卡"样式"组中的"套用表格格式"下拉按钮，在展开的下拉列表中选择所需的表格样式。

（3）弹出"套用表格式"对话框，在其中确定表数据的来源及表是否包含标题，如图 3-140 所示。

（4）单击"确定"按钮后，功能区将增加"表格工具 -设计"选项卡（将鼠标指针停留在已设置套用格式的单元格区域，即会出现该选项卡），如图 3-141 所示。用户可根据需要勾选是否将该表格样式的"标题行"格式、"第一列"格式、"镶边行"格式等应用到所选的单元格区域。

图 3-140 "套用表格式"对话框

图 3-141 "表格工具-设计"选项卡

（5）单击"表格工具-设计"选项卡"工具"组中的"转换为区域"按钮，在弹出的提示对话框中单击"是"按钮完成设置，确定将表转换为普通区域。

若要删除某区域的自动套用格式，可选定该区域后，单击"开始"选项卡"编辑"组中的"清除"下拉按钮，在展开的下拉列表中选择"清除格式"选项即可。

提示：在单元格区域套用表格格式后，不执行第（5）步（即不将其转换为普通区域），该区域将会被自动命名为"表 1"或"表 2""表 3"等（最终的命名取决于该工作簿中套用表格格式的次数）。自动命名将有助于简化该区域中单元格的引用，无须在单元格名字中增加"$"进行绝对引用。

3．公式

公式是由用户自行编辑的，是对工作表中的数据进行分析和计算的等式；函数则是 Microsoft Office 自带的预先定义好的公式。Excel 的公式由数字、运算符、单元格引用及函数组成。利用公式可以很方便地对工作表中的数据进行分析和计算。编辑公式和函数、使用的标点符号务必为英文标点，若使用中文标点，Excel 将无法识别，导致结果错误。

1）公式中的运算符

（1）算术运算符。算术运算符有+（加）、-（减）、*（乘）、/（除）、^（乘方）等，运算的结果为数值型数据。

（2）关系运算符。关系运算符有=（等于）、>（大于）、<（小于）、>=（大于或等于）、<=（小于或等于）、<>（不等于），运算的结果为逻辑型数据 True 或 False。

（3）文本运算符。文本只能进行连接，连接运算符为&，用于连接文本或数值，运算结果为文本类型数据。例如，针灸&推拿，运算结果为"针灸推拿"；12&45，运算结果为"1245"。

（4）引用运算符。引用运算符及其含义、示例见表 3-1。

表 3-1　引用运算符及其含义、示例

引用运算符	含义	示例
:（区域运算符）	包括两个引用在内的所有单元格的引用	SUM(A1:C3)
,（联合运算符）	对多个引用合并为一个引用	SUM(A1,C3)
空格（交叉运算符）	产生两个引用单元区域重叠区域的引用	SUM(A1:C4 B2:D3)

运算优先级：（）（括号）→函数→文本运算符→算术运算→关系运算。

2）公式的输入

公式必须由"="开头。首先选定要输入公式的单元格，然后在单元格中输入"="和公式内容，或者在编辑栏中输入"="和公式内容。输入完成后按 Enter 键或单击编辑栏中的"输入"按钮 ✓ 确认，Excel 即会自动计算出结果，并显示在单元格中，而编辑栏显示的是实际输入的公式内容。公式非常适合对少量单元格（或数据）进行各种灵活计算。

值得注意的是，输入公式内容时，可使用单元格名称引用单元格的内容，单元格的名称既可以用键盘输入，又可以用鼠标单击或拖曳输入。

　　　　提示：若单元格中含有公式/函数，用鼠标左键拖曳该单元格的填充柄能复制公式并填充新的计算结果。

4. 函数

Excel 提供了丰富的函数，如统计函数、数学与三角函数、财务函数、日期与时间函数等。这些函数是 Excel 自带的一些已经定义好的公式，使用格式如下：

函数名(参数 1,参数 2,…)

其中，参数可以是常量、单元格、单元格区域、公式或其他函数。

1）自动求和

Excel"公式"选项卡的"函数库"组中设有"Σ自动求和"按钮，如图 3-142 所示；"开始"选项卡的"编辑"组中也设有该按钮，如图 3-143 所示。利用该按钮可以快捷地调用求和函数，以及求平均值、最大值、最小值函数等。

"自动求和"按钮主要有以下两种使用方法。

（1）选定要存放求和结果的单元格，单击"自动求和"按钮，Excel 会自动选定存放结果的单元格附近的可计算数据，若选定范围正确，按 Enter 键确认即可；若选定范围不正确，直接用鼠标单击或拖曳选择要计算的单元格区域，选定的单元格区域周围会呈现闪动的虚线框，按 Enter 键确认选定并计算。

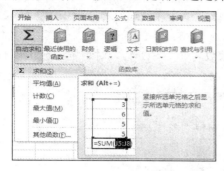 

图 3-142　"Σ自动求和"按钮（一）　　　图 3-143　"Σ自动求和"按钮（二）

（2）选定要计算的区域，单击"自动求和"按钮，Excel 会自动找到选定区域旁边（右边或下方）的空白单元格，以存放并显示运算结果。

> **提示：** 单击"自动求和"按钮，而不是其下拉按钮，默认利用 SUM 求和函数进行计算；若单击"自动求和"下拉按钮，则可在展开的下拉列表中选择其他函数进行运算。

2）自动计算

Excel 具有自动计算功能，利用该功能可以自动对选定的单元格区域求和、平均值、最小值、最大值，以及进行计数和数值计数。计数是计算所选单元格区域中非空单元格的个数，而数值计数则是计算所选单元格区域中存放数值型数据单元格的个数。

选定要进行计算的单元格区域后，底部的状态栏即显示出该区域的"平均值"、"计数"和"求和"结果，如图 3-144 所示。在状态栏中任意处右击，可弹出"自定义状态栏"快捷菜单，菜单中默认勾选了"平均值"、"计数"和"求和" 3 项自动计算功能。用户可根据需要，勾选其他自动计算功能，状态栏中的显示内容将会随之改变。

		学生成绩表					平均值(A)	79.33333333
学号	班级	姓名	英语	计算机	中药		✓ 计数(C)	3
20090001	2008中医	张亚	89	59	90		数值计数(T)	3
20090002	2009中医	李强	62	94	84		最小值(I)	59
20090230	2008药学	王郦	94	73	81		最大值(X)	90
20090231	2008药学	陈露露	76	66	62			
20091501	2008针推	刘辉	84	62	94		✓ 求和(S)	238
20091502	2008针推	李美丽	51	94	76		上载状态(U)	
20091503	2008针推	王启	86	76	84		✓ 视图快捷方式(V)	
20091504	2008针推	赵亮	94	84	86		✓ 显示比例(Z)	100%
20091505	2008针推	吴海明	73	67	94		✓ 缩放滑块(Z)	

图 3-144　状态栏的"自定义状态栏"快捷菜单

3）函数的输入

Excel 提供了非常丰富的函数来进行复杂的运算，除利用"自动求和"按钮插入函数以外，还有两种插入函数的方法：一种是通过"插入函数"对话框；另一种是当用户对函数及函数参数非常熟悉后，可直接在编辑栏中输入函数。

使用"插入函数"对话框的步骤如下。

（1）选定要存放运算结果的单元格。

（2）单击编辑栏中的"插入函数"按钮，或者单击"公式"选项卡中的"插入函数"按钮，即弹出"插入函数"对话框。

（3）在"选择函数"列表中选择需要的函数名（如 SUM），对话框中会出现有关该函数的功能说明，如图 3-145 所示。

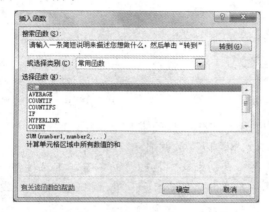

图 3-145 "插入函数"对话框

（4）单击"确定"按钮，弹出 SUM"函数参数"对话框，如图 3-146 所示。单击参数框 Number1 右边的折叠对话框按钮，使对话框最小化，再用鼠标拖曳选定运算单元格区域，然后单击参数框右边的展开对话框按钮，返回"函数参数"对话框；或者直接输入单元格引用区域，如 D4:F4。

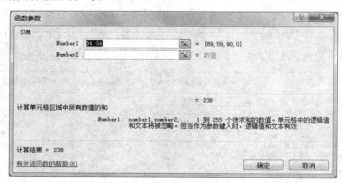

图 3-146 SUM"函数参数"对话框

（5）可重复上一步，设置多个参数，如 Number2，Number3……设置完所有参数后，单击"确定"按钮，确定函数的运算，在单元格中即会显示出计算结果，而编辑栏中显示出具体函数及其参数。

使用直接输入函数的方法比上述步骤简单得多，只需在存放结果的单元格中输入等号（=）函数名(参数,[参数],…)，如"=SUM(E3:G3)"，按 Enter 键确定输入即可。

4）常用函数

（1）SUM 函数。

语法格式：SUM(number1,number2,…)

功能：对指定的单元格区域求和。

说明：number1, number2, … 为 1～255 个需要求和的参数。

（2）AVERAGE 函数。

语法格式：AVERAGE(number1,number2, …)

功能：对指定的单元格区域求平均值。

说明：number1, number2, … 为 1～255 个需要求和的参数。

（3）COUNT 函数。

语法格式：COUNT(value1,value2, …)

功能：返回包含数字及包含参数列表中的数字的单元格个数。利用 COUNT 函数可以计算单元格区域或数字数组中数字字段的输入项个数。

说明：value1, value2, … 为包含或引用各种类型数据的参数（1～255 个），但只有数字类型的数据才被计算。

（4）MAX 函数。

语法格式：MAX(number1,number2, …)

功能：返回一组值中的最大值。

说明：number1, number2, … 是要从中找出最大值的 1～255 个数字参数。

（5）MIN 函数。

语法格式：MIN(number1,number2, …)

功能：返回一组值中的最小值。

说明：number1, number2, … 是要从中找出最小值的 1～255 个数字参数。

（6）NOW 函数。

语法格式：NOW()

功能：返回系统的当前日期和时间，会随着计算机的时间进行自动更改。

说明：选定单元格，输入"=NOW()"，再按 Enter 键即可。运算结果如"2018/7/2 14:35"。

（7）TODAY 函数。

语法格式：TODAY()

功能：返回系统的当前日期。

说明：选定单元格，输入"=TODAY()"，再按 Enter 键即可。运算结果如"2018/7/2"。

（8）IF 函数。

语法格式：IF(logical_test,value_if_true,value_if_false)

功能：执行真假值判断，根据逻辑计算的真假值，返回不同结果。

说明：logical_test 表示计算结果为 TRUE 或 FALSE 的任意值或表达式。例如，A10=100 就是一个逻辑表达式，如果单元格 A10 中的值等于 100，表达式即为 TRUE，否则为 FALSE。本参数可使用任何比较运算符。

value_if_true 表示 logical_test 为 TRUE 时返回的值。例如，如果本参数为文本字符串"预算内"，而且 logical_test 参数值为 TRUE，则 IF 函数将显示文本"预算内"。如果 logical_test 为 TRUE，而 value_if_true 为空，则本参数返回 0。如果要显示 TRUE，则需为本参数使用逻辑值 TRUE。value_if_true 也可以是其他公式。

value_if_false 表示 logical_test 为 FALSE 时返回的值。例如，如果本参数为文本字符串"超出预算"，而且 logical_test 参数值为 FALSE，则 IF 函数将显示文本"超出预算"。如果 logical_test 为 FALSE，且忽略了 value_if_false（即 value_if_true 后没有逗号），则会返回逻辑值 FALSE。如果 logical_test 为 FALSE，且 value_if_false 为空（即 value_if_true 后有逗号，并紧跟着右括号），则本参数返回 0。value_if_false 也可以是其他公式。

（9）COUNTIF 函数。

语法格式：COUNTIF(range,criteria)

功能：计算某个区域中满足给定条件的单元格数目。

说明：range 为必需项，表示要对其进行计数的一个或多个单元格，其中包括数字或名称、数组或包含数字的引用。空值和文本值将被忽略。

criteria 为必需项，用于定义将对哪些单元格进行计数的数字、表达式、单元格引用或文本字符串。例如，条件可以表示为 32、">32"、B4、"苹果" 或 "32"。

（10）COUNTIFS 函数。

语法格式：COUNTIFS(criteria_range1,criteria1,criteria_range2,criteria2, …)

功能：计算某个区域中同时满足多个给定条件的单元格数目。

说明：criteria_range1 为必需项，表示在其中计算关联条件的第一个区域。

criteria1 为必需项。条件的形式为数字、表达式、单元格引用或文本，可用来定义将对哪些单元格进行计数。例如，条件可以表示为 32、">32"、B4、"苹果" 或 "32"。

criteria_range2,criteria2,… 为可选项，表示附加的区域及其关联条件。最多允许有 127 个区域/条件对。

（11）SUMIF 函数。

语法格式：SUMIF(range,criteria,sum_range)

功能：对区域中符合单个指定条件的单元格求和。

说明：range 为必需项，表示用于条件计算的单元格区域。每个区域中的单元格都必须是数字或名称、数组或包含数字的引用。空值和文本值将被忽略。

criteria 为必需项，用于确定对哪些单元格求和的条件，其形式可以为数字、表达式、单元格引用、文本或函数。例如，条件可以表示为 32、">32"、B5、"32"、"苹果" 或 TODAY()。

值得注意的是，任何文本条件或任何含有逻辑或数学符号的条件都必须使用双引号(") 括起来。如果条件为数字，则无须使用双引号。

sum_range 为可选项，表示要求和的实际单元格（当需要对未在 range 参数中指定的单元格求和时，则需用到此项）。如果 sum_range 参数被省略，Excel 会对在 range 参数中指定的单元格区域（即应用条件的单元格区域）求和。

（12）SUMIFS 函数。

语法格式：SUMIFS(sum_range,criteria_range1,criteria1,criteria_range2,criteria2,⋯)

功能：对区域中符合多个指定条件的单元格求和。

说明：sum_range 为必需项，对一个或多个单元格求和，包括数字或包含数字的名称、区域或单元格引用。忽略空白和文本值。

criteria_range1 为必需项，表示在其中计算关联条件的第一个区域。

criteria1 为必需项。条件的形式为数字、表达式、单元格引用或文本，可用来定义将对 criteria_range1 参数中的哪些单元格求和。例如，条件可以表示为 32、">32"、B4、"苹果"或 "32"。

criteria_range2,criteria2,⋯为可选项，表示附加的区域及其关联条件。最多允许 127 个区域/条件对。

（13）AVERAGEIF 函数。

语法格式：AVERAGEIF(range,criteria,average_range)

功能：返回某个区域内满足给定条件的所有单元格的平均值（算术平均值）。

说明：range 为必需项，表示要计算平均值的一个或多个单元格，其中包括数字或包含数字的名称、数组或引用。

criteria 为必需项，表示数字、表达式、单元格引用或文本形式的条件，用于定义要对哪些单元格计算平均值。例如，条件可以表示为 32、"32"、">32"、"苹果"或 B4。

average_range 为可选项，表示要计算平均值的实际单元格集。如果忽略，则使用 range。

（14）AVERAGEIFS 函数。

语法格式：AVERAGEIFS(average_range,criteria_range1,criteria1,criteria_range2, criteria2,⋯)

功能：返回某个区域内满足多重条件的所有单元格的平均值（算术平均值）。

说明：average_range 为必需项，表示要计算平均值的一个或多个单元格，其中包括数字或包含数字的名称、数组或引用。

criteria_range1、criteria1 及 criteria_range2、criteria2，⋯同 SUMIFS 函数中的参数。

（15）VLOOKUP 函数。

语法格式：VLOOKUP(lookup_value,table_array,col_index_num,range_lookup)

功能：搜索表区域首列满足条件的元素，确定待检索单元格在区域中的行序号，再进一步返回选定单元格的值。

说明：lookup_value 为必需项，表示要在表格或区域的第一列中搜索的值。lookup_value 参数可以是数值、引用或字符串。如果为 lookup_value 参数提供的值小于 table_array 参数第一列中的最小值，则 VLOOKUP 将返回错误值 "#N/A"。

table_array 为必需项，表示需要在其中搜索数据的信息表。table_array 第一列中的值是由 lookup_value 搜索的值。这些值可以是文本、数字或逻辑值。文本不区分大、小写。

col_index_num 为必需项，表示 table_array 参数中必须返回的匹配值的列号。col_index_num 参数为 1 时，返回 table_array 第一列中的值；col_index_num 参数为 2 时，返回 table_array 第二列中的值，依此类推。

range_lookup 为可选项，表示一个逻辑值，指定希望 VLOOKUP 查找精确匹配值还是近似匹配值。range_lookup 若为 0 或 FALSE，代表 VLOOKUP 只查找精确匹配值；若为 1 或 TRUE 或者忽略不输入，表示模糊查找。

（16）MID 函数。

语法格式： MID(text,start_num,num_chars)

功能： 返回文本字符串中从指定位置开始的特定数目的字符，该数目由用户指定。

说明： text 为必需项，包含要提取字符的文本字符串。

start_num 为必需项，表示文本中要提取的第一个字符的位置。文本中第一个字符的 start_num 函数为 1，依此类推。

num_chars 为必需项，指定所要提取的字符串长度。

（17）RANK 函数。

语法格式： RANK(number,ref,order)

功能： 返回文本字符串中从指定位置开始的特定数目的字符，该数目由用户指定。

说明： number 为必需项，表示需要查找排名的数字。

ref 为必需项。ref 是一组数或对一个数据列表的引用，其中的非数值型数据将被忽略。

order 为可选项。order 为 0 或省略，代表是降序排位，其他任意值则代表是升序排位。

（18）ROUND 函数。

语法格式： ROUND(number, num_digits)

功能： 可将某个数字四舍五入为指定的位数。

说明： number 为必需项，是需要四舍五入的数字。

num_digits 为必需项，按此位数对 number 参数进行四舍五入。如果 num_digits>0，则将数字四舍五入到 num_digits 指定的小数位；如果 num_digits=0，则将数字四舍五入到最接近的整数；如果 num_digits<0，则在小数点左侧进行四舍五入。

5. 引用

1）单元格引用

Excel 中提供了 3 种单元格的引用方式：相对引用、绝对引用和混合引用。

（1）相对引用。对单元格的引用会随着公式所在单元格位置的变化而变化，其格式形式为"列号行号"，如 C2。通常采用的是这种引用方式，所以在复制公式或使用自动填充公式时，运算的数据区域会随着存放结果的单元格的不同而不同。

（2）绝对引用。对单元格的引用不会随着公式所在单元格位置的变化而变化。在多工作簿间运算时，数据采用的是这种引用方式，格式是在单元格的行标和列标前加"$"符号，如"$E$3:$E$12"。使用这种引用方式，无论存放结果的单元格位置如何变化，所引用的计算区域不会变化。

（3）混合引用。一个数据区域中既使用了相对引用又使用了绝对引用，则为混合引用。例如，公式"D2=B2*C2"是将 B2 单元格与 C2 单元格中的内容相乘，其结果存放到 D2 单元格；该公式中的 B2 和 C2 单元格均属于相对引用。这也是最常见的一种引用方式。当 D2 单元格的内容被复制并粘贴到目的地 D4 单元格时，公式将会变化为"D4=B4*C4"，因为相对引用的单元格区域会随着存放结果单元格的变化而变化。D4 相对于 D2 单元格，列号不变，行号加 2，那么原公式中引用的 B2 和 C2 单元格，其列号也保持不变而行号加 2，因此自动变为 B4 和 C4。同理，若复制 D2 单元格并粘贴到目的地 E8 单元格，公式将变化为"E8=C8*D8"。若希望粘贴后原公式中引用的单元格不发生任何改变，则应在 D2 单元格中输入"=$B$2*$C$2"，绝对引用 B2 和 C2 单元格。

在一个公式的编辑栏中选定数据区域，按 F4 键，可以改变单元格的引用方式。如果开始时是相对引用，按一次 F4 键，变成绝对引用；第二次按 F4 键，变成混合引用（列相对、行绝对）；第三次按 F4 键，变成列绝对、行相对的混合引用；第四次按 F4 键，还原为相对引用。值得注意的是，若表格中某单元格区域已套用表格样式，则该区域会被自动命名为"表 1""表 2"等，该区域内的单元格名称无须再添加"$"符号进行绝对引用。

 提示：移动含有公式或函数的单元格时，无论公式或函数中引用的单元格采用哪一种引用方式，公式或函数及运算结果都不会发生任何改变。

2）引用其他工作表的数据

Excel 支持多工作表之间和多工作簿之间数据的运算。

（1）多工作表之间的数据运算。

① 选定存放结果的单元格。

② 在"插入函数"对话框的"Number1"参数框中选定一个工作表中要计算的数据区域。

③ 单击"Number2"参数框，然后单击另一个工作表标签，选中该工作表中需要的数据区域。

④ 重复上述步骤，直到所需计算区域都被选中，单击"确定"按钮，计算结果显示在单元格中，编辑栏中出现函数，如"=SUM(I3:I12,Sheet2!I3:I12,Sheet3!F11)"。

提示：函数中不同数据区域用逗号隔开，与存放结果的单元格不是同一工作表的数据区域前会有工作表名，并用感叹号与数据区域隔开，格式为

=函数名([工作表名!]数据区域 1,[工作表名!]数据区域 2,…,[工作表名!]数据区域 n)

（2）多工作簿之间的数据运算。

① 打开所有需要计算的工作簿。

② 选定存放结果的单元格。

③ 在"插入函数"对话框的"Number1"参数框中选定一个工作表中要计算的数据区域。

④ 单击"Number2"参数框，然后单击系统桌面任务栏中另一个工作簿的按钮，切换该工作簿中的工作表标签，选定该工作簿的某工作表中需要的数据区域。

⑤ 重复上述步骤，直到所需计算区域都被选中，单击"确定"按钮，计算结果显示在单元格中，编辑栏中出现函数，如"=SUM(A1:A11,[工作簿 2]Sheet1!$E$3:$E$12)"。

提示：函数中的不同数据区域用逗号隔开，与存放结果的单元格不是同一工作表的数据区域前会有工作表名，不是同一工作簿的数据区域前会有完整工作簿名，并用方括号分隔，后接工作表名，用感叹号与数据区域隔开，且数据区域为绝对引用。格式为

=函数名([[工作簿名]工作表名!]数据区域 1,[[工作簿名]工作表名!]数据区域 2,…,[[工作簿名]工作表名!]数据区域 n)

3.4 数据管理

3.4.1 "商场家电部库存情况表"的制作

1. 案例知识点及效果图

Excel 具有数据库管理的一些功能，借助数据清单可以处理结构化的数据。在数据清单中，可以利用记录单方便地添加、删除、查找数据，也可以方便地对数据进行排序、筛选、分类汇总等操作。此外，Excel 还可以利用数据透视表进行大量数据快速汇总，交互式建立交叉列表。本案例主要运用以下知识点：数据清单（记录单）、简单排序与复杂排序、自定义顺序排序、自动筛选与高级筛选、数据的分类汇总等。

2. 操作步骤

1）启用"记录单"按钮

Excel 2010 提供了记录单功能，利用记录单可以方便地在数据清单中添加、修改、查找、删除数据，如图 3-147 所示。"商场家电部库存情况表"即为一个典型的数据清单。

将"记录单"按钮添加到快速访问工具栏中：右击功能区旁的空白处，在弹出的快捷菜单中选择"自定义快速访问工具栏"命令，弹出"Excel 选项"对话框，如图 3-148 所示；在"从下列位置选择命令"下拉列表中选择"不在功能区中的命令"；再在其下列表中找到"记录单"命令并单击选定，然后单击"添加"按钮，最后单击"确定"按钮即可。添加成功后，选定"商场家电部库存情况表"中的任一单元格，再单击"记录单"按钮，Excel 会自动识别该数据清单，并弹出图 3-147 右部所示的"家电"对话框。

2）添加记录

选定数据清单中的任意一个单元格，单击"记录单"按钮，弹出"记录单"对话框，

即图 3-147 右部的"家电"对话框。单击"新建"按钮，出现一个空白记录，在其中输入新记录包含的所有信息。数据输入完毕后，按 Enter 键即可在数据清单的最后一行添加一条新记录。单击"关闭"按钮，完成新记录的添加并关闭"记录单"对话框。

图 3-147　"商场家电部库存情况表"及其"家电"对话框

图 3-148　"Excel 选项"对话框

含有公式的字段将公式的结果显示为标志，这种标志不能在记录单中修改。如添加了含有公式的记录，直接按 Enter 键或单击"关闭"按钮添加记录之后，才计算公式。

　　　　提示：在"记录单"对话框中输入新记录时，既可以单击选择不同的字段，又可以使用 Tab 键移动到下一个字段，按组合键 Shift+Tab 移动到上一个字段。

3）删除、修改、查找记录

在"记录单"对话框中，单击"删除"按钮，将从数据清单中删除当前显示的记

图 3-149　设置条件界面

录。若要修改某一记录的内容，可使用"上一条"或"下一条"按钮，找到该记录，直接在相应的显示框中修改即可。若要查找符合某些条件的记录，则单击对话框中的"条件"按钮，如图 3-149 所示在需要设置条件的字段后写出数值、字符或关系运算符组成的表达式，此处为查找单价大于 4000 且库存小于 30 的家电商品记录。单击"清除"按钮，清除条件的设置；单击"还原"按钮，可还原刚清除的条件；单击"上一条"或"下一条"按钮即可查找出满足条件的记录。本例中，单击"上一条"或"下一条"按钮后可以查找出同时符合这两个条件的第 2、6、10 条记录。

提示：用记录单删除的数据无法用快速访问工具栏中的"撤销"按钮恢复。

4）数据的简单排序（按照一个字段/关键字排序）

用户可以根据数值大小、字母顺序、时间先后、汉字拼音或笔画对数据进行排序。指定排序的字段称为关键字。简单排序有升序、降序两种方式，既可按行排序，又可按列排序。

选定要排序的列（或行）中的任一单元格，单击"数据"选项卡"排序和筛选"组中的"升序"按钮 ↓ 或"降序"按钮 ↓，即可实现根据一个关键字来排序，如图 3-150 所示将根据"库存"字段的降序排列；也可单击"开始"选项卡"编辑"组中的"排序和筛选"下拉按钮，如图 3-151 所示在其下拉列表中选择"升序"或"降序"选项来实现排序。请在每个字段中尝试升序或降序的简单排序，并观察结果，总结出各类数据的简单排序依据（"长虹"的"长"是多音字，声母被视为 Z）。

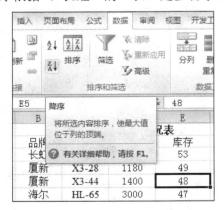

图 3-150　"排序和筛选"组中的"降序"按钮

图 3-151　"排序和筛选"下拉列表

提示：简单排序前，无须选定要排序字段的该列的所有记录，只需选定要排序列中的任一单元格即可。若事先选定排序字段的该列的所有记录，反而易导致错误结果。

5）数据的复杂排序（根据多个关键字/字段排序）

请在"商场家电部库存情况表"中先按"品名"排序，"品名"相同时再按"品牌"

排序，"品牌"相同时再按商品的"单价"降序排列。

① 选定数据清单中的任意单元格，或者选定整个数据清单的 A2:E12 单元格区域。

② 单击"数据"选项卡"排序和筛选"组中的"排序"按钮，弹出如图 3-152 所示的"排序"对话框。

图 3-152 "排序"对话框

③ 勾选对话框右上角的"数据包含标题"复选框。因本数据清单的第一行为标题（即每个字段的名称），该行不应参加排序而应始终位于顶部。若需要让第一行也参加排序，则不必勾选此复选框。用户应根据是否需要选定数据区域的第一行参加排序来选择是否勾选此复选框。

④ 根据排序需要依据的先后顺序分别确认"主要关键字""次要关键字"等。本例中先单击"主要关键字"栏的第 1 个下拉按钮，在展开的下拉列表中选择"品名"，第 2 个下拉列表"排序依据"默认为"数值"，指根据单元格中的数据内容来排序，无须更改。在第 3 个下拉列表中选择"升序"（也可选择"降序"），设置完第一个排序依据；再单击"添加条件"按钮添加"次要关键字"栏，在其第 1 个下拉列表中选择"品牌"，第 3 个下拉列表中选择"升序"，设置完第 2 个排序依据；继续单击"添加条件"按钮添加"次要关键字"栏，在其第 1 个下拉列表中选择"单价"，第 3 个下拉列表中选择"降序"，设置完最后一个排序依据，如图 3-153 所示。

图 3-153 "排序"对话框中的复杂条件设置

这里的"品名"排序依据默认为"数值"，指按第 1 个字的拼音声母升序或降序排列。用户也可以在"排序"对话框中单击"选项"按钮，弹出如图 3-154 所示的"排序选项"对话框，设置文本排序的规则是按字母先后还是按笔画多少；还可以设置排序时是否区分大小写，排序的方向是按行或列进行。值得注意的是，Excel 2010 的排序依据下拉列表中除了"数值"选项外，还有"单元格颜色"、"字体颜色"和"单元格图标"选项。若单元格中的字体有多种颜色；或者使用了"条件格式"下拉列表中的"图标集"命令添加了各种图标；又或者单元格设置了背景色，则可以使用这些选项来根据颜色和图标排序。

⑤ 单击"确定"按钮即完成复杂排序，效果如图 3-155 所示。

	A	B	C	D	E
1			商场家电部库存情况表		
2	品名	品牌	型号	单价	库存
3	VCD	厦新	X3-44	1400	48
4	VCD	厦新	X3-28	1180	49
5	冰箱	海尔	HL-65	3000	47
6	冰箱	海尔	HL-13	2160	14
7	冰箱	新飞	XF-97	3200	45
8	彩电	康佳	K3426	6480	31
9	彩电	康佳	K2918	4480	25
10	彩电	长虹	C3488	6560	19
11	彩电	长虹	C2956	4780	18
12	彩电	长虹	C2588	2890	53

图 3-154　"排序选项"对话框　　　　　图 3-155　复杂排序的效果图

6）自定义序列排序（既不按升序又不按降序排序）

前面两种排序主要是按照字母的先后顺序或数字的大小顺序来排列的，若在实际应用中需要按照用户自己定义的排序方法来进行排序，如本例中的"品牌"需按"新飞""长虹""康佳""海尔""厦新"这样的先后顺序来排列，则需使用自定义序列排序：

① 选定数据清单中的任意单元格，或者选定整个数据清单 A2:E12 单元格区域。

② 单击"数据"选项卡"排序和筛选"组中的"排序"按钮，弹出如图 3-152 所示的"排序"对话框。

③ 单击"主要关键字"栏的第 1 个下拉按钮，在展开的下拉列表中选择"品牌"，在第 3 个下拉列表中选择"自定义序列"，弹出"自定义序列"对话框。参照 3.1.4 节介绍过的添加自定义序列的方法，添加如图 3-156 所示的新序列"新飞""长虹""康佳""海尔""厦新"。

图 3-156　"自定义序列"对话框

④ 单击"确定"按钮，关闭"自定义序列"对话框，返回"排序"对话框中，第 3 个下拉列表中就出现了"新飞,长虹,康佳,海尔,厦新"的选项，单击"确定"按钮即可。图 3-157 中即是先按自定义顺序排列"品牌"，品牌相同时再根据"库存"的升序排列。

7）自动筛选

数据筛选指从数据清单中显示符合条件的记录，而将不符合条件的记录暂时隐藏起来，是一种查找数据的快速方法。Excel 2010 改善了数据筛选功能，利用其全新的搜索筛选器，用户可以用少量时间从大型数据中集中、快速搜索出目标数据。对记录进行筛选有两种方式，一种是"自动筛选"，另一种是"高级筛选"。

使用自动筛选功能，每一次只能对数据清单中的一列数据进行筛选；若需按多个字段进行筛选，必须分多次进行。对一列数据最多可同时应用两个筛选条件，操作步骤如下。

（1）将鼠标指针定位在要筛选的数据区域中，不必选中所有数据区域，自动筛选功能会自动找到选定单元格周围的有效数据区域。

（2）单击"数据"选项卡"排序和筛选"组中的"筛选"按钮；或者单击 "开始"选项卡"编辑"组中的"排序和筛选"下拉按钮，在其下拉列表中选择"筛选"命令，在每列的标题旁会出现一个下拉按钮。

（3）在需要筛选的列标题上单击下拉按钮，在展开的下拉列表中选择合适的条件，即可按选定的条件自动筛选，工作表中只显示满足条件的数据内容（若单元格未设置背景色，则"按颜色筛选"命令为灰色，不可用）。

例如，单击"型号"字段的下拉按钮，会展开如图 3-158 所示的下拉列表。一般情况下可通过选择该列表中的命令来达到筛选数据的目的。与早期版本不同的是，在 Excel 2010 中，该下拉列表含有一个搜索文本框，这就是 Excel 2010 中新增的搜索筛选器，利用它可以快速地搜索、筛选数据。在此文本框中输入关键词，即可智能地搜索出目标数据，如要查找型号中带有 X 的商品记录，只需在文本框中输入"X"，再单击"确定"按钮即可完成筛选。

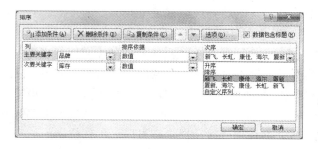

图 3-157 自定义序列排序

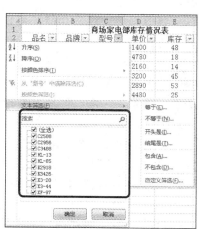

图 3-158 "型号"字段的筛选下拉列表

又如，单击"单价"字段的下拉按钮，会展开如图 3-159 所示的下拉列表。当鼠标指针指向其中的"数字筛选"选项时，将打开其子菜单，用户可根据实际需要设置筛选条件。若条件较复杂，也可在该列表中选择"自定义筛选"选项，在弹出的"自定义自动筛选方式"对话框中设置筛选条件（最多可设置两个条件）。如用户需同时浏览单价较贵（大于或等于 6000）和较便宜（小于 2000）的商品，可将"自定义自动筛选方式"对话框设置为如图 3-160 所示的效果。其中的"与"单选按钮表示设定的两个条件都要满足，"或"单选按钮表示设定的两个条件满足其中之一即可。

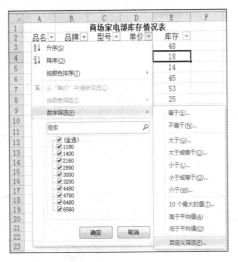

图 3-159　"单价"字段的筛选下拉列表　　　图 3-160　"自定义筛选方式"对话框

（4）若要恢复数据的显示，可单击设置了筛选条件的列标题旁边的下拉按钮，在下拉列表中选择清除筛选，即可取消当前列的筛选条件，显示数据。若要恢复所有的数据显示，则可单击"数据"选项卡"排序和筛选"组中的"清除"按钮，清除当前数据范围的筛选和排序状态。

若要取消自动筛选功能，可再次单击"数据"选项卡"排序和筛选"组中的"筛选"按钮。这时，列标题旁的所有下拉按钮都会消失。

　　　　提示：进行自动筛选前，一定要确定选定了数据清单区域的某个单元格。如果选定的是空白区域的单元格，Excel 会弹出提示对话框"使用指定的区域无法完成该命令。请在区域内选择某个单元格，然后再次尝试该命令。"。

8）高级筛选

当筛选条件很复杂时，可以使用高级筛选。例如，需在"商场家电部库存情况表"中查找库存量低于 20 的彩电商品信息，若使用自动筛选，必须分两次进行，即先使用"品名"字段的下拉按钮筛选出所有的彩电信息，再使用"库存"字段的下拉按钮筛选出小于 20 的记录。又如，需在"商场家电部库存情况表"中筛选出品牌为"海尔"或者库存低于 20 的商品信息，使用自动筛选无法完成。而使用高级筛选，则可以一步到位。

使用高级筛选不会出现自动筛选的下拉按钮，但会要求设置条件区域。条件区域应建立在数据清单区域之外，与清单区域间有空行或空列分隔。输入筛选条件时，首先要输入条件的列标题，在其下再输入筛选条件。多个条件输入在同一行时，为"逻辑与"关系；多个条件输入在不同行时，为"逻辑或"关系。设置好条件后，执行高级筛选，在弹出的对话框中进行"列表区域"和"条件区域"的设置，并设置筛选结果存放的位置。

要筛选出"商场家电部库存情况表"中品牌为"海尔"或者库存低于 20 的商品信息，可按照以下操作步骤进行：

（1）在数据清单外的区域输入筛选条件，该条件区域必须包含设置条件的字段名和条件的内容，如图 3-161 所示。本例中的两个筛选条件设置在不同的行中，为"逻辑或"关系。

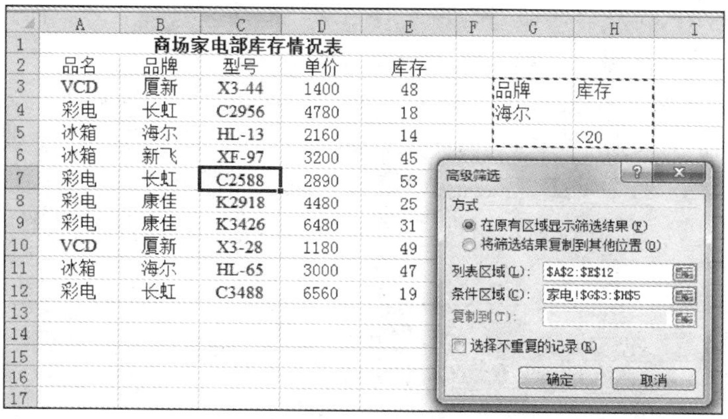

图 3-161　高级筛选

（2）选定数据清单内的任一单元格，单击"数据"选项卡"排序和筛选"组中的"高级"按钮，弹出"高级筛选"对话框。

（3）在"方式"组中选择结果输出的位置，默认方式是"在原有区域显示筛选结果"。若要保留原始的数据清单，将符合条件的记录复制到其他位置，应在该处选中"将筛选结果复制到其他位置"单选按钮，并在其下的"复制到"文本框中输入欲复制到的位置。

（4）确定筛选的数据区域。"列表区域"栏中会自动显示选定的单元格周围的数据区域，也可以重新输入或用鼠标拖曳选定要进行筛选的单元格区域。本例的筛选区域为 $A$2:$E$12。

（5）在"条件区域"栏中输入"家电!$G$3:$H$5"，或用鼠标直接拖曳选定 G3:H5 单元格区域（筛选条件所在区域），如图 3-161 所示。

（6）如果要求不显示重复记录，可勾选"选择不重复的记录"复选框，则同时满足多个条件的记录只会显示一次。最后，单击"确定"按钮完成高级筛选，将显示出 4 条记录。

若要恢复所有的数据显示，可单击"数据"选项卡"排序和筛选"组中的"清除"按钮，清除当前数据范围的筛选和排序状态。

9）简单分类汇总

分类汇总是对工作表中的数据按某个字段分类，并进行数据统计，如求和、求平均值等。需要注意的是，在分类汇总前，必须对分类字段排序，使同类数据排列在一起，否则得不到正确的分类汇总结果。

简单分类汇总用于对数据清单中的某一列先进行排序，然后进行分类汇总。例如，要在"商场家电部库存情况表"中按商品类别（即品名）分别对各类家用电器的库存进行求和统计，具体操作步骤如下。

（1）本例是按商品类别来分类的，因此应根据"品名"字段来排序。选定"品名"列中的任一单元格，再单击"数据"选项卡"排序和筛选"组中的"升序"按钮，就会出现如图 3-162 所示的按"品名"的升序进行排列的数据清单。

提示：排序时单击"升序"按钮和"降序"按钮皆可，因为排序仅是一种手段，只要使同类数据排列在一起即可。

（2）选定数据清单中的任一单元格，单击"数据"选项卡"分级显示"组中的"分类汇总"按钮，弹出"分类汇总"对话框。在"分类字段"下拉列表中选择用于分类的字段（即"品名"），在"汇总方式"下拉列表中选择"求和"，在"选定汇总项"列表中勾选需要进行汇总的字段（即"库存"），其余保持系统默认设置，如图 3-162 所示。

	A	B	C	D	E
					品名
1		商场家电部库存情况表			
2	品名	品牌	型号	单价	库存
3	VCD	厦新	X3-28	1180	49
4	VCD	厦新	X3-44	1400	48
5	冰箱	海尔	HL-65	3000	47
6	冰箱	新飞	XF-97	3200	45
7	冰箱	海尔	HL-13	2160	14
8	彩电	长虹	C2588	2890	53
9	彩电	康佳	K3426	6480	31
10	彩电	康佳	K2918	4480	25
11	彩电	长虹	C3488	6560	19
12	彩电	长虹	C2956	4780	18

分类汇总

分类字段(A)：
品名

汇总方式(U)：
求和

选定汇总项(D)：
□ 品名
□ 品牌
□ 型号
□ 单价
☑ 库存

☑ 替换当前分类汇总(C)
□ 每组数据分页(P)
☑ 汇总结果显示在数据下方(S)

全部删除(R)　　确定　　取消

图 3-162　排序后的数据清单和"分类汇总"对话框

（3）单击"确定"按钮，关闭"分类汇总"对话框。VCD、冰箱和彩电 3 类商品各自的库存量就会自动汇总在每个类别的下面，分类汇总后的数据清单如图 3-163 所示。

分类汇总后，行号的左侧会出现分级显示区，默认情况下数据会分 3 级显示。在分级显示区的上方有 3 个按钮，可以用来控制显示的数据内容。单击"1"按钮，只显示数据清单的列标题和总计结果；单击"2"按钮，显示列标题、各个分类汇总结果及总计结果；单击"3"按钮，显示所有详细数据。

若要取消分类汇总的结果，只要选定数据清单区域中的任一单元格，再次单击"数据"选项卡"分级显示"组中的"分类汇总"按钮，弹出"分类汇总"对话框（图 3-164），在其中单击"全部删除"按钮即可。

1 2 3		A	B	C	D	E
	1		商场家电部库存情况表			
	2	品名	品牌	型号	单价	库存
	3	VCD	厦新	X3-28	1180	49
	4	VCD	厦新	X3-44	1400	48
	5	VCD 汇总				97
	6	冰箱	海尔	HL-65	3000	47
	7	冰箱	新飞	XF-97	3200	45
	8	冰箱	海尔	HL-13	2160	14
	9	冰箱 汇总				106
	10	彩电	长虹	C2588	2890	53
	11	彩电	康佳	K3426	6480	31
	12	彩电	康佳	K2918	4480	25
	13	彩电	长虹	C3488	6560	19
	14	彩电	长虹	C2956	4780	18
	15	彩电 汇总				146
	16	总计				349

图 3.163　分类汇总后的数据清单

图 3-164　"分类汇总"对话框

10）嵌套分类汇总

嵌套分类汇总是在简单分类汇总的基础上，重复进行分类汇总，但每次的分类字段必须相同。如在上例中，用户按商品类别分别对各类家用电器的库存进行求和统计后，还希望统计各类家用电器的单价，其操作方法：选定数据清单中的任一单元格，再次单击"数据"选项卡"分级显示"组中的"分类汇总"按钮，弹出"分类汇总"对话框。其中的"分类字段"保持不变，在"汇总方式"下拉列表中选择"平均值"，在"选定汇总项"列表中勾选需要进行汇总的字段（即"单价"），取消勾选"替换当前分类汇总"复选框，如图 3-164 所示。单击"确定"按钮返回工作表中，则数据清单添加了单价的平均价格汇总。

3.4.2　"医药公司销售情况的数据透视表"的制作

1. 案例知识点及效果图

本案例主要运用以下知识点：工作表的移动、更改工作表名称、数据透视表的创建与修改、数据透视图的创建等。本例要求根据 3.3.4 节的"医药公司销售情况表的制作"案例，选定"商品销售汇总表"工作表的 A1:E21 单元格区域内容，建立数据透视表。行标签为型号，列标签为商品类别，求和计算全年销售总额。数据透视表创建在新表中，表名为"透视表"，放置在最后，如图 3-165 所示。

2. 操作步骤

（1）单击"商品销售汇总表"工作表标签，拖曳鼠标选定 A1:E21 单元格区域，再单击"插入"选项卡"表格"组中的"数据透视表"下拉按钮，在展开的下拉列表中选择"数据透视表"选项（图 3-166），弹出"创建数据透视表"对话框，如图 3-167 所示。

（2）核对该对话框中显示的"表/区域"是否正确，若发生错误还可重新选定单元格区域进行更改。在"选择放置数据透视表的位置"组中单击选择位置。如果数据透视表较大，内容很多，或者原始的工作表中数据量较大，建议在新工作表中生成透视表。本例参照图 3-167 进行设置即可，单击"确定"按钮。

图 3-165　"商品销售汇总表"的透视表效果图

图 3-166　选择"数据透视表"选项　　　　图 3-167　"创建数据透视表"对话框

（3）工作簿中出现了新的工作表，左部是空白的透视表区域，右部是"数据透视表字段列表"，可进行拖曳和设置，如图 3-168 所示。双击该工作表标签，将工作表名更改为"透视表"，再单击工作表标签将其拖曳至最后。

提示："透视表"工作表右下角的报表筛选区域用于对数据透视表进行整体的筛选。行标签指该框中字段将放在行区域，以行的方式展示。列标签指该框中字段将放在列区域，以列的方式展示。通常将行标签和列标签称为统计维度。"Σ数值"则意味着该框中的字段将实现不同类型的计算，达到数据统计的效果，即统计值。

（4）数据透视表列表字段处显示的字段名称是原始数据区域的列字段名（标题行），如图 3-168 方框内所示，可拖曳到下面的 4 个框中。单击"商品类别"字段，并按住鼠标左键不放拖曳至"列标签"框中；再单击"型号"字段，并按住鼠标左键不放，拖曳至"行标签"框中；最后，单击"全年销售总额"字段，并按住鼠标左键不放，拖曳至"Σ数值"框中，即可显示出图 3-165 所示的数据透视表。

（5）更改列标签"商品类别"的顺序。列标签默认按升序排列。若对列标签的排序不满意，可单击"列标签"旁的筛选按钮，弹出如图 3-169 所示的下拉列表，单击"降序"或"其他排序选项"更改默认排序。"其他排序"默认为手动排序，即由用户拖曳"商品类别"的各个项目从而实现按任意顺序排列。如选定列标签"医疗器械"所在的 D4 单元格，将鼠标指针移至其下边框处，出现四向箭头后按住鼠标左键不放，将其拖曳至 B4 单元格。更改列标签排序后的数据透视表如图 3-170 所示。同理，也可更改行标签"型号"的排序，或利用行标签和列标签的筛选按钮进行各种条件的自动筛选。

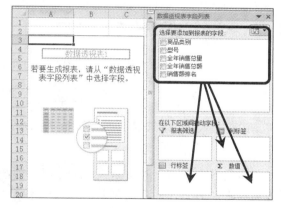

图 3-168　空白的数据透视表及其字段列表

图 3-169　设置列标签的排列顺序

（6）更改统计类型。图 3-165 的第 25 行（即"总计"行）是对数值进行求和统计的结果。数据透视表常用的值汇总方式是求和与计数，除此以外，还有平均值、最大值、最小值、乘积等。如果统计字段为文本，只能使用计数功能；如果统计字段为数值，则可以使用任意的值汇总方式。

① 单击"Σ数值"框中的字段，将显示如图 3-171 所示的快捷菜单，选择"值字段设置"命令，即可弹出"值字段设置"对话框，如图 3-172 所示。可在"值汇总方式"选项卡中选择平均值、计数、最大值、最小值等，还可通过"值显示方式"选项卡修改数据的显示方式，一般使用"无计算"显示方式。按统计需求，可以修改为"全部汇总百分比""列汇总的百分比""行汇总的百分比"等不同的显示方式，如图 3-173 所示。

图 3-170　更改列标签排序后的数据透视表　　　　图 3-171　快捷菜单

图 3-172　"值字段设置"对话框"值汇总方式"　图 3-173　"值字段设置"对话框"值显示方式"
选项卡　　　　　　　　　　　　　　　　　　选项卡

　　② 右击数据透视表中"总计"行的任意单元格，在弹出的快捷菜单中也可修改统计类型。如图 3-174 所示，单击选择"最大值"汇总方式，即可得到新的计算结果。对比"医药公司销售情况表"的"图表制作"工作表中的 E 列数据，检查利用 MAX 函数计算得出的全年最大销售额是否与数据透视表的总计行数据相同。

　　③ 选定数据透视表中的任一单元格，功能区将出现"数据透视表工具"选项卡，选择其子选项卡"选项"，在"计算"组中单击"按值汇总"按钮，也可更改汇总方式。

　　　　　　　　提示：制作数据透视表时，必须首先分析统计的需求，把需求分成 3 个部分考虑，分别是统计维度、统计值和统计类型，方可正确地拖曳字段到数据透视表各区域，并汇总出所需结果。

　　（7）生成数据透视图。数据透视表数据还可以方便地生成数据透视图。选定数据透视表中的任一单元格，再单击"数据透视表工具-选项"选项卡"工具"组中的"数据透视图"按钮，弹出"插入图表"对话框，默认图表类型为"柱形图"的"簇状柱形图"（第 1 排第 1 个），直接单击该对话框的"确定"按钮，得到图 3-175 所示的图表。若对该图表的分类轴不满意，可直接选定图 3-175 所示的轴字段"型号"，并按住鼠标左键不放，将其拖曳回数据透视表的字段列表区，更改后的图表如图 3-176 所示。

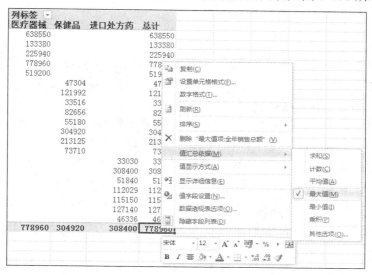

图 3-174　按"最大值"统计各商品类别的全年最大销售额

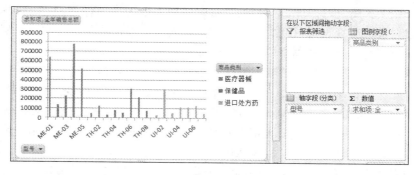

图 3-175　数据透视图（一）

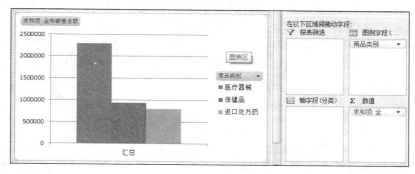

图 3-176　数据透视图（二）

　　数据透视图通过对数据透视表中的汇总数据添加可视化效果来对其进行补充，以便用户轻松查看、比较模式和趋势，与数据透视表相比更形象、生动、直观。有关数据透视图、表的编辑与修改等操作，待 3.5 节图表制作中再详细讲解。

3.4.3　知识点详解

1. 数据清单

排序、筛选和分类汇总功能都是在数据清单中进行的。数据清单指工作表中一个连续存放数据的单元格区域，其将一条记录的数据信息分成几项，分别存储在同一行的几个单元格中，而同一列则存储所有记录的相似信息。

建立数据清单之前，首先必须设计好它是由哪几个字段组成的，并分别为其命名。行表示记录，列表示字段，在一列中必须存放相同类型的数据；列标题为字段名，字段名必须放在数据清单的第一行，且必须安排在连续的列中。数据清单中不能存在空白行或空白列。图 3-147 中"商场家电部库存情况表"即为一个典型的数据清单，每个家电商品的信息是一条记录，存放在一行中，各列则可以分别存放商品的品名、品牌、型号、单价、库存等。

2. 数据透视表和数据透视图

数据透视表是一种交互式的表，可使用数据透视表汇总、分析、浏览和呈现各类数据及其计算结果。所进行的计算与数据及数据透视表中的排列有关。之所以称为数据透视表，是因为数据透视表可以动态地改变其版面布置，以便按照不同方式分析数据，也可以重新安排行号、列标和页字段。每一次改变版面布置时，数据透视表会立即按照新的布置重新计算数据。如果原始数据发生更改，则需要更新数据透视表再次计算。数据透视表的主要作用在于提高 Excel 报表的生成效率，它涵盖了 Excel 的大部分用途（包括图表、排序、筛选、公式计算、函数、汇总等），还配备了切片器、日程表等交互工具，可以实现数据透视表报告的人机交互功能。在 Excel 中大部分不是用数据透视表做出来的上述效果，其实用数据透视表都能够同样做出来。

数据透视图为关联数据透视表中的数据提供其图形表示形式。数据透视图也是交互式的。创建数据透视图时，会打开数据透视图筛选窗格。可使用此筛选窗格对数据透视图的基础数据进行排序和筛选。对关联数据透视表中的布局和数据的更改将立即体现在数据透视图的布局和数据中，反之亦然。数据透视图显示数据系列、类别、数据标记和坐标轴（与标准图表相同），也可以更改图表类型和其他选项，如标题、图例的位置、数据标签、图标位置等。

3. 数据有效性

Excel 2010 强大的制表功能给人们的工作、学习带来了方便，但是在输入繁杂数据的过程中很容易出现输入错误，如输入了重复的身份证号码或超出范围的无效数据等。通过应用数据的有效性设置功能，合理设置数据有效性规则，就可以有效减少输入错误。通常采用如下步骤设置数据有效性。

（1）选定要指定数据有效性的数据区域。

（2）单击功能区的"数据"选项卡"数据工具"组中的"数据有效性"下拉按钮，

在展开的下拉列表中选择"数据有效性"选项，弹出"数据有效性"对话框。

（3）在对话框的"设置"选项卡中设置有效性条件，如"整数""小数""日期""序列"等。不同类型的值，数据取值范围的设置窗口不相同。

（4）在对话框的"输入信息"选项卡中，设置在选定区域输入数据时的"输入信息"及"标题"。

（5）在"出错警告"选项卡中，设置输入无效数据时的警告"样式"、"错误信息"和"标题"。其中，"停止"样式是无法输入不满足条件的数据；"警告"样式在用户输入无效数据时，会弹出出错警告对话框，选择"是"可以输入无效数据，但默认按钮为"否"；"信息"样式的限制最弱，当用户输入不满足条件的数据时，弹出的对话框中默认"是"按钮，按 Enter 键即可输入不满足条件的数据。

以下介绍拒绝输入重复数据、快速揪出无效数据，以及通过下拉列表框选择输入数据的具体操作方法。

1）拒绝输入重复数据

身份证号码、学号等个人 ID 都是唯一的，若在工作表的某列中需要输入这类不允许重复的数据，可通过设置该列的数据有效性，拒绝输入重复数据。

（1）选定需要输入学号的 A 列，按照前述方法打开"数据有效性"对话框。

（2）选择"设置"选项卡，在"有效性条件"组中的"允许"下拉列表中选择"自定义"选项，并勾选"忽略空值"复选框；在"公式"文本框中输入"=COUNTIF(A:A,A1)=1"（不含双引号，在英文半角状态下输入，字母大小写皆可），如图 3-177 所示。

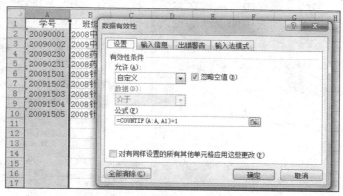

图 3-177 在"设置"选项卡中输入公式

（3）切换到"出错警告"选项卡，选择出错时的警告样式，并填写标题和错误信息，按照图 3-178 所示进行设置。最后，单击"确定"按钮，完成数据有效性的设置。

当用户在 A 列中输入的信息重复时，Excel 会立刻弹出"输入错误"警告对话框，如图 3-179 所示。这时只要单击"取消"按钮关闭出错警告对话框，或单击"重试"按钮重新输入正确的数据，就可以避免输入重复的数据。

2）快速揪出无效数据

用 Excel 处理数据，有些数据是有范围限制的，如以百分制记分的考试成绩必须是 0~100 范围内的某个数据，输入此范围之外的数据就是无效数据。如果采用人工审核的方法，要从浩瀚的数据中找到无效数据十分不易，可以利用 Excel 2010 的数据有效性，快速揪出表格中的无效数据。

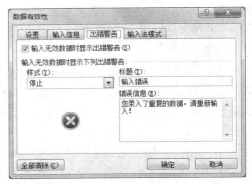

图 3-178 "出错警告"选项卡　　　　　图 3-179 "输入错误"警告对话框

（1）选定需要审核的考试分数区域，按照前述方法打开"数据有效性"对话框。

（2）选择"设置"选项卡，在"有效性条件"组中的"允许"下拉列表中选择"小数"选项，并勾选"忽略空值"复选框；其下出现"数据"下拉列表，在其中选择"介于"，最小值设为 0，最大值设为 100，如图 3-180 所示。单击"确定"按钮，关闭对话框。

（3）设置好数据有效性规则后，单击功能区"数据"选项卡"数据工具"组中的"数据有效性"下拉按钮，在展开的下拉列表中选择"圈释无效数据"选项，表格中的所有无效数据就被一个个椭圆圈释出来，错误数据一目了然，如图 3-181 所示。若不想显示这些椭圆，则单击该下拉列表中的"清除无效数据标识圈"命令即可。

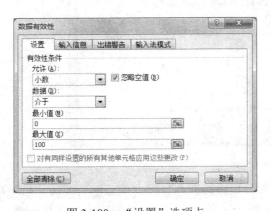

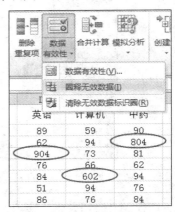

图 3-180 "设置"选项卡　　　　　图 3-181 圈释无效数据

3）通过下拉列表选择输入数据

Excel 2010 具有数据的有效性设置功能，该功能可使单元格中的数据和内容通过下拉列表选择输入，既加快了数据输入的速度，又可以有效地减少输入错误。例如，要在"院系名称"列中使用下拉列表进行输入，其操作方法分为以下几个步骤。

（1）选定"院系名称"单元格下方所有需要进行院系名称输入的单元格。

（2）单击"数据"选项卡"数据工具"组中的"数据有效性"下拉按钮，在展开的下拉列表中选择"数据有效性"选项（图 3-182），弹出"数据有效性"对话框，如图 3-183 所示。

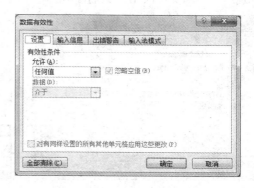

图 3-182 "数据有效性"下拉列表　　图 3-183 "数据有效性"对话框

（3）选择该对话框的"设置"选项卡，在"有效性条件"组中的"允许"下拉列表中选择"序列"选项，并勾选"忽略空值"和"提供下拉箭头"复选框，如图 3-184 所示。如果数值的有效性是基于已命名的单元格区域，并在该区域中有空白单元格，则勾选"忽略空值"复选框后，将使单元格中输入的值都有效。

（4）在"来源"文本框内输入可供选择的各院系名称，名称之间用英文状态下的逗号隔开，如"药学院,信息工程学院,管理学院,针灸骨伤学院,基础医学院,护理学院"，如图 3-184 所示。若不手工输入数据来源，也可以利用"来源"文本框末尾的折叠对话框按钮来选择工作表中已存在的现成数据（图 3-185），但下拉列表中的内容会随着数据的改变而改变。

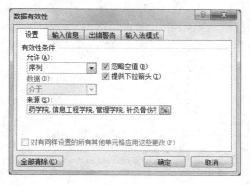
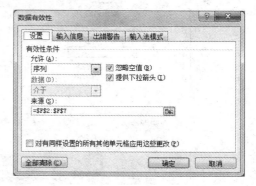

图 3-184 在"设置"选项卡中直接输入数据来源　　图 3-185 在"设置"选项卡中选择数据来源

（5）设置完毕后，选择该对话框中的"输入信息"选项卡，在其中设置选定单元格时显示的输入信息。在选项卡中勾选"选定单元格时显示输入信息"复选框，然后在其下方的"标题"文本框中输入"院系名称"，在"输入信息"列表中输入"请直接单击选择！"，如图 3-186 所示。操作完毕后单击"确定"按钮，返回工作表中。此时选定"院系名称"下方的单元格，则会出现如图 3-187 所示的提示信息。若不希望在选定单元格后出现任何提示信息，此步骤可省略。用户单击单元格右部的下拉按钮，在展开的下拉列表中即可直接选择院系名称进行输入，如图 3-188 所示。用户也可以直接在单元格中输入数据，但必须与预先设定的序列内容一致。

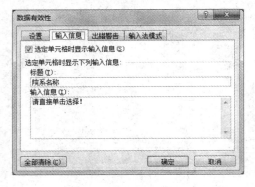  

图 3-186 "输入信息"选项卡 图 3-187 提示信息 图 3-188 使用下拉列表

（6）若有需要，用户还可以设置输入错误信息时系统弹出的警告对话框。输入错误信息即指用户输入了除下拉列表中可选院系名称以外的信息。选择"数据有效性"对话框中的"出错警告"选项卡，在选项卡中勾选"输入无效数据时显示出错警告"复选框，然后在其下方的"样式"下拉列表中选择"停止"选项，即单元格中出现错误信息时将会强制停止用户的操作，迫使用户重新输入。在"标题"文本框中输入"院系名称错误"，在"错误信息"列表中输入"请单击下拉列表框按钮选择院系名称！"，这些内容将作为出错警告对话框中的提示内容，如图 3-189 所示。若不设置此步骤，输入错误信息时系统则会弹出默认的"Microsoft Excel"对话框，如图 3-190 所示。

图 3-189 "院系名称错误"对话框 图 3-190 出错警告对话框

3.5 图 表 制 作

在 Excel 中，根据工作表中的数据生成的图形就称为图表。通过图表能更直观地揭示出数据间的关系，使用户一目了然。当工作表中的数据发生变化时，图表也会相应地改变。

Excel 2010 提供了丰富的图表功能，可以方便地绘制不同类型的图表。主要的图表类型及特点如下。

- 柱形图：用于描述数据随时间变化的趋势或各项数据之间的差异。
- 条形图：与柱形图相似，其更强调数据的变化。
- 折线图：显示在相等时间间隔内数据的变化趋势，其更强调时间的变化率。
- 面积图：强调各部分与整体间的相对大小关系。
- XY 散点图：一般用于科学计算，显示间隔不等的数据的变化情况。
- 气泡图：是一种特殊的散点图，气泡的大小可以显示数据组中第三变量的数值。
- 饼图：显示数据系列中每项占该系列数值总和的比例关系，只能显示一个数据系列。
- 圆环图：类似于饼图，也可以显示部分与整体的关系，但表示多个数据系列。
- 雷达图：用来综合比较几组数据系列，每个分类都有自己的数据坐标轴，这些坐标轴从中向外辐射，同一系列的数据用折线相连。
- 股价图：用来分析说明股市的行情变化。
- 曲面图：用来寻找两组数据间的最佳组合。

利用数据生成图表时，要依照具体情况选用不同的图表类型。正确选用图表类型，可以使数据变得更加简单、清晰。

制作图表时，首先需要考虑使用哪些单元格中的数据来进行分析，从而说明问题；接着要考虑怎样的图表类型比较适合说明这个问题。例如，要强调各项数据之间的差异，使用柱形图或条形图比较合适；要强调各部分与整体间的相对大小关系，则使用面积图比较合适；要表明数据的变化趋势，则使用折线图较好。然后，就可以根据数据区域来创建图表了。创建好之后，要检查图表是否正确、图表类型是否合适、有没有漏掉数据区域等。为了使图表能更清晰地反映数据之间的关系和特点，创建好后还应选定图表中的各个部分进行格式设置和调整。

3.5.1 "考试成绩表之图表" 的制作

1. 案例知识点及效果图

本例基于"考试成绩表"案例中的数据，要求制作图表分析学生各科目的成绩，能通过图表得知所有学生哪门科目考得好、哪门科目考得相对较差，适合用折线图。图表样图如图 3-191 所示。通常的图表包括图表区、绘图区、图表标题、数据系列、数据标记、数据标签、坐标轴、坐标轴标题、刻度线、网格线、图例、图例标志、背景墙及基底等基本组成要素。

- 图表区：整个图表及其包含的元素。
- 绘图区：在二维图表中，以坐标轴为界并包含全部数据系列的区域。在三维图表中，绘图区以坐标轴为界并包含数据系列、分类名称、刻度线和坐标轴标题。
- 图表标题：关于图表内容的说明文本，与坐标轴对齐或在图表顶端居中。

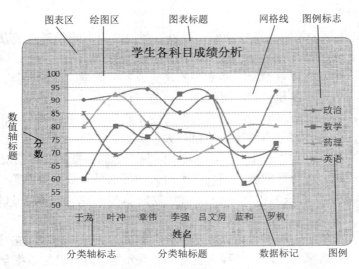

图 3-191　考试成绩表之图表

- 数据系列：图表上的一组相关数据点，取自工作表的一行或一列，图表中的每个数据系列以不同的颜色和图案加以区别。
- 数据标记：图表中的条形、面积、圆点、扇形或其他类似符号，来自于工作表单元格的单一数据点或数值。图表中所有相关的数据标记构成了数据系列。
- 数据标签：根据不同的设置，数据标签可以表示数值、数据系列名称、类别名称。
- 坐标轴：计量和比较的参考线，一般包括水平分类轴和垂直数值轴。在坐标轴附近可以添加坐标轴标题。
- 刻度线：坐标轴的短度量线。
- 网格线：图表中从坐标轴刻度线延伸开来并贯穿整个绘图区的可选线条系列。
- 图例：用于标示图表中的数据系列。
- 图例标志：图例中用于标示图表上相应数据系列的图案和颜色的标志。
- 背景墙及基底：三维图表中包含在三维图形周围的区域，用于显示维度和边角尺寸。仅限在立体图表中使用。
- 模拟运算表：在图表下面的网格中显示每个数据系列的值，一般的图表若不需要突出说明数据系列，无须在图表下添加模拟运算表。

2. 操作步骤

1）选定生成图表的数据源

本例选定 C4:F10 单元格区域，如图 3-192 所示。

2）选择图表类型

单击"插入"选项卡"图表"组中的"折线图"下拉按钮，在展开的下拉列表中选择"带数据标记的折线图"选项，如图 3-192 所示。这时工作表中就出现了如图 3-193 所示的图表，该图表为嵌入式图表。此图表与要制作的"学生各科目成绩分析"图表（图 3-191）相差甚远，需要后续步骤进行大量修改。

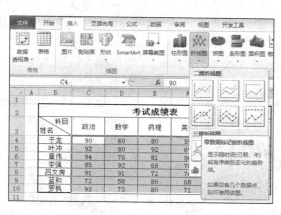

图 3-192 "折线图"下拉列表

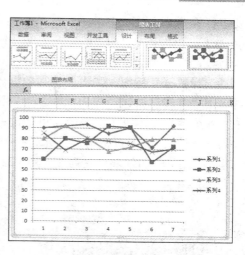

图 3-193 生成的图表

用户还可以单击"图表"组中的其他下拉按钮生成各种类型的图表，或者单击如图 3-194 所示的"图表"组右下角的扩展按钮，弹出"插入图表"对话框（图 3-195），在其中选择图表类型后再单击"确定"按钮插入图表。

图 3-194 "创建图表"按钮

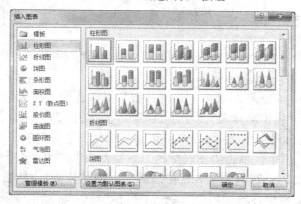

图 3-195 "插入图表"对话框

3）确认数据源并修改名称

生成的图表中，系列名称为默认值，分类轴标志也为"1、2、3…"的默认值，需要进行修改。

（1）单击生成的图表时，功能区会增加"图表工具"选项卡，其中包含3个子选项卡"设计"、"布局"和"格式"，如图 3-193 所示。单击"设计"选项卡"数据"组中的"选择数据"按钮，弹出"选择数据源"对话框，如图 3-196 所示。选定"系列 1"，再单击"编辑"按钮，弹出如图 3-197 所示的"编辑数据系列"对话框。根据该对话框中"系列值"文本框中的内容，可知该系列为政治分数，因此在"系列名称"文本框中输入"政治"；或者直接选定系列名称所在的单元格，即 C3。到此"系列 1"名称修改完毕。采用同样方法将"系列 2""系列 3""系列 4"分别修改为"数学""药理""英语"。

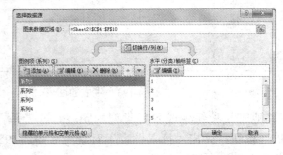

图 3-196　"选择数据源"对话框　　　　图 3-197　"编辑数据系列"对话框

（2）单击"选择数据源"对话框中的"编辑"按钮，弹出"轴标签"对话框，该对话框用来设置分类轴标志。拖曳鼠标左键选定 B4:B10 单元格区域作为分类轴标志的来源，再单击"确定"按钮返回"选择数据源"对话框。此时，生成的图表中系列名称和分类轴标志都已经发生改变，不再是默认值。最后，单击"确定"按钮，返回图表。

　　　　提示：右击图表区的空白处，在弹出的快捷菜单中选择"选择数据"命令也可以弹出"选择数据源"对话框。"选择数据源"对话框用来确定图表的数据区域，修改系列名称和分类轴标志。被选定的图表数据区域会被闪烁的线条包围，若需更改则可直接拖曳鼠标选定新的数据源区域，还可以通过单击"切换行/列"按钮来决定将行标题或列标题中的哪一个作为主要分析对象，这个分析对象对应的即为图表中的横坐标。

4）设置标题

生成的图表中没有包含任何标题，因此需要添加图表标题、分类轴标题和数值轴标题才能更接近图 3-191 中的显示效果。

选择"图表工具-布局"选项卡，其"标签"组中包含"图表标题""坐标轴标题""图例""数据标签""模拟运算表"5 个下拉按钮。前 3 个按钮分别用来添加、删除或放置图表标题、坐标轴标题和图例，这 3 个按钮的下拉列表中提供了多种样式供用户选择，如图 3-198 所示。本例中，单击"图表标题"下拉列表中的"图表上方"命令将图表标题放置在图表的顶部，并在其中输入"学生各科目成绩分析"。然后依次单击"坐标轴标题"按钮→"主要横坐标轴标题"命令→"坐标轴下方标题"命令，将横坐标轴标题放置在分类轴下方，并在其中输入"姓名"。最后依次单击"坐标轴标题"按钮→"主要纵坐标轴标题"命令→"竖排标题"命令，将纵坐标轴标题放置在数值轴左侧，并在其中输入"分数"。

　　若还要在图表中添加数据标签显示数据点的值,可以先选定图表,单击"数据标签"下拉按钮,在展开的下拉列表中根据需要放置数据标签的位置来选择各个命令即可。这种方式会给图表中的每个系列都添加数据标签,会使某些类型的图表显得比较杂乱。因此,可以只为部分数据系列添加数据标签,操作方法:在图表中选定要添加数据标签的系列,单击"数据标签"下拉按钮,在展开的下拉列表中选择用户需要的样式;或者右击选定的系列,弹出如图 3-199 所示的快捷菜单,选择其中的"添加数据标签"命令即可在某一系列的数据点中显示具体数值。

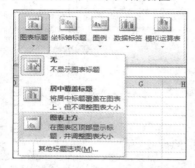

图 3-198　"标签"组中的 5 个下拉按钮　　　　图 3-199　右击系列的快捷菜单

　　"标签"组最后的"模拟运算表"下拉按钮用来在图表中添加或删除模拟运算表,使图表下面的网格中显示每个数据系列的值。一般情况下生成的图表中不包含模拟运算表。

　　提示:若要修改或删除已经设置的各类标题,只需在图表中单击该标题,直接进行修改或删除操作即可。

　　5)设置网格线和坐标轴样式

　　单击"图表工具-布局"选项卡"坐标轴"组中的"网格线"下拉按钮,可调整横网格线和纵网格线的显示效果。一般情况下,图表不包含纵网格线,只包含主要横网格线。

　　单击"图表工具-布局"选项卡"坐标轴"组中的"坐标轴"下拉按钮,可调整横坐标轴和纵坐标轴的样式。本案例中生成的图表,网格线和坐标轴样式都无须修改。至此,已将"学生各科目成绩分析"图表初步完成。但该图表的格式还未设置,与图 3-191 中的效果有一定差异。以下操作步骤将让初步生成的图表更加美观。

　　6)设置坐标轴格式

　　将垂直坐标轴即数值轴的刻度设置为"50、55、60、65、…、90、95、100"。双击数值轴,弹出"设置坐标轴格式"对话框,在"坐标轴选项"中修改最小值、主要刻度单位,如图 3-200 所示。设置完毕后单击该对话框的"关闭"按钮即可。

　　7)设置数据系列格式

　　初步生成的"学生各科目成绩分析"图表中,"英语"系列的数据标记比较小,不够明显,要修改为"Ж"。双击"英语"系列,弹出"设置数据系列格式"对话框,在"数据标记选项"中将数据标记类型设置为"内置",并修改其类型和大小,如图 3-201

所示。在"数据标记填充"中选中"纯色填充"单选按钮，并在"颜色"下拉列表中选择"紫色 淡色 60%"，如图 3-202 所示。在"线型"中勾选"平滑线"复选框，使数据点之间的连接线没有棱角，变得比较平滑。设置完毕后单击该对话框的"关闭"按钮即可。可将其他系列的线型都进行同样的修改，将数据系列格式统一。"数学"系列的数据标记偏大，略显突兀，同理可修改其大小。

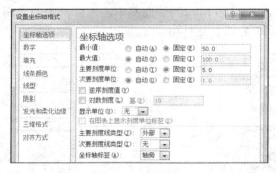

图 3-200　设置坐标轴选项

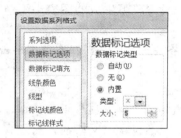

图 3-201　设置数据标记选项

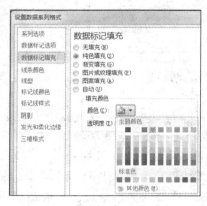

图 3-202　设置数据标记的填充颜色

8）设置数据标签格式

若要在"数学"系列旁添加数据点表示的具体值进行突出显示，可右击"数学"系列，在弹出的快捷菜单中选择"添加数据标签"命令。此时的"学生各科目成绩分析"图表会变成如图 3-203 所示的效果，数学分数已添加在图表中。双击这些分数（即数据标签），弹出"设置数据标签格式"对话框，用户可以设置标签中显示的内容、标签的位置、数字类型等。在"标签选项"的"标签包括"组中，可以分别或同时勾选"系列名称"、"类别名称"和"值"复选框，默认的数据标签为"值"，如图 3-203 所示。若只勾选"类别名称"复选框，图表中的数据标签将变为这 7 位同学的姓名。

9）设置图表区背景

双击图表区的空白处，弹出"设置图表区格式"对话框，在"填充"选项中将背景设置为"图片或纹理填充"，在"纹理"下拉列表中选择"画布"式样。在"边框样式"选项中勾选"圆角"复选框，将图表区的边框设置为带圆角的矩形。设置完毕后单击该对话框的"关闭"按钮。

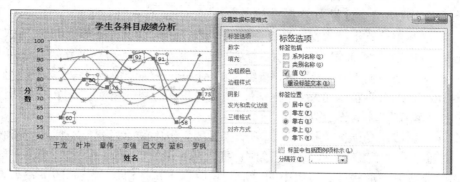

图 3-203　设置数据标签选项及修改格式后的"学生各科目成绩分析"图表

至此，已将"学生各科目成绩分析"图表修改成图 3-191 所示的显示效果。从图表中可直观地得到结论，各科目中政治考得最好，数学考得相对较差。计算各科目的平均分后，也可得到同样结论。从以上的修改过程中可以看到，每类图表对象的设置格式对话框中都提供了若干选项供用户修改其格式，图表的格式种类繁多。这里只介绍以上几点作为示范，修改图表中其他对象格式的方法和步骤都与之类似，大家可以在实际使用的过程中逐渐体验。

3.5.2　"药品销量统计表之图表"的制作

1. 案例知识点及效果图

本案例要求根据图 3-204 所示的药品销售数据表制作图表，对比春、夏、秋、冬 4 个季节各类药品的销量差异，因此适合使用柱形图。药品销量统计图表如图 3-205 所示。

各药品销售量统计表						
编号	季节 药品	春季	夏季	秋季	冬季	合计
0101	人参	1400	800	1000	1200	4400
0203	鹿茸	1900	1000	1100	1500	5500
0205	冬虫夏草	1200	1400	900	800	4300
0307	当归	1500	1200	1400	1600	5700

图 3-204　药品销售数据表

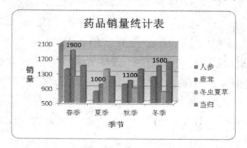

图 3-205　药品销量统计表之图表

2. 操作步骤

（1）选定 A1:G1 单元格区域，单击"开始"选项卡"对齐方式"组中的"合并后居中"按钮，输入标题"各药品销售量统计表"并按键盘的 Enter 键确认输入。将标题字体加粗、字号增大。

（2）绘制表头。

① 选定 A2:B2 单元格区域，单击功能区"开始"选项卡"对齐方式"组中的"合

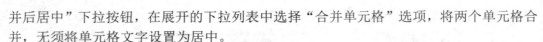

并后居中"下拉按钮，在展开的下拉列表中选择"合并单元格"选项，将两个单元格合并，无须将单元格文字设置为居中。

② 将鼠标指针置于第二行行号 2 的下方，直至出现调整行高的图标后，按住鼠标左键拖曳，将第二行行高增大。其他各行各列若有需要，也可自行调整行高与列宽。

③ 在单元格中输入"季节"后，按组合键 Alt+Enter 强制换行，再输入"编号　药品"。注意在"季节"前保留适当的空格，使其尽量靠近单元格右部。单击编辑栏中内容，选定"季节"，将其设置为宋体、14 号。

④ 表头斜线用功能区"插入"选项卡"插图"组中的"形状"下拉按钮绘制，选择其下拉列表中的"直线"选项进行绘制。插入两根斜线后，选定斜线，单击"绘图工具-格式"选项卡"形状样式"组中的"形状轮廓"下拉按钮，在展开的下拉列表中选择"黑色"，将两根斜线设置为黑色。

（3）输入以 0 开头的数据。输入时，在 0 前面可以先输入英文单引号标点；或选定 A3:A6 单元格区域后，单击功能区"开始"选项卡"数字"组中的"数字格式"下拉按钮，在展开的下拉列表中选择"ABC 文本"选项，将单元格的数字格式设置为"文本"格式后直接输入。

（4）输入各类药品名称，以及各类药品春、夏、秋、冬的销售量。用函数计算"合计"字段的值：选定 G3 单元格，单击功能区"开始"选项卡"编辑"组中的"Σ 自动求和"按钮，按 Enter 键确认求和范围为 C3:F3，即可自动将人参的销量求和并将计算结果填入 G3 单元格。再选定 G3，单击其右下角的填充柄并用鼠标左键拖曳的方式，向下拖曳进行公式复制。

（5）选定 A2:G6 单元格区域，添加黑色边框（内框细外框粗），效果如图 3-204 所示。

（6）制作图表（三维簇状柱形图）。

① 选定生成图表的数据源。选定 C3:F6 单元格区域。

② 选择图表类型。单击功能区"插入"选项卡"图表"组中的"柱形图"下拉按钮，在展开的下拉列表中选择"三维簇状柱形图"，如图 3-206 所示。这时工作表中就出现了如图 3-207 所示的图表，该图表为嵌入式图表。

③ 选择数据源修改名称。单击生成的图表时，功能区会出现"图表工具"选项卡，单击其中的"设计"选项卡"数据"组中的"选择数据"按钮，弹出"选择数据源"对话框，如图 3-208 所示。选择"系列 1"后再单击对话框左半部的"编辑"按钮，弹出如图 3-209 所示的"编辑数据系列"对话框。根据该对话框中"系列值"文本框中的内容，可知该系列为人参的销售量，因此在"系列名称"文本框中输入"人参"；或者直接选定系列名称所在的单元格，即 B3（人参）。采用同样方法将"系列 2""系列 3""系列 4"分别修改为"鹿茸""冬虫夏草""当归"。

单击"选择数据源"对话框右半部的"编辑"按钮，弹出"轴标签"对话框，拖曳鼠标左键选定 C2:F2 单元格区域作为分类轴标志的来源，再单击"确定"按钮返回"选择数据源"对话框中。此时，生成的图表中系列名称和分类轴标志都已经发生改变，不再是默认值。最后单击"确定"按钮返回图表。

图 3-206 "柱形图"下拉列表

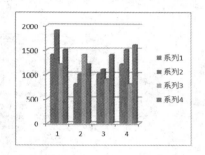

图 3-207 生成的图表

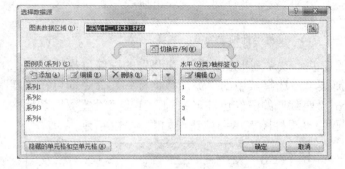

图 3-208 "选择数据源"对话框

图 3-209 "编辑数据系列"对话框

④ 设置标题。生成的图表中没有包含任何标题，需要添加图表标题、分类轴标题和数值轴标题才能更接近图 3-205 中的显示效果。

单击"图表工具-布局"选项卡"标签"组中的"图表标题"下拉按钮，在展开的下拉列表中选择"图表上方"选项，将图表标题放置在图表的顶部，并在其中输入"药品销量统计表"。然后依次单击"坐标轴标题"按钮→"主要横坐标轴标题"命令→"坐标轴下方标题"命令，将横坐标轴标题放置在分类轴下方，并在其中输入"季节"。最后依次单击"坐标轴标题"按钮→"主要纵坐标轴标题"命令→"竖排标题"命令，将纵坐标轴标题放置在数值轴左侧，并在其中输入"销量"。

⑤ 调整嵌入图表的大小和位置。将鼠标指针移到图表区空白位置，单击即可选定图表，再按住鼠标左键拖曳到适当位置即可。将鼠标指针移动到选定图表的 4 个角落上，鼠标指针变为双向箭头，再按住鼠标左键拖曳可调整图表大小。

⑥ 添加和删除数据。选定要删除的数据区域，如选择 C6:F6，再按 Delete 键，则该行数据被清除，对应图表中的该项也被清除。

如果添加数据，可右击图表区的空白处，在弹出的快捷菜单中选择"选择数据"命令，弹出"选择数据源"对话框。再单击其中的"添加"按钮，弹出"编辑数据系列"
对话框，分别单击其中的"系列值"框和"系列名称"框右侧的"折叠对话框"按钮，
拖曳鼠标选定要添加的数据系列区域和系列名称。最后，单击"确定"按钮，返回"选
择数据源"对话框中，即可看到系列添加成功。

⑦ 坐标轴数值的设定。双击数值轴的任意数字处，弹出"设置坐标轴格式"对话
框。在"坐标轴选项"中设置坐标轴的最小值、最大值、主要刻度单位，如图 3-210
所示。

图 3-210　设置坐标轴选项

⑧ 在图表中显示数据系列的值并修改系列形状。在"鹿茸"的深红色柱形系列上
右击，弹出如图 3-211 所示的快捷菜单，选择其中的"添加数据标签"命令即可在"鹿
茸"系列上显示其具体数值。双击"鹿茸"的深红色柱形系列，弹出"设置数据系列格
式"对话框，在"形状"选项中选中"圆柱图"单选按钮，如图 3-212 所示。

图 3-211　选择"添加数据标签"命令　　　图 3-212　设置数据系列形状格式

⑨ 美化图表。双击绘图区的空白处，弹出"设置背景墙格式"对话框，在"填充"
选项中将背景设置为"渐变填充"，再根据喜好在"预设颜色"下拉列表中选择渐变的
颜色。双击图表区的空白处，弹出"设置图表区格式"对话框，在"边框样式"选项中
勾选"圆角"复选框，将图表区的边框设置为带圆角的矩形。设置完毕后单击该对话框
的"关闭"按钮。

至此，图表制作完毕，保存工作簿。

3.5.3 "医药公司销售情况表之图表"的制作

1. 案例知识点及效果图

本案例基于 3.3.4 节工作表中的数据,创建饼图分析该医药公司各类商品的全年销售总额,如图 3-213 所示;还需在"透视表"工作表中创建数据透视图,如图 3-214 所示。两个图表的样式可设置得基本一样。

图 3-213 医药公司销售情况表之图表

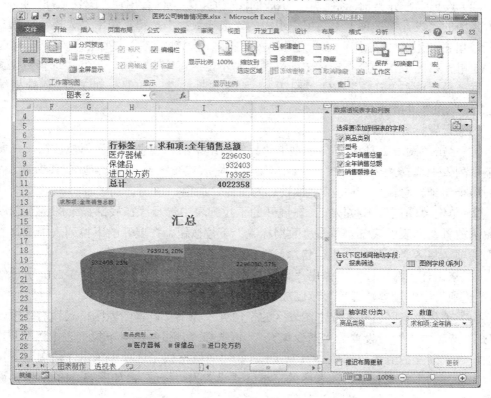

图 3-214 全年销售总额的数据透视图

2. 操作步骤

（1）单击"医药公司销售情况表"工作簿的"图表制作"工作表标签，然后选定 D3:D5 单元格区域，单击"插入"选项卡"图表"组中的"饼图"下拉按钮，在展开的下拉列表中选择"三维饼图"选项（三维饼图的第一个类型），将显示如图 3-215 所示的饼图。

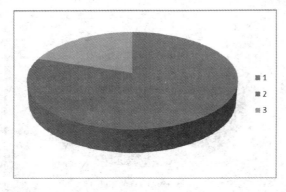

图 3-215　生成的图表

（2）设置水平分类轴标签。单击生成的图表时，功能区会出现"图表工具"选项卡，单击其中的"设计"选项卡"数据"组中的"选择数据"按钮，弹出"选择数据源"对话框，单击该对话框右半部的"编辑"按钮将弹出"轴标签"对话框，拖曳鼠标选定 A3:A5 单元格区域作为分类轴标志的来源，再单击"确定"按钮，返回"选择数据源"对话框。最后单击"确定"按钮返回图表。默认值"1、2、3"已分别变为"医疗器械"、"保健品"和"进口处方药"。

（3）设置标题和数据标签。

① 单击"图表工具-布局"选项卡"标签"组中的"图表标题"下拉按钮，在展开的下拉列表中选择"图表上方"选项，将图表标题放置在图表的顶部，并在其中输入"医药公司全年销售总额"，并将其字体设置为黑体、加粗、18 号。

② 单击"图例"下拉按钮，在展开的下拉列表中选择"在底部显示图例"选项，将图例放置在图表的底部。单击"数据标签"下拉按钮，在展开的下拉列表中选择"居中"选项，将各类商品的全年销售总额数值显示在饼图中。

③ 双击任一数据标签，弹出"设置数据标签格式"对话框，如图 3-216 所示修改"标签选项"中的设置，即可显示图 3-213 所示的饼图效果。

（4）美化图表区格式。双击图表区的空白处，弹出"设置图表区格式"对话框，在"填充"选项中将背景设置为"渐变填充"，再选择"预设颜色"下拉列表中"羊皮纸"选项，设置渐变的颜色，如图 3-217 所示。在"三维格式"选项中单击"顶端"下拉按钮，在展开的下拉列表中将图表区的三维格式设置为"棱纹"，如图 3-218 所示。设置完毕后单击该对话框的"关闭"按钮。

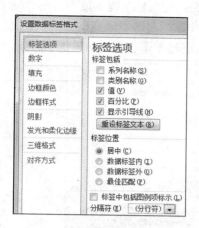

图 3-216　设置数据标签选项

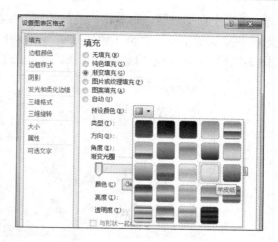

图 3-217　设置图表区填充颜色

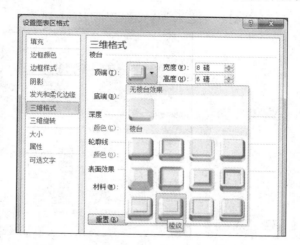

图 3-218　设置图表区的三维格式

（5）修改图表标题格式。单击选定图表的标题，再单击"图表工具-格式"选项卡"艺术字样式"组中的"样式"下拉按钮，在展开的下拉列表中选择"渐变填充-橙色，强调文字颜色6，内部阴影"选项（图 3-219），完成饼图的最后修改。至此，医药公司销售情况表之图表制作完毕。

（6）制作数据透视图。

① 单击"医药公司销售情况表"工作簿的"透视表"工作表标签，再在已存在的数据透视表旁任一空单元格（如 H5）处单击，然后单击功能区"插入"选项卡"表格"组中的"数据透视表"下拉按钮，在展开的下拉列表中选择"数据透视图"选项，弹出"创建数据透视表及数据透视图"对话框，如图 3-220 所示。

② 选择数据源。单击"商品销售汇总表"工作表标签，拖曳鼠标选定 A1:E21 单元格区域，再单击对话框中的"确定"按钮，即会在 H5 单元格附近出现一个空白的图表区及与之关联的空白数据透视表区。

③ 单击空白图表区，再单击"商品类别"字段并按住鼠标左键不放拖曳至"轴字段（分类）"框中，然后单击"全年销售总额"字段并按住鼠标左键不放拖曳至"Σ数值"框中（图3-221），即可显示出数据透视图。默认的数据透视图图表类型为簇状柱形图。

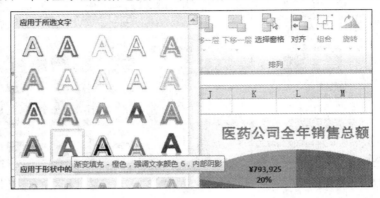

图3-219 将艺术字样式应用到图表的标题

图3-220 "创建数据透视表及数据透视图"对话框

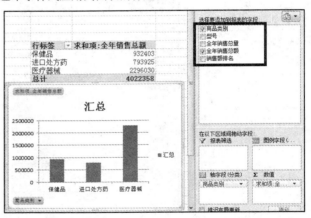

图3-221 生成的数据透视图及其关联数据透视表

④ 更改行标签"商品类别"的顺序。行标签默认按升序排列。若对行标签的排序不满意，可由用户拖曳"商品类别"的各个项目从而实现按任意顺序排列。例如，单击行标签下的"医疗器械"，将鼠标指针移至该单元格的右边框处，出现"四向箭头"后按住鼠标左键不放，将其拖曳至行标签的第一项，后面依次是"保健品"和"进口处方药"。改变行标签排序后的数据透视表如图3-214所示。

⑤ 更改图表类型。单击数据透视图，功能区将出现"数据透视图工具"选项卡，其下将出现"设计"、"布局"、"格式"和"分析"4个子选项卡。除"分析"子选项卡外，其他3个子选项卡的使用方法均与标准图表的"图表工具"选项卡之"设计"、"布局"和"格式"子选项卡用法相同。

单击子选项卡"设计"中的"更改图表类型"按钮，弹出"更改图表类型"对话框。拖曳右部的滚动条，再单击"三维饼图"图标，如图3-222所示。单击该对话框的"确定"按钮,柱形图即被修改为了三维饼图。

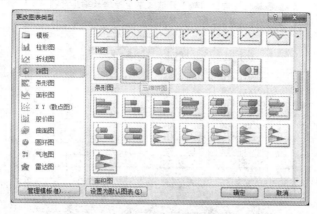

图 3-222 "更改图表类型"对话框

⑥ 单击"数据透视图工具-布局"选项卡"标签"组中的"图例"下拉按钮,在展开的下拉列表中选择"在底部显示图例"选项,将图例放置在数据透视图的底部。继续单击"数据透视视图工具-布局"选项卡"标签"组中的"数据标签"下拉按钮,在展开的下拉列表中选择"居中"选项,将各类商品的全年销售总额数值显示在饼图中。

⑦ 双击任一数据标签,弹出"设置数据标签格式"对话框,按照图 3-216 所示修改标签选项中的设置,即可显示图 3-214 所示的饼图效果(与制作标准图表的操作步骤相同)。

⑧ 美化图表区格式。该步骤与前面步骤(4)的操作完全相同。

⑨ 修改数据透视图标题及其格式。单击默认标题"汇总",可修改其内容,还可仿照步骤(5)的操作应用"艺术字样式"。

至此,数据透视图制作完毕。对比医药公司销售情况表之图表和数据透视图,可发现两个图表的样式基本一样。

3.5.4 "基金净值增长率情况表"的制作

1. 案例知识点及效果图

本案例主要运用以下知识点:单元格的编辑与格式设置,利用函数进行计算,单元格的绝对引用、相对引用,利用填充柄复制函数,排序,创建图表并修改其格式等。案例效果如图 3-223 所示(含 Excel 数据表和图表)。

2. 操作步骤

1)新建空白工作簿

启动 Excel 2010,建立一个空白 Excel 工作簿。

2)合并单元格

将 A1:I1 单元格合并,将 E2:F2 单元格合并,将 G2:H2 单元格合并,将 B12:C12 单元格合并,并使合并后的单元格中的文字内容居中显示。操作方法同前小节案例。

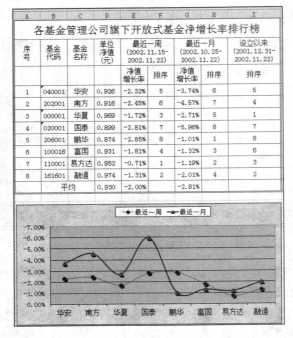

序号	基金代码	基金名称	单位净值（元）	最近一周 (2002.11.15-2002.11.22)		最近一月 (2002.10.25-2002.11.22)		设立以来 (2001.12.31-2002.11.22)
				净值增长率	排序	净值增长率	排序	排序
1	040001	华安	0.926	-2.32%	5	-3.74%	6	5
2	202001	南方	0.916	-2.45%	6	-4.57%	7	4
3	000001	华夏	0.969	-1.72%	3	-2.71%	4	1
4	020001	国泰	0.899	-2.81%	7	-5.96%	8	7
5	206001	鹏华	0.874	-2.85%	8	-1.01%	1	8
6	100016	富国	0.931	-1.81%	4	-1.32%	3	6
7	110001	易方达	0.952	-0.71%	1	-1.19%	2	3
8	161601	融通	0.974	-1.31%	2	-2.01%	4	2
		平均	0.930	-2.00%		-2.81%		

图 3-223　基金净值增长率情况表样图

3）设置单元格格式

选定 A2:I12 单元格区域，在选定区域上右击，弹出如图 3-224 所示的快捷菜单。在菜单中选择"设置单元格格式"命令，弹出"设置单元格格式"对话框，如图 3-225 所示。在对话框中选择"对齐"选项卡，设置水平对齐为"居中"，垂直对齐为"居中"，勾选"自动换行"复选框，单击"确定"按钮完成设置。

图 3-224　快捷菜单　　　　　图 3-225　"设置单元格格式"对话框

4）调整表格行高与列宽

各行的行高与各列的列宽见表 3-2 中数据。

表 3-2　行高与列宽数据

项目	第1行	第2行	第3行	第4～12行	第A～H列	第I列
像素	45	62	45	28	60	120

表格单行或单列高、宽度的调整方法（如调整第 1 行）：单击第 1 行行号，移动鼠标指针至第 1 行与第 2 行间的分割线上，鼠标指针变为如图 3-226 所示的形状；按下鼠标左键，右上角显示第 1 行的高度指示。拖曳鼠标上下移动，使高度为 33.75（45 像素）即可松开鼠标左键，完成调整。

表格多行行高或多列列宽的调整方法（如调整第 A 至 H 列）：拖曳鼠标选择第 A 至 H 列号，被选中的多列呈高亮显示，如图 3-227 所示。移动鼠标指针至任意被选中的两列列号之间分割线上，鼠标指针变为左右箭头形状；拖曳鼠标，使列宽为 6.88（60 像素）即可松开鼠标左键，完成调整。

图 3-226　调节行高

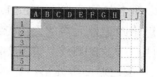

图 3-227　选中多列

5）输入数据表数据内容

（1）按图 3-223 所示数据表内容输入数据标题，并设置为"宋体""18 号"，其他为"宋体""12 号"。

（2）输入"基金代码"。因部分基金代码以"0"开头，在输入该类基金代码前要先输入一个英文单引号标点（'），否则代码开头的"0"不能显示，如图 3-228 所示。

（3）输入"单位净值"列的小数数据时，应设置小数位数为 3 位。选定 D4:D12 单元格区域后右击，弹出如图 3-229 所示的"设置单元格格式"对话框。选择"数字"选项卡，在"分类"列表中选择"数值"选项，在"小数位数"组合框中输入"3"，如图 3-229 所示，单击"确定"按钮完成设置。

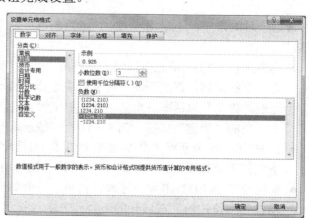

图 3-228　输入文本型数字

图 3-229　设置小数位数

（4）输入"净值增长率"列的百分比数据。例如，输入"-2.32%"：选定 E4 单元格，在其中输入数据"-2.32"，再输入百分号"%"。

注意：如果输入数据后，显示为小数形式-0.0232 或其他形式，可以按步骤（3）中的方法对单元格格式进行设置（图 3-231），在"分类"列表中选择"百分比"，在"小数位数"框中输入"2"。

（5）利用 AVERAGE 函数求出平均值。在 D12 单元格中输入"=AVERAGE(D4:D11)"，在 E12 单元格中输入"=AVERAGE(E4:E11)"，在 G12 单元格中输入"=AVERAGE(G4:G11)"。

（6）F 列和 H 列中的排序，分别采用 RANK 函数和复杂排序的方法进行输入。I 列的排序数字直接输入。

最近一周的排序：采用 RANK 函数计算。选定 F4 单元格，再单击编辑栏的插入函数按钮，弹出"插入函数"对话框。在"全部"类别中选择"RANK"函数并单击"确定"按钮，即弹出"函数参数"对话框。在 Number 栏内输入"E4"（也可直接选定 E4 单元格），在 Ref 栏内输入"E4:E11"（也可直接拖曳选定 E4:E11 单元格区域），在 E4 处按 F4 键修改该单元格的引用方式为$E$4 绝对引用，同理在 E11 处按 F4 键修改该单元格的引用方式为$E$11，如图 2-230 所示。Order 栏为空代表是降序排序。单击右下角的"确定"按钮返回单元格，显示 5。再单击 F4 单元格右下角的填充柄并拖曳鼠标，即可填充所有排名。

图 3-230　RANK 函数参数对话框

最近一月的排序：不采用 RANK 函数，也可使用排序和填充等差序列的方式计算出排名。

- 拖曳选定 A4:I11 单元格区域，再单击"开始"选项卡"编辑"组中的"排序和筛选"下拉按钮，在展开的下拉列表中选择"自定义排序"选项，弹出图 2-231 所示的"排序"对话框。将其主要关键字设置为"列 G"，按降序排列。单击对话框右下角的"确定"按钮，第 4～11 行即按最近一月的净值增长率由大到小排列。
- 在 H4 和 H5 单元格中分别输入 1 和 2，再选定 H4 和 H5 单元格区域，拖曳其右下角的填充柄至 H11 单元格，即可快速填充所有排名，如图 3-232 所示。
- 拖曳选定 A4:I11 单元格区域，再单击"开始"选项卡"编辑"组中的"排序和筛选"下拉按钮，在展开的下拉列表中选择"自定义排序"选项，弹出图 3-233 所示的"排序"对话框。将其主要关键字设置为"列 A"，按升序排列。单击对话框右下角的"确定"按钮,即可恢复初始的数据顺序,如图 3-233 所示。

图 3-231 "排序"对话框(一)

图 3-232 在 H 列中填充等差序列

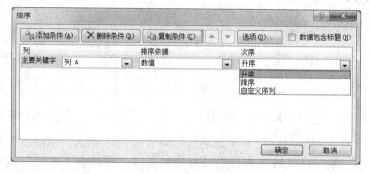

图 3-233 "排序"对话框(二)

(7)为数据表添加框线。选择数据表整个区域(A1:I12),右击,在弹出的快捷菜单中选择"设置单元格格式"命令,弹出"设置单元格格式"对话框。在对话框中选择"边框"选项卡,设置"外边框"为"红色双线";"内部"框线为"蓝色细线"类型,单击"确定"按钮完成设置。

6)制作图表

(1)选定图表的来源数据区域。本案例是将最近一周的净值增长率同最近一月的净值增长率进行对比,应选定两个分开的单元格区域,即 E4:E11 和 G4:G11。

(2)选择图表类型。单击"插入"选项卡"图表"组中的"折线图"下拉按钮,在展开的下拉列表中选择"带数据标记的折线图"选项。这时工作表中就出现了如图 3-234 所示的图表,此图为嵌入式图表。

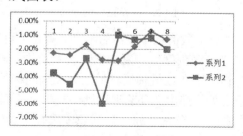

图 3-234 生成的图表

(3)选择数据源修改名称。生成的图表中,系列名称为默认值,分类轴标志也为"1、

2、3…"的默认值，需要进行修改。

　　单击生成的图表时，功能区会增加"图表工具"选项卡，其中包含 3 个子选项卡"设计"、"布局"和"格式"。单击"设计"选项卡"数据"组中的"选择数据"按钮，弹出"选择数据源"对话框，如图 3-235 所示。选择"系列 1"，再单击对话框左半部的"编辑"按钮，弹出如图 3-236 所示的"编辑数据系列"对话框。根据该框中"系列值"文本框中的内容，可知该系列为最近一周的净值增长率，因此在"系列名称"文本框中直接输入"最近一周"。采用同样方法将"系列 2"修改为"最近一月"。

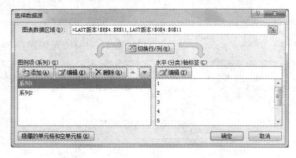 

图 3-235　"选择数据源"对话框　　　　　图 3-236　"编辑数据系列"对话框

　　单击"选择数据源"对话框右半部的"编辑"按钮，弹出"轴标签"对话框，拖曳鼠标选定 C4:C11 单元格区域作为分类轴标志的来源，再单击"确定"按钮返回"选择数据源"对话框中。此时，生成的图表中系列名称和分类轴标志都已经发生改变，不再是默认值。最后，单击"确定"按钮返回图表。

　　（4）此图表中没有任何标题，将图例放在顶部。双击图例弹出"设置图例格式"对话框，在"图例选项"中选中"靠上"单选按钮，再单击"关闭"按钮即可，如图 3-237 所示。单击"边框颜色"选项，选中"实线"单选按钮，并将颜色设置为黑色。

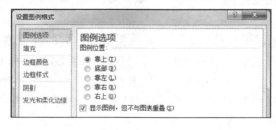

图 3-237　设置图例选项

　　（5）修改数值轴格式。双击数值轴中任意百分数，弹出"设置坐标轴格式"对话框，在"坐标轴选项"中勾选"逆序刻度值"复选框，将数值轴反转过来。

　　（6）修改水平分类轴格式。在数值轴反转后，分类轴的标签位置不太合适。双击分类轴标签，即基金名称所在处，弹出"设置坐标轴格式"对话框。在"坐标轴选项"中，单击"坐标轴标签"下拉按钮，在展开的下拉列表中选择"高"，即可将基金名称放置在水平分类轴以下的位置，如图 3-238 所示。

　　（7）设置图表中所有数字及文字的格式为"宋体""12"号，设置方法如下：单击图表中包含文字的图表对象，单击 "开始"选项卡"字体"组中的"字体"/"字号"下拉按钮，在展开的下拉列表中选择"宋体"/"12"即可。

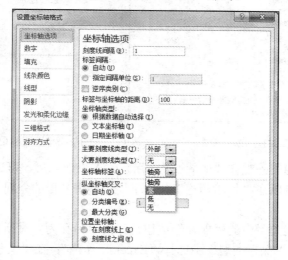

图 3-238　设置坐标轴选项

（8）设置图表中两根数据线的属性，如表 3-3 所示。

表 3-3　数据线的属性

数据线	颜色	平滑线	数据标记样式	标记颜色	标记大小
数据线 1	蓝	√	▲	红	7
数据线 2	红	√	●	蓝	7

双击图表中深红色的数据系列，弹出"设置数据系列格式"对话框。将"数据标记选项"、"线条颜色"、"线型"选项和"标记线颜色"选项分别设置为如图 3-239～图 3-242所示的效果。用同样的方法设置图表中蓝色的数据系列。

（9）设置图表区背景。双击图表区的空白处，弹出"设置图表区格式"对话框，在"填充"选项中将背景设置为"图片或纹理填充"，在"纹理"下拉列表中选择"纸莎草纸"样式。

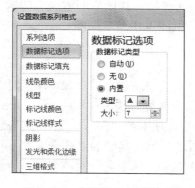

图 3-239　设置数据标记选项

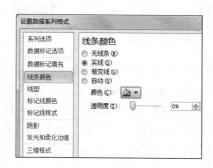

图 3-240　设置线条颜色

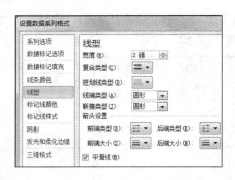

图 3-241　设置线型　　　　　　　　图 3-242　设置标记线颜色

设置完成后的图表外观样式如图 3-223 所示。图表建立后，可适当调整图表在页面中的位置，完成后可以在"打印预览"状态下检查整个文档的外观、位置等效果。

7）保存文档

单击快速访问工具栏中的"保存"按钮，弹出"另存为"对话框；在"保存位置"中选择"D 盘"；在"保存类型"中选择"Excel 工作簿"；在"文件名"中输入本文档的名称，如"学号姓名"；单击"保存"按钮，文档被保存。

3.5.5　知识点详解

1．创建图表

Excel 的图表有嵌入式图表和工作表图表两种类型。嵌入式图表与创建图表的数据源在同一张工作表中，打印时也同时打印。工作表图表单独存放在一张工作表中，是只包含图表的工作表，打印时与数据表分开打印。无论哪种图表都与创建此种图表的工作表数据相连接，当修改工作表数据时，图表会随之更新。

创建图表有两种方式：一种是利用 F11 键快速创建图表，默认建立图表类型为"柱形图"的独立图表；另一种是利用"插入"选项卡"图表"组中的各类按钮来创建图表。无论使用哪一种方式生成图表，必须首先确定数据源并选定数据源。数据源即生成图表所使用的数据，应该以列或行的方式存放在工作表的一个区域中，数据区域可以是连续的，也可以是不连续的。若选定区域有文字，文字应该在区域的最左列或最上行。当数据区域格式比较复杂时，建议用户只选择纯数据区域作为数据源。

2．选择图表对象

图表往往是由许多图表项组成的，必须首先选中图表中的对象，才能对图表做进一步的操作。在 Excel 2010 中选择图表对象有以下两种方法。

（1）选定图表后，单击"图表工具-布局"选项卡或"图表工具-格式"选项卡，皆可以看到"当前所选内容"组，如图 3-243 所示。单击其中的"图表区"下拉按钮，会显示出该图表中所包含的所有图表对象（图 3-244），选中某一对象名时，也就选中了图表中相应的对象。

（2）直接单击图表中的对象，如直接单击横坐标或纵坐标，就分别选中了"分类轴"

或"数值轴",在"图表元素"框中也会显示出相应的图表对象名。

选定整个图表或图表中的对象后,可进行移动、复制、缩放和删除操作,操作方法与图形处理的操作方法完全相同。值得注意的是,不能用键盘的方向键来移动对象。

3. 更改图表

利用上述方法创建出的图表只是最基本的样式,往往只能满足分析、对比数据的基本需求。如果需要将其设置得更加美观、合理,可以做进一步的编辑和修改。图表编辑是指对图表所包含的各个对象、图表类型、图表中的数据与文字、图表布局和外观进行的编辑和设置。图表编辑大多是针对图表的某项或某些项进行的,在编辑之前必须首先选定操作对象。

1)改变图表类型

对于已经建立的图表,可以根据需要改变其图表类型,有以下 3 种方法。

(1)选定图表,单击"图表工具-设计"选项卡"类型"组中的"更改图表类型"按钮,弹出"更改图表类型"对话框,在其中选择所需的图表类型后单击"确定"按钮即可。

(2)右击图表区的空白处,在弹出的快捷菜单中选择"更改图表类型"命令(图 3-245),弹出"更改图表类型"对话框,在该对话框中选择所需的图表类型后单击"确定"按钮。

图 3-243 "当前所选内容"组　图 3-244 图表对象下拉列表　图 3-245 右击图表区后弹出的快捷菜单

(3)选定图表后,单击功能区"插入"选项卡"图表"组中的各下拉按钮,根据实际需要在各下拉列表中选择合适的图表类型即可完成修改。

提示:"更改图表类型"对话框和"插入图表"对话框除了标题栏的名称不同以外,其他部分皆相同。

2)改变图表中的数据

对于已经建立好的图表,有时需要增加或删除其中的数据系列,或者添加趋势线等。

(1)删除数据系列。要删除数据系列,只要在图表中选定该数据系列,按 Delete 键即可将其从图表中删除，这一操作不会影响工作表的源数据；或者利用"选择数据源"对话框中的"删除"按钮来删除数据系列。如果在工作表中删除了源数据，图表中对应的数据点会自动删除。

（2）添加数据系列。若建立图表后需要增加新数据系列到图表中，可右击图表区的空白处，在弹出的快捷菜单中选择"选择数据"命令，弹出"选择数据源"对话框。再单击其中的"添加"按钮，弹出"编辑数据系列"对话框，分别单击其中的"系列值"框和"系列名称"框右侧的折叠对话框按钮，拖曳鼠标选定要添加的数据系列区域和系列名称。最后，单击"确定"按钮返回"选择数据源"对话框，可看到系列添加成功。

（3）图表中数据系列次序的调整。用同样的方法打开"选择数据源"对话框，在"删除"按钮右侧有一个含"▲"的方形小按钮，即为"上移"按钮，"上移"按钮的右侧为"下移"按钮。在"选择数据源"对话框中单击要改变次序的系列名称，再单击"上移"或"下移"按钮即可调整该数据系列在图表中的显示次序。

（4）添加趋势线。在图表中选定某系列后，单击"图表工具-布局"选项卡"分析"组中的"趋势线"下拉按钮，可在图表中添加基于该系列的各类趋势线，如线性趋势线、指数趋势线、线性预测趋势线等。趋势线根据实际数据向前或向后模拟数据的走势。

3）改变图表布局

选定图表后，选择"图表工具-设计"选项卡，即可看到"图表布局"组，如图 3-246 所示。单击其中的各布局按钮，可以修改图表的布局。例如，单击"图表布局"组中的第 5 个布局按钮（粗线标记的），则原图表下面将显示模拟运算表。

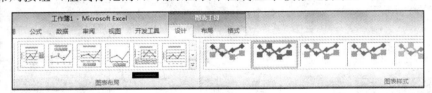

图 3-246　"图表工具-设计"选项卡

4）改变图表样式

选定图表后，选择"图表工具-设计"选项卡，即可看到"图表样式"组，如图 3-246 所示。单击其中的各样式按钮，可以修改图表的样式。一般情况下生成的图表，其样式多默认为样式 2。

5）改变图表位置

要将嵌入式图表转换为独立的工作表图表，或将工作表图表转换为嵌入式图表，只要选定图表，单击"图表工具-设计"选项卡"位置"组中的"移动图表"按钮；或右击图表区的空白处，在弹出的快捷菜单中选择"移动图表"命令，即可弹出"移动图表"对话框，改变图表的位置。

6）修改图表格式

选定图表中的各类对象后，可通过该对象的设置格式对话框来修改图表格式。弹出设置格式对话框有以下 4 种方法：

（1）最常用的方法就是"双击哪里改哪里"，即双击要进行格式设置的图表对象，可弹出该对象的设置格式对话框。

（2）右击要修改格式的图表对象，在弹出的快捷菜单中选择设置该对象格式的命令，也可以弹出该对象的设置格式对话框。

（3）选定要进行格式设置的图表对象，选择"图表工具-布局"选项卡或"图表工具-格式"选项卡，皆可以看到"当前所选内容"组，单击其中的"设置所选内容格式"按钮，弹出该对象的设置格式对话框。

（4）选定图表中要进行格式设置的对象，单击"图表工具-格式"选项卡"形状样式"组中的各种样式，即可修改图表中各种形状的样式；单击"图表工具-格式"选项卡"艺术字样式"组中的各种样式，即可修改图表中各类文字的样式。

4. 数据透视图与标准图表的差异

数据透视图和标准图表中的大多数操作是一样的，但也存在一些差异。

（1）源数据。标准图表直接链接到工作表单元格，数据透视图则基于关联数据透视表的数据源。与标准图表不同的是，不能在数据透视图的"选择数据源"对话框中更改图表的数据区域。

（2）图表类型。可以将数据透视图更改为除 XY 散点图、股价图或气泡图之外的任何图表类型。

（3）格式。刷新数据透视图时，将保留大多数格式（包括添加的图表元素、布局和样式）。但是，不保留趋势线、数据标签、误差线，以及对数据集执行的其他更改。一旦应用此类格式，标准图表就不会将其丢失。

思考与练习

一、思考题

1. 在本章中多次提到"Excel 选项"对话框，请列举出使用它完成的几项具体功能。
2. "自定义序列"在 Excel 2010 中的主要应用体现在哪两个方面？
3. 什么是数据清单？利用数据清单可以对工作表中的数据进行哪些方面的管理？
4. 若单元格格式设置了自动换行，但用户输入单元格内容后却发现没有换行，应该怎么办？
5. 若在单元格中输入内容后，出现###符号，说明存在什么问题？应如何调整格式？

二、练习题

1. 小蒋是一位中学教师，在教务处负责初一年级学生的成绩管理。小蒋所在学校地处偏远地区，缺乏必要的教学设施，只有一台配置不太高的计算机可以使用。他在这台计算机中安装了 Microsoft Office，决定通过 Excel 来管理学生成绩，以弥补学校缺少数据库管理系统的不足。现在，第一学期期末考试刚刚结束，小蒋将初一年级 3 个班的成绩均输入了文件名为"学生成绩单.xlsx"的 Excel 工作簿文档中。

请根据下列要求帮助小蒋对该成绩单进行整理和分析。

（1）对工作表"第一学期期末成绩"（图 3-247）中的数据列表进行格式化操作：将第一列"学号"列设为文本，将所有成绩列设为保留 2 位小数的数值；适当加大行高列宽，改变字体、字号，设置对齐方式，增加适当的边框和底纹以使工作表更加美观。

学号	姓名	班级	语文	数学	英语	生物	地理	历史	政治	总分	平均分
120305	包宏伟	03 班	91.5	89	94	92	91	86	86		
120203	陈万地	02 班	93	99	92	86	86	73	92		
120104	杜学江	01 班	102	116	113	78	88	86	73		
120301	符合		99	98	101	95	91	95	78		
120306	吉祥		101	94	99	90	87	95	93		
120206	李北大		100.5	103	104	88	89	78	90		
120302	李娜娜		78	95	94	82	90	93	84		
120204	刘康锋		95.5	92	96	84	95	91	92		
120201	刘鹏举		93.5	107	96	100	93	92	93		
120304	倪冬声		95	97	102	93	95	92	88		
120103	齐飞扬		95	85	99	98	92	92	88		
120105	苏解放		88	98	101	89	73	95	91		
120202	孙玉敏		86	107	89	88	92	88	89		
120205	王清华		103.5	105	105	93	93	90	86		
120102	谢如康		110	95	98	99	93	93	92		
120303	闫朝霞		84	100	97	87	78	89	93		
120101	曾令煊		97.5	106	108	98	99	99	96		
120106	张桂花		90	111	116	72	95	93	95		

图 3-247　第一学期期末成绩

（2）利用"条件格式"功能进行下列设置：将语文、数学、英语 3 科中不低于 110 分的成绩所在的单元格以一种颜色填充，其他 4 科中高于 95 分的成绩以另一种字体颜色标出，所用颜色深浅以不遮挡数据为宜。

（3）利用 SUM 和 AVERAGE 函数计算每一个学生的总分及平均成绩。

（4）学号第 3、4 位代表学生所在的班级，如"120105"代表 12 级 1 班 5 号。请通过函数提取每个学生所在的班级并按下列对应关系填写在"班级"列中。

"学号"的 3、4 位　对应班级

01　　　　　1 班

02　　　　　2 班

03　　　　　3 班

（5）复制工作表"第一学期期末成绩"，将副本放置到原表之后；改变该副本表标签的颜色，并重新命名，新表名需包含"分类汇总"字样（可以按住 Ctrl 键拖曳工作表）。

（6）通过分类汇总功能求出每个班各科的平均成绩，并将每组结果分页显示。

（7）以分类汇总结果为基础，创建一个簇状柱形图，对每个班各科平均成绩进行比较，并将该图表放置在一个名为"柱状分析图"的新工作表中。

2．小李是公司的出纳，单位没有购买财务软件，因此她只能用手工记账。为了节省时间并保证记账的准确性，小李使用 Excel 编制银行存款日记账。请根据该公司 9 月份的"银行流水账表格.docx"（图 3-248），并按照下述要求在 Excel 中建立银行存款日记账。

银行流水账表格				
日期（月）	上期余额	本期借方	本期贷方	余额	方向（借/平/贷）
9	1895.67	2500	2500		
9		3500	4000		
9		3000	3000		
9		3500	4000		
9		2500	2000		

图 3-248　银行流水账表格

（1）按照表中所示依次输入原始数据，其中，在"月"列中以填充的方式输入"九"，将表中的数值的格式设为数值、保留 2 位小数。

（2）输入并填充公式：在"余额"列输入计算公式，余额=上期余额+本期借方-本期贷方，以自动填充方式生成其他公式。

（3）"方向"列中只能有借、贷、平 3 种选择，首先用数据有效性控制该列的输入范围为借、贷、平 3 种中的一种，然后通过 IF 函数输入"方向"列内容，判断条件如下。

余额　大于 0　等于 0　小于 0
方向　借　平　贷

（4）设置格式：将第一行中的各标题居中显示，为数据列表自动套用格式后将其转换为区域。

（5）通过分类汇总，按日计算借方、贷方发生额总计并将汇总行放于明细数据下方。

（6）以文件名"银行存款日记账.xlsx"进行保存。

第4章
PowerPoint 2010 的应用

PowerPoint 2010 是微软公司推出的一款易于操作、制作简单的动态演示文稿制作软件，是 Microsoft Office 2010 的核心组件之一，其功能非常全面。演示文稿经常用于课堂教学、学术论文报告、会议演讲、产品发布，甚至很多精美绝伦的广告也可以用 PowerPoint 制作出来。演讲者可以通过 PowerPoint 幻灯片向观众演示和讲解所要演讲的内容。用 PowerPoint 制作的演示文稿不仅可以包含文字，还可以包含表格、图像、图表、声音、视频和超链接等多种对象，并能方便地制作出各种动画效果。本章将通过一些实例，深入浅出地介绍 PowerPoint 的用法。

4.1 PowerPoint 2010 概述

4.1.1 启动 PowerPoint 2010

同启动其他 Office 软件的方法一样，PowerPoint 2010 的启动方法有很多种，具体方法如下。

（1）从"开始"选项卡启动。单击"开始"→"所有程序"→"Microsoft Office"→"Microsoft Office PowerPoint 2010"命令，启动程序。

（2）从桌面快捷方式启动。在操作系统桌面上双击 PowerPoint 2010 快捷方式图标，即可启动程序。

（3）通过已有的 PowerPoint 2010 文件启动。双击任何现有的 PowerPoint 2010 文件，也可启动程序。

上述 3 种方法的不同之处在于，第 3 种方法在启动软件后将直接打开操作的文件，而前 2 种方法在启动后将默认新建一个空白的演示文稿，等待用户编辑。

4.1.2 PowerPoint 2010 的工作窗口

启动 PowerPoint 2010，打开 PowerPoint 2010 的工作窗口，如图 4-1 所示。

下面介绍它的各个组成部分。

1)"文件"选项卡与快速访问工具栏

PowerPoint 2010 简化了菜单栏和工具栏，将一些常用的菜单命令集合在了"文件"选项卡中，如图 4-2 所示。

对于一些常用的快捷按钮，也保留在了快速访问工具栏中，提高了用户执行常规操作的效率。默认情况下，快速访问工具栏中只列出了"保存"、"撤销"和"恢复"3个按钮，单击其后的▾按钮，在展开的下拉列表中可选择添加其他的常用按钮，如图 4-3 所示。

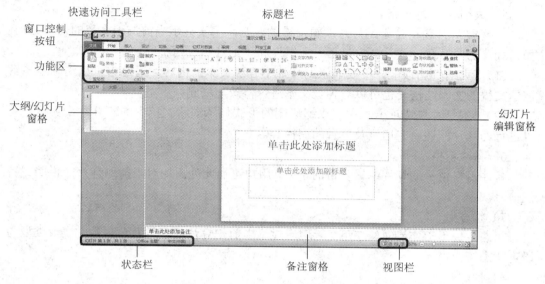

图 4-1　PowerPoint 2010 工作窗口

图 4-2　"文件"选项卡

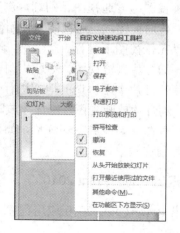

图 4-3　自定义快速访问工具栏

2）标题栏

标题栏显示程序名称、当前处于活动状态的文件名，以及窗口控制按钮。

3）功能区

PowerPoint 2010 与早期版本相比，最显著的不同之处在于其功能区，该部分是一个动态的带状区域，由多个选项卡组成。每个选项卡集成了多个功能组，每个组中又包含了多个相关的按钮或选项。

4）幻灯片编辑窗格

幻灯片编辑窗格位于工作界面的中间，主要用于显示和编辑幻灯片，是整个界面中最重要的区域，所有幻灯片都是在这里制作完成的。

5）大纲/幻灯片窗格

大纲/幻灯片窗格位于幻灯片编辑窗格的左侧，用于显示当前演示文稿的内容结构，如幻灯片的序号及位置等。它包括"大纲"和"幻灯片"两个选项卡。

（1）"大纲"选项卡。主要显示幻灯片中各级文本的内容，通过它可以清晰地了解演示文稿的文本结构，也可以对各级文本进行修改与增删。

（2）"幻灯片"选项卡。主要以缩略图的形式显示演示文稿中的幻灯片，在这里可以进行幻灯片的切换、增删及位置的调换等。

6）备注窗格

备注窗格位于幻灯片编辑窗格的下方，用户可在此处添加对当前幻灯片的说明或备注信息。

7）状态栏

状态栏位于工作界面的左下角，用于显示当前幻灯片的序号及总页数、模板类型与语言状态等内容。

8）视图栏

视图栏位于工作界面的右下角，它显示了视图切换按钮、当前显示比例和调节页面显示比例滑块。PowerPoint 2010 为用户提供了多种视图查看方式，在此主要介绍其中常用的 3 种视图：普通视图、幻灯片浏览视图和幻灯片放映视图。

（1）普通视图。普通视图是使用频率最高的一种视图方式，所有的幻灯片的编辑操作都可以在该视图下进行。

（2）幻灯片浏览视图。幻灯片浏览视图使用户可以很方便地概览整个演示文稿，以便对前后幻灯片中不协调的地方进行修改。

（3）幻灯片放映视图。幻灯片放映视图是把演示文稿中的幻灯片以全屏幕的方式显示出来，就像真实地放映幻灯片，如果设置了动画特效、画面切换等效果，则在该视图下可以看到这些效果。

4.1.3 退出 PowerPoint 2010

退出 PowerPoint 2010 应用程序，释放其所占用的系统资源，可通过下列几种方法实现。

（1）选择"文件"→"退出"命令。

（2）单击应用程序窗口标题栏上的"关闭"按钮 ⊠ 。

（3）双击应用程序窗口标题栏上的窗口控制按钮 ₽ 。

退出 PowerPoint 2010 时，若演示文稿已被修改但尚未保存过，则会弹出对话框提示用户保存或不保存此演示文稿。

4.2 演示文稿基本内容的创建

4.2.1 "美丽的校园"幻灯片的制作之一：幻灯片基本内容的制作

1. 案例知识点及效果图

本案例主要运用以下知识点：新建空白演示文稿，幻灯片的版式设置，在幻灯片中插入文字、表格、图片、图表、艺术字等各种对象，保存文件。案例效果如图 4-4 所示。

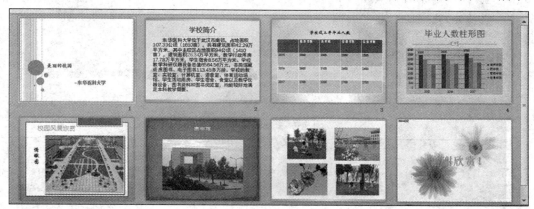

图 4-4 "美丽的校园"效果（一）

2. 操作步骤

1）新建空白演示文稿

单击"开始"→"所有程序"→"Microsoft Office"→"Microsoft PowerPoint 2010"命令，即可启动 PowerPoint 2010，打开 PowerPoint 2010 文档编辑窗口，并新建了一个空白的演示文稿。文档默认文件名为"演示文稿 1.pptx"，如图 4-5 所示。

2）制作第 1 张标题幻灯片

根据提示"单击此处添加标题"，输入文字"美丽的校园"；根据提示"单击此处添加副标题"，输入文字"东华医科大学"，并设置右对齐。

3）制作第 2 张"学校简介"幻灯片

单击"开始"选项卡"幻灯片"组中的"新建幻灯片"下拉按钮，在展开的下拉列表中选择"标题和内容"选项，产生第 2 张幻灯片，如图 4-6 所示。

根据提示"单击此处添加标题"，输入"学校简介"；然后根据提示"单击此处添加文本"，输入下列文字："东华医科大学位于武汉市南郊，占地面积 107.33 公顷（1610亩），共有建筑面积 42.29 万平方米，其中主校区占地面积 94 公顷（1410 亩），建筑面积 26.34 万平方米，教学行政用房 17.78 万平方米，学生宿舍 8.56 万平方米。学校教学科研仪器设备总值 6564.56 万元，各类馆藏纸质图书、电子图书 113.45 多万册。学校的教室、实验室、计算机室、语音室、体育运动场馆、学生活动用房、学生宿舍、食堂及教学仪器设备、图书资料和图书阅览室，均能较好地满足本科教学需要。"

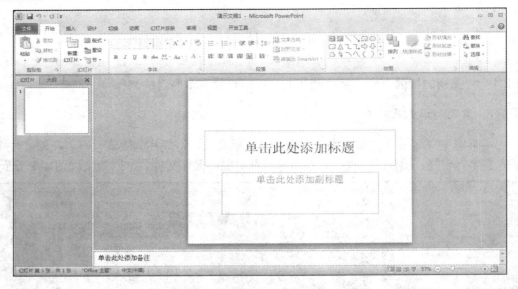

图 4-5　空白演示文稿

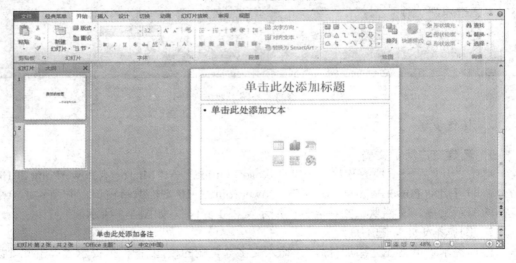

图 4-6　新建"标题和内容"幻灯片

4）制作第 3 张表格幻灯片

参考步骤 3），产生第 3 张幻灯片。

根据提示"单击此处添加标题"，输入"学校各专业近三年毕业人数"，然后在"单击此处添加文本"区域单击"插入表格"按钮，弹出"插入表格"对话框，输入列数为"5"，行数为"4"，单击"确定"按钮，生成一个 5 列 4 行的表格。放大表格并输入数据，如图 4-7 所示。

5）制作第 4 张柱形图幻灯片

参照步骤 3），产生第 4 张幻灯片。根据提示输入标题"毕业人数柱形图"，然后在"单击此处添加文本"区域单击"插入图表"按钮，在弹出的"插入图表"对话框中选择"簇状柱形图",单击"确定"按钮,打开如图 4-8 所示的窗口:左边出现一个柱形图的雏形,右边是柱形图的数据来源。很显然,这个数据跟我们要制作的数据不相符,所以需要将原始的数据替换掉。

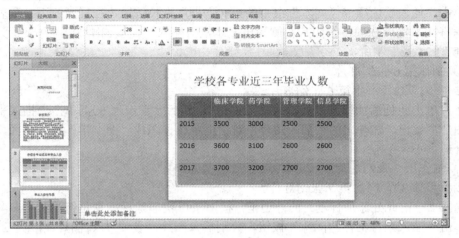

图 4-7 表格幻灯片

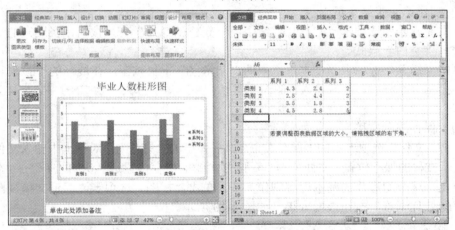

图 4-8 柱形图幻灯片

至此,前面 4 张幻灯片制作完毕,接下来,继续制作后面 4 张幻灯片。样张如图 4-9 所示。

图 4-9 后面 4 张幻灯片样张

6)制作第 5 张幻灯片

参考步骤 3),产生第 5 张幻灯片。

在"单击此处添加标题"处输入"校园风景欣赏",并且改变该占位符的大小,移到页面左边。然后在"单击此处添加文本"区域单击"插入来自文件的图片"按钮,在弹出的"插入图片"对话框中选择图片"俯瞰图.jpg"插入页面,并调整到合适大小,然后单击"插入"选项卡"文本"组中的"文本框"下拉按钮,在展开的下拉列表中选择"垂直文本框"选项,在图片左侧画出文本框,输入"校园俯瞰图",并设置为"华文新魏""24 号"字。

7)制作第 6 张幻灯片

参考步骤 3),产生第 6 张幻灯片。

在"单击此处添加标题"处输入"图书馆"。然后参考步骤 6),单击"插入来自文件的图片"按钮,在弹出的"插入图片"对话框中选择图片"图书馆"插入页面,并调整到合适大小。

8)制作第 7 张幻灯片

参考步骤 3),产生第 7 张幻灯片。

选择"单击此处添加标题"的外边框,按 Delete 键删除标题占位符。然后参考步骤 6),单击"插入来自文件的图片"按钮,分别插入图片"晨读 1"、图片"晨读 2",图片"梅花 1"、图片"梅花 2",并移动图片位置,调整图片大小如样张所示。

9)制作第 8 张结束页

单击"开始"选项卡"幻灯片"组中的"新建幻灯片"下拉按钮,在展开的下拉列表中选择"空白"版式。

单击"插入"选项卡"文本"组中的"艺术字"下拉按钮,在展开的下拉列表中选择第 6 排第 2 个样式,然后输入"谢谢欣赏!",并改变字号大小为 72 号字,字体为"华文新魏"。

10)保存演示文稿

单击"文件"选项卡中的"保存"命令,在弹出的"另存为"对话框中输入文件名并设置演示文稿的保存位置。文件名为"美丽的校园",保存位置是默认的"库"→"文档"。

至此,这个幻灯片的基本内容制作完毕。单击"视图"选项卡"演示文稿视图"组中的"幻灯片浏览"按钮查看效果,如图 4-10 所示。

图 4-10 "美丽的校园"基本内容样张

4.2.2 知识点详解

1. 演示文稿的创建

PowerPoint 2010 提供了各种创建演示文稿的途径，其方法如下。

1）创建空白演示文稿

（1）启动 PowerPoint 2010 后，默认情况下，程序会创建名为"演示文稿 1"的空文档，用户可以从此空白文稿开始建立各个幻灯片。

（2）单击"文件"选项卡中的"新建"命令，界面如图 4-11 所示，在"可用的模块和主题"组中选择"空白演示文稿"，然后单击"创建"按钮。

图 4-11　创建空白演示文稿

2）根据模板创建演示文稿

单击"文件"选项卡中的"新建"命令，在"可用的模板和主题"组中有几类模板可供选择，用户单击相应模板图标，再单击"创建"按钮即可创建新文档；或者双击相应模板图标也可创建新文档。

模板分为"样本模板"、"我的模板"和"Office.com 模板"，样本模板为本机所带模板，"我的模板"为用户自建模板，"Office.com 模板"需连接 Internet 网络下载后才可应用。

模板是包含完整格式及示例内容的文件，用户只需对由模板创建的演示文稿做一定的修改即可快速创建一个图文并茂、有动态画面的演示文稿。

3）应用主题创建演示文稿

在"新建"窗口中单击"主题"图标，在打开的"可用的模块和主题"窗格中选择一种主题，单击"创建"按钮或者双击相应图标即可创建应用该主题的新文档。

主题决定了文稿的外观和风格，每个主题都有固定的文字格式和配色方案，用户可以在这些设计方案基础上制作演示文稿。选择应用主题创建演示稿后，用户先选择一种主题，然后建立文稿的内容。

2. 保存演示文稿

首次保存文件的具体操作步骤如下。

（1）单击"文件"选项卡中的"保存"命令，或单击快速访问工具栏中的"保存"按钮，弹出"另存为"对话框，如图 4-12 所示。

图 4-12 "另存为"对话框

（2）由于是第一次保存文件，此时文件使用的是系统默认的"演示文稿 1"文件名，用户要使用自定义的文件名，只需在"文件名"下拉列表中输入一个新的文件名即可。

（3）单击"保存位置"下拉按钮，在展开的下拉列表中选择文件要保存的位置。

（4）使用默认的演示文稿保存类型"*.pptx"。PowerPoint 2010 有多种文件格式，较常用的是 PPT 和 PPTX：PPT 是 PowerPoint 97-2003 下的默认演示文稿文件，而 PPTX 是 PowerPoint 2010 下的默认演示文稿文件。在 PowerPoint 2010 中两种文件均可正常使用，但在早期版本的 PowerPoint 中需安装了相关补丁后才能打开 PPTX 文件。

（5）单击"保存"按钮，即将新建的演示文稿保存在指定的位置。若文件已经保存过，这时单击"保存"命令将不会弹出"另存为"对话框，而是直接以原文件名保存在原位置。这时可在"文件"选项卡中单击"另存为"命令，弹出"另存为"对话框。

3. 演示文稿的编辑

1）幻灯片的基本操作

（1）选择幻灯片。在 PowerPoint 窗口左侧的幻灯片窗格中单击幻灯片即可选中相应幻灯片，按住 Ctrl 键的同时单击可以选中多张幻灯片，按住 Shift 键的同时单击可以选中多张连续幻灯片。

选择"幻灯片浏览"视图，可更方便地选择幻灯片。

（2）新建/插入幻灯片。新建幻灯片有许多种方式，下面介绍其中的几种。

① 单击"开始"选项卡"幻灯片"组中的"新建幻灯片"按钮。

② 按组合键 Ctrl+M。

③ "普通视图"下，选中幻灯片窗格中的某一幻灯片，然后按 Enter 键。

④ "普通视图"下，选中幻灯片窗格中的某一幻灯片，右击，在弹出的快捷菜单中选择"新建幻灯片"命令。

单击"版式"下拉按钮，可以在展开的下拉列表中为新插入的幻灯片选择不同的幻灯片版式，如图 4-13 所示。

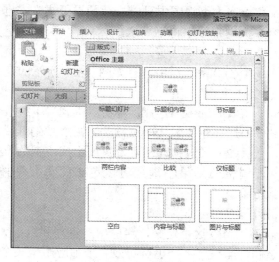

图 4-13　新建幻灯片版式

（3）复制或移动幻灯片。复制或移动幻灯片的方法有如下几种。

① 选中幻灯片，右击，在弹出的快捷菜单中选择"复制幻灯片"命令，即可将选中的幻灯片复制在所选幻灯片的下面。

② 选中幻灯片，右击，在弹出的快捷菜单中选择"复制"命令，然后单击要复制到的位置前面的幻灯片，右击，在弹出的快捷菜单中选择"粘贴选项"命令，即可将选中的幻灯片复制到所选幻灯片的下面。若在这个过程中选择的是"剪切""粘贴选项"命令，则为移动选中的幻灯片。

③ 在"普通视图"的幻灯片窗格中选中幻灯片，拖曳至目标位置（出现一条线的位置表示插入点），放开鼠标左键，即可移动选中的幻灯片。若拖曳过程同时按住 Ctrl 键，则会复制选中的幻灯片。

④ 在幻灯片浏览视图中参照"方法 3"操作也可复制或移动幻灯片。

（4）删除幻灯片。选中幻灯片，按 Delete 键可删除所选幻灯片；或者选中幻灯片右击，在弹出的快捷菜单中选择"删除幻灯片"命令。

2）幻灯片文本编辑

（1）认识占位符。占位符是在版面中预留一个固定区域，供用户向其中添加内容。

在 PowerPoint 2010 所有新建的幻灯片中，除了"空白"版式，其他所有幻灯片版式中都有占位符。这使用户可通过单击这些预留文本框中相应位置快速地添加文字或者插入表格、图片等对象。

（2）添加文本。在文本占位符中会有类似"单击此处添加标题""单击此处添加文本"之类的提示，单击即可在相应位置添加文本。文本格式的设置，既可选中文字进行设置，也可选中相应文本框进行设置，其设置方式与 Word 中几乎一样，这里不再赘述。需注意的是，在 PowerPoint 中文字必须出现在文本框中，若使用的是"空白"版式幻灯片，则需单击"插入"选项卡"文本"组中的"文本框"按钮，在幻灯片中插入文本框才能在文本框中添加文字。在大纲视图中只能显示预设版式文本框中的文字内容，用户插入的文本框中的内容在大纲视图中将不显示。

3）更改幻灯片版式

在"开始"选项卡的"幻灯片"组中，有如图 4-14 所示的几个按钮，分别是"版式""重设""节"。

（1）选中幻灯片，单击"版式"下拉按钮，在展开的下拉列表中选择相应版式即可修改当前选中幻灯片的版式。

（2）通过拖动幻灯片页面上文本框的位置对版式进行调整，若调整的结果不满意可以单击"重置"按钮，将文本框位置还原。

图 4-14 "幻灯片"组

4）使用"节"来管理幻灯片

PowerPoint 2010 新增"节"这个定义，帮助用户管理和组织大型演示文稿的结构。分好节之后，可以命名和打印整个节，也可将效果单独应用于某个节。

（1）创建节。

单击欲分节的第一张幻灯片，单击"开始"选项卡"幻灯片"组中的"节"下拉按钮，在展开的下拉列表中选择"新增节"选项，如图 4-15 所示。

这时，幻灯片窗格中会出现两个节：一个是该选中幻灯片之前的部分，为"默认节"；一个是现在创建的"无标题节"。

（2）重命名节。新建节的名称均默认为"无标题节"，可以为其重命名，以便识别。

① 在节名称上右击，在弹出的快捷菜单中选择"重命名节"命令，如图 4-16 所示。在弹出的"重命名节"对话框中修改相应名称即可。

② 单击"开始"选项卡"幻灯片"组中的"节"下拉按钮，在展开的下拉列表中选择"重命名节"选项也可修改节的名称。

（3）折叠和展开节。

① 折叠或展开单个节：在普通视图或幻灯片浏览视图中，双击要折叠或展开的节，折叠的节上会显示节的名称及本节幻灯片的数量。

② 折叠或展开全部节：单击"开始"选项卡"幻灯片"组中的"节"下拉按钮，在展开的下拉列表中选择"全部折叠"或"全部展开"选项。也可以在节的快捷菜单中选择相应命令。

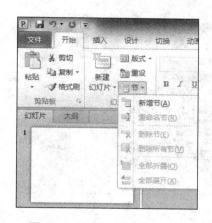

图 4-15 选择"新增节"选项　　　　　　图 4-16 选择"重命名节"命令

4.3 幻灯片背景的设计

4.3.1 "美丽的校园"幻灯片的制作之二：幻灯片背景的设计

在 4.2.1 节案例中，我们制作了幻灯片的基本内容，通过幻灯片浏览视图可以看出，虽然幻灯片的内容非常丰富，但是幻灯片的背景很单调。接下来介绍幻灯片背景的设计。

1. 案例知识点及效果图

本案例主要运用以下知识点：设计主题的应用、图片的叠加次序。案例效果如图 4-17所示。

2. 操作步骤

（1）切换到普通视图，单击幻灯片窗格中的第 1 张幻灯片，然后选择"设计"选项卡"主题"组中的"凸显"主题，这时所有幻灯片均变为凸显的主题。如果希望每张幻灯片主题不一样，可以单击快速访问工具栏中的"撤销"按钮，然后在凸显主题上右击，选择"应用于选定幻灯片"命令，如图 4-18 所示。

（2）单击第 2 张幻灯片，在"设计"选项卡"主题"组中右击"暗香扑面"主题，在弹出的快捷菜单中选择"应用于选定幻灯片"命令。

（3）单击第 3 张幻灯片，在"设计"选项卡"主题"组中右击"气流"主题，在弹出的快捷菜单中选择"应用于选定幻灯片"命令。

图 4-17 "美丽的校园"效果（二）

图 4-18 主题"应用于选定幻灯片"

（4）单击第 4 张幻灯片，在"设计"选项卡"主题"组中右击"精装书"主题，在弹出的快捷菜单中选择"应用于选定幻灯片"命令。

（5）单击第 5 张幻灯片，在"设计"选项卡"主题"组中右击"奥斯丁"主题，在弹出的快捷菜单中选择"应用于选定幻灯片"命令。

（6）单击第 6 张幻灯片，在"设计"选项卡"主题"组中右击"纸张"主题，在弹出的快捷菜单中选择"应用于选定幻灯片"命令。

（7）单击第 7 张幻灯片，在"设计"选项卡"主题"组中右击"暗香扑面"主题，在弹出的快捷菜单中选择"应用于选定幻灯片"命令。

（8）单击第 8 张幻灯片，如果不想使用系统提供的主题，也可以插入一幅图片作为幻灯片的背景。单击"插入"选项卡"图像"组中的"图片"按钮，选择图片"fl006"插入幻灯片中，然后将图片放大到跟幻灯片一样大小，这时图片将下面的艺术字遮挡了，可以在图片上右击，在弹出的快捷菜单中选择"置于底层"→"置于底层"命令（图 4-19），这时艺术字就显示出来了。

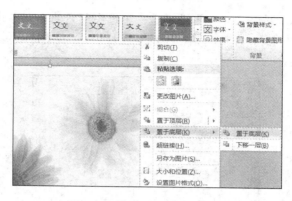

图 4-19　将背景图片置于底层

4.3.2　知识点详解

1. 应用幻灯片主题

在"设计"选项卡中用户可选择主题来美化幻灯片，如图 4-20 所示。若演示文稿未分节，则选择"主题"中相应选项，将会应用在整个文档中。若演示文稿分节了，则需在幻灯片窗格中单击节名称，选中相应节，再选择"主题"中的选项，将相应主题应用于选中的节。

图 4-20　"设计"选项卡

2. 修改幻灯片主题

（1）选中一项幻灯片主题后，单击"设计"选项卡"主题"组中的"颜色"下拉按钮，在展开的下拉列表中有许多配色方案，选中一项，幻灯片主题的配色会改为所选择的主题颜色。选择"新建主题颜色"选项可由用户自定义配色方案。

（2）选中一项幻灯片主题后，单击"设计"选项卡"主题"组中的"字体"下拉按钮，在展开的下拉列表中选择相应字体方案，幻灯片主题的文字将应用此方案的格式。选择"新建主题字体"选项可由用户自定义字体方案。

（3）选中一项幻灯片主题后，单击"设计"选项卡"主题"组中的"效果"下拉按钮，在展开的下拉列表中选择相应"效果"选项，即可在选中幻灯片中应用相应效果。

3. 设置幻灯片背景

（1）选中幻灯片或"节"，单击"设计"选项卡"背景"组中的"背景样式"下拉按钮，在展开的下拉列表中选择系统预设的背景样式。

（2）选择"设置背景格式"选项，在弹出的"设置背景格式"对话框中设置背景格式，如图 4-21 所示。选择"填充"选项卡，可选中背景的填充方式。只有选中"图片或纹理填充"单选按钮时，左侧对话框中的"图片更正""图片颜色""艺术效果"才能进行设置。

图 4-21 "设置背景格式"对话框

（3）若希望当前演示文稿中所有幻灯片使用同样的背景，则设置完背景后单击"设置背景格式"对话框右下方的"全部应用"按钮；若仅对当前选中幻灯片或当前选中"节"应用该背景，在设置完毕后单击"关闭"按钮即可。

（4）若不希望幻灯片应用当前主题的背景图形，则勾选"设计"选项卡"背景"组中的"隐藏背景图形"复选框即可。

4.4 幻灯片的切换效果

4.4.1 "美丽的校园"幻灯片的制作之三：幻灯片切换效果的设计

在 4.3.1 节案例做完之后，可以用幻灯片放映视图观看放映效果，结果发现幻灯片放映过程中，从一张幻灯片切换到下一张幻灯片时非常生硬，没有任何的切换效果，并且只能单击鼠标进行切换，要改变这种状况，可以为幻灯片设置切换效果。

1. 案例知识点

本案例主要运用以下知识点：切换效果的设计、换片方式的设置、声音效果的添加。因为切换效果是动态的，所以此处没有效果图。

2. 操作步骤

（1）在"切换"选项卡"计时"组中勾选换片方式中的"设置自动换片时间"复选框，然后设置时间为"00:03.00"，设置声音效果为"风铃"，然后单击"全部应用"按钮，即可设置所有幻灯片自动切换时间为 3 秒，并伴随风铃的声效。

（2）单击第 1 张幻灯片，单击"切换"选项卡"切换到此幻灯片"组中的"淡出"按钮，如图 4-22 所示。

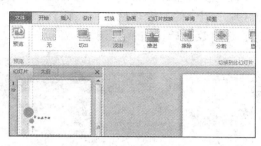

图 4-22　设置"淡出"切换效果

（3）单击第 2 张幻灯片，参照步骤（2），设置"分割"切换效果。
（4）单击第 3 张幻灯片，参照步骤（2），设置"推进"切换效果。
（5）单击第 4 张幻灯片，参照步骤（2），设置"随机线条"切换效果。
（6）单击第 5 张幻灯片，参照步骤（2），设置"溶解"切换效果。
（7）单击第 6 张幻灯片，参照步骤（2），设置"棋盘"切换效果。
（8）单击第 7 张幻灯片，参照步骤（2），设置"涟漪"切换效果。
（9）单击第 8 张幻灯片，参照步骤（2），设置"切换"切换效果。

4.4.2　知识点详解

1. 幻灯片切换效果

幻灯片切换效果是指从一张幻灯片过渡到下一张幻灯片时的切换动画，切换的主体是整张幻灯片。

2. 幻灯片切换基本设置

（1）PowerPoint 2010 提供了多种幻灯片切换效果，在"切换"选项卡"切换到此幻灯片"组中可看到程序提供的多种切换方案缩略图，如图 4-23 所示。

图 4-23　幻灯片切换效果

（2）当选择了某一种切换效果后，只是为当前幻灯片应用了切换动画，而其他幻灯片可以用以上方法逐一设置切换效果。如果希望所有的幻灯片都应用一样的切换效果，可以单击"切换到此幻灯片"组中的"全部应用"按钮。

（3）为幻灯片应用了切换效果后，可在"切换"选项卡中对其进行详细设置，如图 4-24 所示。

图 4-24　不同幻灯片切换效果的"效果选项"下拉列表

① 单击"切换到此幻灯片"组中的"效果选项"下拉按钮，在展开的下拉列表中可以更改切换效果的细节。与"动画"选项卡"动画"组中的"效果选项"按钮类似，对不同切换效果，下拉列表中的内容也有所不同。

②"切换"选项卡"计时"组中的"声音"、"持续时间"和"全部应用"按钮与"动画"选项卡的相应按钮的功能一致，可参考 4.4.1 节内容进行设置。

③"计时"组中的"换片方式"中，如果勾选"单击鼠标时"复选框，则在幻灯片动画播放结束后，单击鼠标才会切换到下一张幻灯片；如果勾选"设置自动换片时间"复选框，则在幻灯片动画播放结束后，延迟相应时间切换到下一张幻灯片。

4.5　幻灯片的动画效果

采用带有动画效果的幻灯片对象可以让演示文稿更加生动、直观，还可以控制信息演示流程并重点突出关键的数据和内容。对于演示文稿中的文本、图片、形状、表格和其他任何的对象，都可以利用自定义动画功能得到满意的效果。

4.5.1　为对象设置动画效果

（1）选中要设置动画效果的对象，单击"动画"选项卡"动画"组中的"动画效果"下拉按钮，展开"动画效果"下拉列表，如图 4-25 所示。

PowerPoint 2010 为幻灯片对象提供了 4 种类型的动画效果：

①"进入"效果。在幻灯片放映时文本及对象进入放映界面时的动画效果。

②"强调"效果。在演示过程中需要强调部分的动画效果。

③"退出"效果。在幻灯片放映过程中，文本及其他对象退出时的动画效果。

④"动作路径"。用于指定幻灯片中某个内容在放映过程中动画所通过的轨迹。

　　这 4 类动画效果除了已经显示出来的以外，还可以选择"更多××效果"或"其他动作路径"选项，在弹出的对话框中可以看到更多动画效果。例如，更多进入效果如图 4-26 所示。

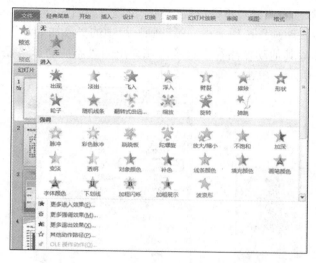

图 4-25　各种动画效果

图 4-26　更多进入效果

　　（2）将鼠标指针停留在某一种动画选项上时，幻灯片会自动播放此动画，用户可以观看多种动画效果，选择自己满意的一个。

　　（3）同一个对象可以设置多个动画效果，为同一对象添加多个动画效果时，在选中对象后，需要单击"动画"选项卡"高级动画"组中的"添加动画"按钮。

　　（4）单击"动画窗格"窗格中的"重新排序"按钮可以调整动画播放顺序，也可以直接在动画窗格里面拖动各个效果改变播放顺序。

4.5.2　精彩动画效果举例

1．图片连续滚动效果

1）案例知识点及效果图

　　本案例主要运用以下知识点：利用"动作路径"动画设置滚动图片效果、动画刷。最终案例截图如图 4-27 所示。

图 4-27　最终案例截图

2）操作步骤

（1）新建一个 PowerPoint 文档，将幻灯片版式设置为"空白"。

（2）单击"插入"选项卡"图像"组中的"图片"按钮，在弹出的"插入图片"对话框中选中 4 张图片，同时插入 4 张图片。

（3）利用"图片工具-格式"选项卡将图片设置为同样大小，这里图片大小设置为高6 厘米，宽 8 厘米。将图片置于幻灯片右侧外，重叠放置在同一位置，如图 4-28 所示。

（4）选中最上面的图片，单击"动画"选项卡"高级动画"组中的"添加动画"下拉按钮，在展开的下拉列表中选择"其他动作路径"选项，在弹出的"添加动作路径"对话框中选择"向左"，如图 4-29 所示，单击"确定"按钮。

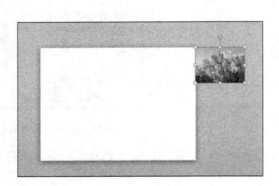

图 4-28　4 张图片重叠放置效果　　　　　图 4-29　动作路径效果

（5）调整幻灯片编辑窗口比例至 35% 。按住 Shift 键，拖动路径终点（红色三角）至终点在幻灯片左边界外，如图 4-30 所示。

（6）双击"动画窗格"中的动画项目，在弹出的"向左"对话框中选择"效果"选项卡，将"路径"设为"锁定"，"平滑开始"、"平滑结束"和"弹跳结束"都设置为"0秒"，如图 4-31 所示。

图 4-30　动作路径完成效果　　　　　图 4-31　向左动作路径

（7）选中第 1 张图片，单击"动画"选项卡"高级动画"组中的"动画刷"按钮 。在第 1 张图片上右击，在弹出的快捷菜单中选择"置于底层"→"置于底层"命令，如

图 4-32 所示。

（8）第 2 层的图片显露出来，这时鼠标指针为刷子形状，在第 2 张图片上单击，"动画窗格"中会增加一项，即第 2 张图片也同样设置了向左的动作路径（注："动画刷"可将一个对象的动画复制并应用到另一指定对象上）。

（9）在第 3 和第 4 张图片上重复步骤（7）、（8），至 4 张图片都应用了同样的动作路径，如图 4-33 所示。

图 4-32　设置图层效果

图 4-33　完成后的"动画窗格"效果

（10）双击"动画窗格"中的"向左"动画，在弹出的"向左"对话框中的"计时"选项卡中，将"开始"设置为"与上一动画同时"，"期间"设为"中速（2 秒）"，"重复"设为"直到幻灯片末尾"。延迟时间依次增加，第 1 个动画延迟为"0 秒"，第 2 个动画延迟为"0.5 秒"，第 3 个动画延迟为"1 秒"，第 4 个动画延迟为"1.5 秒"，如图 4-34 所示。完成后的"动画窗格"显示效果如图 4-35 所示。

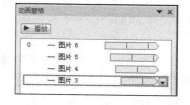

图 4-34　计时设置

图 4-35　延时后"动画窗格"效果

（11）设置完毕，单击"播放"按钮测试动画效果。若不理想，则修改延迟时间和期间时长至满意为止。

2．放烟花效果

1）案例知识点及效果图

本案例主要运用以下知识点：利用"进入"→"出现"动画、"强调"→"放大/缩小"动画和"退出"→"向外溶解"三个动画，形成放烟花效果。案例完成后播放截图如图 4-36 所示。

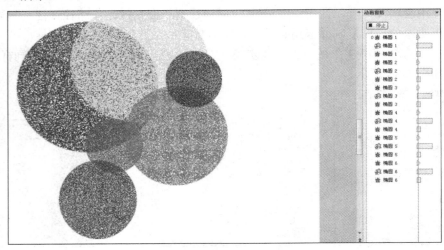

图 4-36　播放截图

2）操作步骤

（1）新建一个 PowerPoint 文档，将幻灯片版式设置为"空白"。

（2）单击"插入"选项卡"插图"组中的"形状"下拉按钮，在展开的下拉列表中选择"椭圆"选项，在幻灯片中按住 Shift 键拖动鼠标，画出一个正圆。

（3）选中画出的圆，在"绘图工具-格式"选项卡"形状样式"组中将"形状填充"设置为红色，"形状轮廓"设置为"无轮廓"。

（4）单击"动画"选项卡"高级动画"组中的"添加动画"下拉按钮，在展开的下拉列表中选择"进入"→"出现"选项，如图 4-37 所示。

（5）在"动画窗格"中双击"椭圆 1"，在弹出的"出现"对话框中选择"计时"选项卡，将"开始"设置为"与上一动画同时"。

（6）单击"添加动画"下拉按钮，在展开的下拉列表中选择"强调"→"放大缩小"选项。

（7）在"动画窗格"中双击"椭圆 1"强调动画图标，在弹出的"放大/缩小"对话框中选择"效果"选项卡，将"尺寸"设置为"500%"，如图 4-38 所示；选择"计时"选项卡，将"开始"设置为"与上一动画同时"。

（8）单击"添加动画"下拉按钮，在展开的下拉列表中选择"退出"→"向外溶解"选项；在"动画窗格"中双击"椭圆 1"退出动画图标，在弹出的"退出"对话框中选择"计时"选项卡，将"开始"设置为"与上一动画同时"。

（9）复制、粘贴出多个圆形，设置为不同颜色、不同大小，任意摆放即可，做出烟花同时绽放的效果。

（10）通过鼠标拖曳改变各个圆形动画的出现时间，可做出烟花相继绽放的效果。

图 4-37　添加动画　　　　　　　图 4-38　"放大/缩小"对话框

3. 时钟指针走动效果

1）案例知识点及效果图

本案例主要运用以下知识点：利用形状组合、陀螺旋动画，形成时钟指针走动效果。案例完成效果如图 4-39 所示。

2）操作步骤

（1）新建"空白演示文稿"，版式设置为"空白"。

（2）单击"插入"选项卡"插图"组中的"形状"下拉按钮，在展开的下拉列表中选择"椭圆"选项，按住 Shift 键，拖曳鼠标在幻灯片上画出一个正圆。

（3）在"绘图工具-格式"选项卡"形状样式"组中将"形状填充"设置为黑色，"形状轮廓"设置为"无轮廓"。

（4）单击"插入"选项卡"插图"组中的"形状"下拉按钮，在展开的下拉列表中选择"直线"选项，在圆形上画出直线，圆形上会出现辅助红点，画线时连接两个对应红点，在"绘图工具-格式"选项卡"形状样式"组中将"形状轮廓"设置为"白色"，"粗细"设置为 4.5 磅，如图 4-40 所示。复制出多条直线，完成效果如图 4-41 所示。

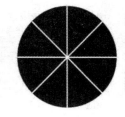

图 4-39　时钟指针走动案例效果　　图 4-40　圆与直线　　图 4-41　多条直线

（5）在圆中画出一个同心黑色圆形，比之前的圆小些，覆盖在原来图形上方，全选所有形状，在图形边框上右击，在弹出的快捷菜单中选择"组合"→"组合"命令，如

图 4-42 所示。

（6）单击"插入"选项卡"插图"组中的"形状"下拉按钮，在展开的下拉列表中选择"箭头总汇"→"箭头"选项，在圆上画出箭头。设置箭头的"形状填充"为红色，"形状轮廓"为"无轮廓"，底端对齐圆形中心。

（7）复制、粘贴"箭头"图形，选中新复制出的箭头，单击"旋转"下拉按钮 ，在展开在下拉列表中选择"垂直翻转"选项，调整位置，如图 4-43 所示。将向下的箭头的"形状填充"设置为"无填充颜色"，"形状轮廓"设置为"无轮廓"。

（8）将两个箭头选中，在边框上右击，在弹出的快捷菜单中选择"组合"→"组合"命令，如图 4-44 所示。

图 4-42　组合所有图形

图 4-43　翻转后的两箭头

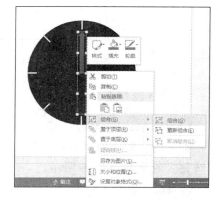
图 4-44　组合两箭头

（9）选中组合好的指针，选择"动画"选项卡"高级动画"组中的"添加动画"下列按钮，在展开的下拉列表中选择"强调"→"陀螺旋"选项。

（10）单击"动画窗格"按钮，打开"动画窗格"，双击该动画项，弹出"陀螺旋"对话框，将"效果"选项卡的"数量"设置为"360°顺时针"，如图 4-45 所示；将"计时"选项卡的"开始"设置为"与上一动画同时"，在"期间"文本框输入"60"，如图 4-46 所示。

图 4-45　陀螺旋"效果"设置

图 4-46　陀螺旋"计时"设置

（11）秒针动画完成。

4. 舞动的扇子效果

1）案例知识点及效果图

本案例主要运用以下知识点：利用形状组合、陀螺旋动画，形成扇子展开效果。案例完成效果如图 4-47 所示。

2）操作步骤

（1）新建一个 PowerPoint 文档，将幻灯片版式设置为"空白"。

（2）单击"插入"选项卡"插图"组中的"形状"下拉按钮，在展开的下拉列表中选择"等腰三角形"选项，在幻灯片上画出一细长三角形，设置其"形状填充"为木纹纹理，"形状轮廓"为"无轮廓"。

图 4-47　案例完成效果

（3）复制一个相同的三角形，设置"垂直旋转"，并将其"形状填充"设置为"无填充颜色"。镜像对齐两个三角形，并组合。

（4）选中组合对象，单击"动画"选项卡"高级动画"组中的"添加动画"下拉按钮，在展开的下拉列表中选择"强调"→"陀螺旋"选项。

（5）单击"动画窗格"按钮，打开"动画窗格"，双击该动画项，弹出"陀螺旋"对话框，将"效果"选项卡的"数量"设置为"180°顺时针"；将"计时"选项卡的"开始"设置为"与上一动画同时"，"期间"设置为"中速（2 秒）"。

（6）选中组合对象，按组合键 Ctrl+C 复制，然后连续按 9 次组合键 Ctrl+V，形成共 10 个组合对象，每个组合对象复制时连同其动画一起复制了，顺次修改每个组合对象的动作属性，将"延迟"分别设置为 0.2 秒、0.4 秒、0.6 秒……依次类推至 1.8 秒。

（7）在幻灯片上按组合键 Ctrl+A，选中所有对象，将其图片格式中的"位置"设置为相同数值，即让每个对象重叠在一起。动画设置完成。

5. 萤火虫效果

1）案例知识点及效果图

本案例主要运用以下知识点：利用形状组合、"淡出"和"动作路径"组合动画，形成荧光闪烁效果。案例完成效果如图 4-48 所示。

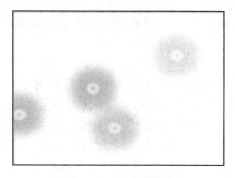

图 4-48　案例效果图

2）操作步骤

（1）新建一个 PowerPoint 文档，将幻灯片版式设置为"空白"。

（2）绘制光源。单击"插入"选项卡"插图"组中的"形状"下拉按钮，在展开的下拉列表中选择"椭圆"选项，画出椭圆。单击"绘图工具-格式"扩展按钮，在弹出的"设置形状格式"对话框中设置形状格式（填充、发光和柔化边缘），如图 4-49 和图 4-50 所示，线条颜色为"无线条"。

图 4-49　荧光"填充"格式设置　　　　　图 4-50　荧光"发光"格式设置

（3）设置动画。在"添加动画"下拉列表中选择"进入"→"淡出"选项；再在"添加动画"下拉列表中选择"其他动作路径"选项，选择特殊组内的任意一种，如"水平数字 8"。选中路径边框，拖动以改变其大小。两个动作都设置为"与上一动画同时"，重复"直到幻灯片末尾"。

（4）复制该对象多次，随意分布在幻灯片上，每个对象选不同动作路径，并且在"动画窗格"中拖动其放映时间轴，让各个对象有不同的动画，在不同的时间出现，使效果更丰富。

6．拍蚊子效果

1）案例知识点及效果图

本案例主要运用以下知识点："动作路径"动画、触发器。案例完成效果如图 4-51 所示。

2）操作步骤

（1）新建一个 PowerPoint 文档，将幻灯片版式设置为"空白"。

（2）将"蚊子 1"图片插入幻灯片中，调整其大小至合适。

（3）单击"动画"选项卡"高级动画"组中的"添加动画"下接按钮，在展开的下拉列表中选择"动作路径"→"自定义路径"选项，画出一条蚊子飞行的轨迹，对"自定义路径"动画属性进行如下设置：在"效果要"选项卡中设置"路径"为"锁定"；"平滑开始""平滑结束""弹跳结束"都为"0 秒"；在"计时"选项卡中设置"开始"

为"与上一动画同时","期间"为"10 秒"。

（4）单击"动画"选项卡"高级动画"组中的"添加动画"下接按钮，在展开的下拉列表中选择"退出"→"消失"选项，双击"动画窗格"中的"消失"动画项，弹出"消失"对话框，在"计时"选项卡中将"开始"设置为"与上一动画同时"，单击"触发器"按钮，选中"单击下列对象时启动效果"单选按钮，在下拉列表中选择"图片3"，即"蚊子1"图片对象，如图 4-52 所示。

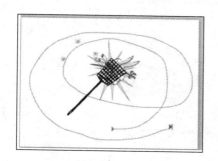

图 4-51　拍蚊子案例效果图

图 4-52　"消失"动作设置

（5）插入"蚊子2"图片，调整其大小，位置至合适。

（6）选中"蚊子2"图片，单击"动画"选项卡"高级动画"组中的"添加动画"下拉按钮，在展开的下拉列表中选择"进入"→"出现"选项，双击"动画窗格"中的"出现"动画项，弹出"出现"对话框，在"计时"选项卡中将"开始"项设置为"与上一动画同时"，单击"触发器"按钮，选中"单击下列对象时启动效果"单选按钮，在下拉列表中选择"图片3"。

（7）用矩形和线条画出一个蚊拍，并组合成一个对象。

（8）选中"蚊拍"组合形状，单击"动画"选项卡"高级动画"组中的"添加动画"下拉按钮，在展开的下拉列表中选择"进入"→"出现"选项，双击"动画窗格"中的"出现"动画项，弹出"出现"对话框，在"效果"选项卡中将"声音"设置为"单击"，如图 4-53 所示；在"计时"选项卡中将"开始"设置为"与上一动画同时"，单击"触发器"按钮，选中"单击下列对象时启动效果"单选按钮，在下拉列表中选择"图片3"，如图 4-54 所示。

（9）动画设置完成。放映时鼠标单击飞动的蚊子，拍子就会"啪"的一声把蚊子打死。

7. 卷轴效果

1）案例知识点及效果图

本案例主要运用以下知识点：利用形状组合、"动作路径"和"劈裂"动画组合制作出卷轴展开效果。案例效果如图 4-55 所示。

信息技术基础及应用教程

图 4-53　"出现"的"声音"设置　　　　图 4-54　"出现"的"触发器"设置

图 4-55　卷轴效果图

2）操作步骤

（1）启动 PowerPoint 2010，将幻灯片版式设置为"空白"。勾选"视图"选项卡的"网格线"和"参考线"复选框，单击"显示"组的扩展按钮，在弹出的"网格线和参考线"对话框中，勾选所有复选框，如图 4-56 所示，再单击"确定"按钮。这时幻灯片编辑界面上会出现很多的网格，中间有一条竖中心线和一条横中心线，利用这些网格便于为编辑对象定位。

（2）在幻灯片中插入自选图形：一个矩形、两个小圆形，矩形用"深色木质"纹理填充，形状轮廓设为"无轮廓"；圆形填充为黑色，形状轮廓为"无轮廓"。层叠方式是矩形在上方，圆形在下方，圆形被矩形挡住一半。

（3）选中这 3 个形状，右击，在弹出的快捷菜单中选择"组合"→"组合"命令，将 3 个形状组合成一个"卷轴"对象。

（4）选中"卷轴"对象，按住 Ctrl 键拖动该对象，复制一份"卷轴"，与它并排放置，效果如图 4-57 所示。

（5）选中左侧的"卷轴"对象，单击"动画"选项卡"高级动画"组中的"添加动画"下拉按钮，在展开的下拉列表中选择"其他动作路径"选项，在弹出的对话框中将"动作路径"设为"向左"，并单击幻灯片编辑区的路径，把鼠标指针移至路径终端（红色箭头处），指针变为双向箭头时，把红色箭头拖至中心线左侧 6 个格处。

（6）双击路径线条，在弹出的"向左"对话框中进行如下设置：将"效果"选项卡中的"路径"设为"解除锁定"，"平滑开始"和"平稳结束"都设置为"0 秒"；将"计时"选项卡的"开始"设置为"与上一动画同时"，"期间"设为"非常慢 5 秒"；单击

"确定"按钮。

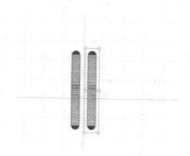

图 4-56　网格线和参考线设置　　　　　　图 4-57　"卷轴"的轴部效果

（7）右侧的"卷轴"对象动作路径设置为"向右"，其他设置都与左侧"卷轴"对象相同，如图 4-58 所示。

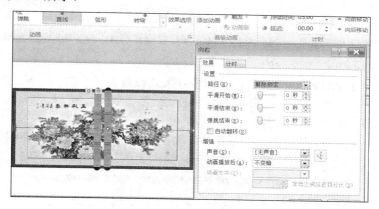

图 4-58　右"卷轴"动作路径设置

（8）插入图片，通过图片周围的控制点或剪切的方式把图片变为合适大小，使图片的高度不超过卷轴的高度，使图片的宽度与两条路径的终端（红色箭头）平齐。

（9）右击图片，在弹出的快捷菜单中选择"置于底层"→"置于底层"命令；使新插入的图片在卷轴下方。

（10）选中图片，单击"动画"选项卡"高级动画"组中的"添加动画"下拉按钮，在展开的下拉列表中选择"进入"→"劈裂"选项，单击"动画窗格"按钮，打开"动画窗格"，双击该动画项，弹出"劈裂"对话框，在"效果"选项卡中将方向设置为"中央向左右展开"，如图 4-59 所示。在"计时"选项卡中，将"开始"设置为"与上一动画同时"，期间为"5.2 秒"。

（11）卷轴动画效果完成。如果要做出单向展开的效果，可以设置轴沿动作路径运动，而图片则改为"进入"→"擦除"效果。

（12）测试播放效果。

8. 图片依次显示然后散开的动画

1）案例知识点及效果图

本案例主要运用以下知识点：各种"出现"效果、"动作路径"和"与上一动画同时"的设置。

说明：此动画需要用表格作为辅助线，如果是 4 张图片，则需要 2×2 的表格；如果是 9 张图片，可以用 3×3 的表格，以此类推，16 张图片则需要 4×4 的表格。本案例制作 4 张图片的效果。其他 9 张、16 张图片的效果可以参照此制作。

案例完成效果图如图 4-60 所示。

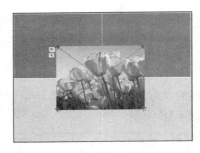

图 4-59　劈裂效果　　　　图 4-60　图片依次显示然后散开的动画案例完成效果图

2）操作步骤

（1）新建一个 PowerPoint 文档，将幻灯片版式设置为"空白"。

（2）单击"插入"选项卡"表格"组中的"表格"选项，选择"2×2 表格"，然后将表格放大到跟幻灯片一样大小。

（3）按照从左到右、从上到下的顺序，依次在表格的每个单元格里面插入一幅图片，每插入一幅图片，就将该图片缩小到与单元格同样大小，如图 4-61 所示。

图 4-61　插入图片后的效果

（4）图片的插入顺序就代表了图片在幻灯片中的叠加次序，我们暂且把这 4 张图片按照插入的顺序命名为图片 1、图片 2、图片 3、图片 4。

（5）分别设置这 4 张图片为不同的出现效果。

（6）将图片 1 移动到幻灯片的正中间，在"添加动画"下拉列表中选择"其他动作路径"选项，在弹出的对话框中设置它的动作路径为"向左"，然后改变它的路径终点为表格第 1 格的中心。

（7）移动图片 2 至幻灯片的中心，在"添加动画"下拉列表中选择"其他动作路径"选项，在弹出的对话框中设置它的动作路径为"对角线右上"。

（8）移动图片 3 至幻灯片的中心，在"添加动画"下拉列表中选择"其他动作路径"选项，在弹出的对话框中设置它的动作路径为"向左"，然后改变它的路径终点为表格第 3 格的中心。

（9）移动图片 4 至幻灯片的中心，在"添加动画"下拉列表中选择"其他动作路径"选项，在弹出的对话框中设置它的动作路径为"对角线右下"。

（10）在"动画窗格"中设置第 5 个动画为"从上一项之后开始"。

（11）设置剩下 3 个路径效果开始时间为"从上一项开始"。

（12）删除表格辅助线。

（13）测试播放效果。

9. 羽毛笔写字的动画

1）案例知识点及效果图

本案例主要运用以下知识点：艺术字的插入、图片的裁剪、透明色的设置、添加"自定义动作路径"、效果选项和计时。案例效果如图 4-62 所示。

2）操作步骤

（1）新建一个 PowerPoint 文档，将幻灯片版式设置为"空白"。

（2）插入 4 个艺术字，分别为"谢""谢""欣""赏"，字体均设置为"华文行楷""96 号"。

（3）插入图片"羽毛笔"，用裁剪工具将图片下面的文字裁减掉，然后用图片工具中的颜色设置羽毛以外的部分为透明色。

（4）设置羽毛笔图片的动作路径为"自定义路径"，然后绘制一条波浪形的路径，如图 4-63 所示。设置波浪路径的计时"期间"为"中速（2 秒）"，开始时间为"从上一项开始"。

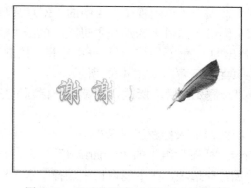

图 4-62 羽毛笔写字的动画案例效果图

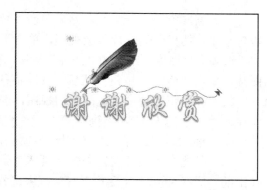

图 4-63 绘制自定义路径

（5）选中第 1 个字"谢"，添加动画效果为"擦除""自左侧""从上一项开始"，然后将该字的动画用动画刷复制到其他 3 个字上面。

（6）设置第 1 个字的延迟时间为"0 秒"，第 2 个字的延迟时间为"0.4 秒"，第 3 个字的延迟时间为"0.8 秒"，第 4 个字的延迟时间为"1.2 秒"。

（7）测试播放效果。

4.6　幻灯片其他内容的添加和制作

4.6.1　"中药学讲义"的制作

1. 案例知识点及效果图

本案例主要运用以下知识点：幻灯片母版、插入 SmartArt 图形、插入音频、插入超链接。案例效果如图 4-64 所示。

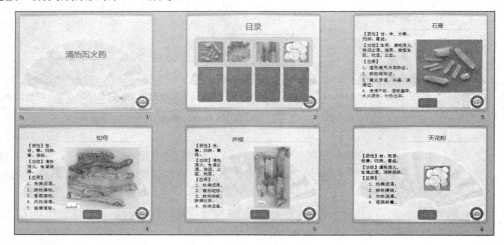

图 4-64　中药学讲义效果图

2. 操作步骤

（1）新建空白演示文稿，然后单击"视图"选项卡"母版视图"组中的"幻灯片母版"按钮，切换到幻灯片母版视图，单击页面左侧最上面最大的那张主母版，单击"插入"选项卡"图像"组中的"图片"按钮，在弹出的"插入图片"对话框中选择"校徽"图片，单击"确定"按钮。然后将其缩小移至页面右下角，如图 4-65 所示。

（2）关闭母版视图，返回普通视图，选择"标题幻灯片"版式，在第一个标题框里面输入"清热泻火药"，将副标题占位符删除。

（3）插入新幻灯片，选择"标题和内容"版式，输入标题"目录"。

（4）单击文本占位符，单击"插入"选项卡"插图"组中的"SmartArt"按钮，在弹出的"选择 SmartArt 图形"对话框中选择"图片"选项，在中间窗格中选择"水平图片列表"，如图 4-66 所示。

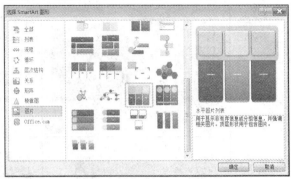

图 4-65　在主母版插入图片　　　　　　图 4-66　选择 Smartart 图形

（5）单击"确定"按钮，插入如图 4-67 所示的 SmartArt 图形。

（6）在最后一个图片或者文本框上右击，在弹出的快捷菜单中选择"添加形状"→"在右边添加形状"命令，增加一个图文框，在文本框中分别输入"石膏""知母""芦根""天花粉"。分别单击上面的"插入图片"图标，插入相应的图片，如图 4-68 所示。

（7）继续新建 4 张"内容与标题"版式幻灯片，分别在每一张标题框输入"石膏""知母""芦根""天花粉"，在文本框中输入相应的中药介绍。在右边插入相应的图片，如图 4-69 所示。

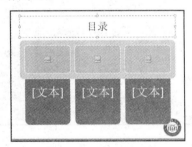

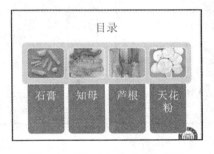

图 4-67　插入 SmartArt 图形　　　　　图 4-68　输入文字并插入图片

（8）回到目录页（第 2 张幻灯片），选中"石膏"文字，右击，在弹出的快捷菜单中选择"超链接"命令，如图 4-70 所示，在弹出的"编辑超链接"对话框中设置链接到"本文档中的位置""3.石膏"，如图 4-71 所示，单击"确定"按钮，这样就添加了一个超链接，在放映幻灯片的时候单击这个超链接，可以切换到第 4 张石膏的说明页。用同样的方法给知母、芦根、天花粉添加相应的超链接，分别链接到第 4 张、第 5 张和第 6 张幻灯片。

（9）然后选中第 3 张幻灯片，单击"插入"→"形状"→"矩形"中的圆角矩形，在页面下面绘制一个圆角矩形，输入"返回目录"，选中"返回目录"文字，右击，在弹出的快捷菜单中选择"超链接"命令，在弹出的对话框中选择 "本文档中的位置""2.目录"，单击"确定"按钮。

（10）将第 3 张中的"返回目录"链接复制到第 4 张、第 5 张、第 6 张里面。

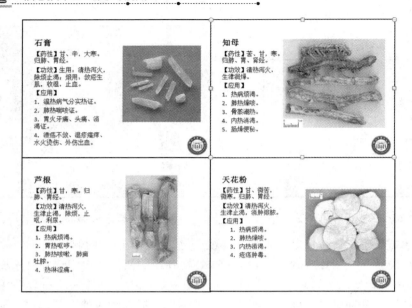

图 4-69　4 张"内容与标题"版式幻灯片

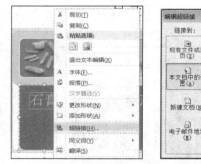 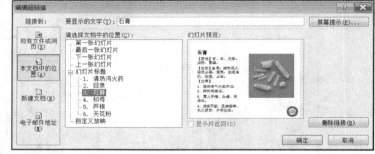

图 4-70　选择"超链接"　　　　图 4-71　"编辑超链接"对话框

（11）在"设计"选项卡中选择"暗香扑面"主题，给幻灯片加上背景。

（12）选中第 1 张幻灯片，单击"插入"选项卡"媒体"组中的"音频"按钮，在展开的下拉列表中选择"文件中的音频"选项，在弹出的"插入音频"对话框中选择"高山流水.wma"，单击"插入"按钮，就可以将音频文件插入这张幻灯片中。如果要在放映该幻灯片时从头至尾地播放该音乐，还需进一步设置。

4.6.2　知识点详解

1. 幻灯片的母版

在制作演示文稿时，通常各幻灯片应该形成一个统一和谐的外观，但如果完全通过在每张幻灯片中手动设置字体、字号、页眉页脚等共有的对象来达到统一风格，会产生大量重复性的工作，增加制作时间，这时我们可以用幻灯片母版来进行控制。母版是指存储幻灯片中各种元素信息的设计模板，凡是在母版中的对象都将自动套用母版设定的格式。

　　PowerPoint 中提供了单独的母版视图，以便与普通编辑状态进行区别。

　　（1）单击"视图"选项卡"母版视图"组中的"幻灯片母版"按钮。

　　（2）在母版视图中，窗口左侧是所有母版的缩略图。

　　（3）PowerPoint 2010 中的幻灯片母版有两种：主母版和版式母版。

　　① 主母版：主母版能影响所有版式母版，如要统一内容、图片、背景和格式，可直接在主母版中设置，其他版式母版会自动与之一致。

　　② 版式母版：默认情况下，PowerPoint 为用户提供了 11 种幻灯片版式，如标题版式、标题和内容版式等，这些版式都对应于一个版式母版，可修改某一版式母版，使应用了该版式的幻灯片具有不同的特性，在兼顾"共性"的情况下有"个性"的表现。

　　如图 4-72 所示，在母版视图窗口左侧的第 1 张缩略图就是演示文稿的主母版，其下稍小的缩略图就是版式母版。选择主母版，在右侧编辑区可以看到，允许设置的对象包括标题区、正文区、对象区、日期区、页脚区、页码区和背景区，要修改某部分区域直接选中进行相应的格式设置即可。

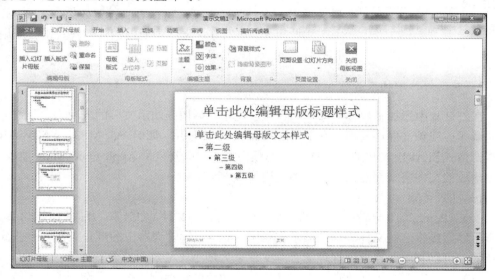

图 4-72　幻灯片母版视图

　　在母版中可以设置和添加每张幻灯片中具有共性的内容，以下以字体设置、插入图片和页眉页脚为例进行介绍。

　　（1）更改标题字体。单击母版视图中的主母版缩略图，选中标题占位符，切换到"开始"选项卡，将标题文字设置为"幼圆""粗体"。此时所有版式母版中的标题文字都设置为"幼圆""粗体"格式。

　　（2）插入图片。单击母版视图中的主母版缩略图，单击"插入"选项卡"图像"组中的"图片"按钮，在弹出的"插入图片"对话框中选择相应图片，再单击"确定"按钮。将插入主母版的图片调整至合适大小及位置，则该图片将出现在所有内容幻灯片中。这种方式非常适合在幻灯片中设置 LOGO。

（3）在页面页脚中插入日期时间和幻灯片编号。

① 单击母版视图中的主母版缩略图，单击"插入"选项卡"文本"组中的"页眉和页脚"按钮，在弹出的"页眉和页脚"对话框中设置需要的内容。

② 勾选"日期和时间"复选框，设置日期为"自动更新"方式，在"自动更新"下拉列表中选择要显示的日期和时间的样式，再勾选"幻灯片编号"复选框。设置完成后，单击"全部应用"按钮，将格式应用到所有版式母版中。这时所有幻灯片的相同位置都会出现日期时间和相应幻灯片编号的。

图 4-73　母版视图中的"插入
占位符"按钮

（4）在母版视图中，选中相应版式缩略图，通过移动占位符的方式可修改版式中占位符的位置。单击"幻灯片母版"选项卡"母版版式"组中的"插入占位符"按钮还可在选定版式中加入新的占位符，如图 4-73 所示。

（5）完成母版的设置后，可以单击"幻灯片母版"选项卡"关闭"组中的"关闭母版视图"按钮，或选择"视图"选项卡"演示文稿视图"组中的"普通视图"按钮即可退出母版编辑，回到普通视图，可以看到设置效果。

由此可知，在幻灯片母版中所做的任何设置都会应用到相应版式的所有幻灯片中。

2．在幻灯片中插入音频和视频

在幻灯片中添加多媒体对象，如音频、视频，会增强演示文稿的表现力。目前，常见的音频或视频文件格式都能在 PowerPoint 2010 中使用，如 WAV、MP3、WMA、MIDI等声音格式和 AVI、MPEG、RMVB 等视频格式（如果安装了 Apple QuickTime 播放器，其可播放的文件格式都能在幻灯片中使用）及 Flash 文件。

1）插入音频

PowerPoint 2010 自带的剪辑管理器中有一些音频文件，如鼓掌、开关门、电话铃等，用户可以直接将这些文件添加到演示文稿中。不过剪辑管理器中的声音大多为一些简单的音效，可以利用计算机中保存的音频文件来为演示文稿加入背景音乐。

（1）选择需要开始播放音乐的幻灯片，在功能区切换到"插入"选项卡，单击"媒体"组中的"音频"按钮 🔊，或在"音频"按钮的下拉列表中选择"文件中的音频"选项，如图 4-74 所示。在弹出的"插入音频"对话框的"查找范围"下拉列表中选择需要插入的声音文件名，然后单击"确定"按钮。

图 4-74　音频插入按钮及下拉列表

（2）幻灯片中插入的声音文件以一个扬声器图标
显示，同时出现一个播放工具栏，如图 4-75 所示。通
过播放工具栏可以播放插入的音频文件内容，并调整
音量。

图 4-75 音频文件图标及播放工具栏

（3）功能区自动切换到"音频工具"选项卡，其中有"格式"和"播放"两个选项
卡，选择"播放"选项卡，如图 4-76 所示。在"编辑"组中单击"剪裁音频"按钮，
可以在弹出的"剪裁音频"对话框中设置音频文件播放的开始时间和结束时间，截取其
中的一段作为背景音乐，如图 4-77 所示。

图 4-76 音频工具选项卡

（4）在"编辑"组中设置"淡入"/"淡出"，调整音乐的淡入和淡出持续时间。

（5）如果不希望在播放幻灯片时看到扬声器图标，则在"音频选项"组中，勾选"放
映时隐藏"复选框即可。

（6）选择"音频选项"组"开始"下拉列表中的选项控制音频播放方式：

①"自动"方式，是在放映该幻灯片时自动开始播放音频剪辑。

②"单击时"方式，是在放映该幻灯片时单击音频文件图标来手动播放。

③"跨幻灯片播放"方式，是在放映该幻灯片时切换到下一张幻灯片时仍旧继续播
放该音频剪辑。

如果想让演示文稿的背景音乐贯穿始终，可以勾选"循环播放，直到停止"及"播
完返回开头"复选框，如图 4-78 所示，以保证音频文件连续播放直至停止播放幻灯片。

图 4-77 "剪裁音频"对话框　　图 4-78 音频播放选项设置

2）插入视频

在幻灯片中插入及控制视频的方式与声音元素相似，主要是通过插入视频文件或使
用剪辑管理器中的"视频效果"两种方式。插入视频的方法如下。

（1）单击"插入"选项卡"媒体"组中的"视频"按钮，在弹出的"插入视频文
件"对话框的"查找范围"下拉列表中选择需要插入的视频文件名，然后单击"确定"
按钮。PowerPoint 2010 支持多种视频文件，可以在"文件类型"下拉列表中查看。

（2）视频以图片的形式被插入当前幻灯片中，并出现"视频工具"选项卡，该选项

卡与"音频工具"选项卡非常类似，这里不再赘述。

（3）如果要设置视频播放方式，可以选择"播放"选项卡，设置项目与音频设置基本相同，如图 4-79 所示。

图 4-79   视频对象的"播放"选项卡

（4）因为视频是以图片的形式显示的，为了达到较好的视觉效果，可以在"视频工具-格式"选项卡中进行格式设置。其中"调整"组中的"标牌框架"按钮可以将另外的图片文件作为显示的内容，使播放内容更直观。

① 在"视频工具-格式"选项卡中，单击"调整"组中的"标牌框架"下拉按钮，在展开的下拉列表中选择"文件中的图像"选项。

② 在弹出的"插入图片"对话框中选择需要的图片文件，单击"插入"按钮，可以看到原来视频文件图片被所选图片替换，再对图片进行格式设置，即可用选中图片代替视频位置显示在幻灯片中。

3. 添加超链接

通过上面的设置，我们让幻灯片的展示过程变得更生动，但这种展示总是按从前至后的顺序进行，而实际中可能会需要根据讲解流程要求，在不同幻灯片间切换、跳转查看。这时就需要为幻灯片添加链接，通过单击链接直接控制放映到指定的目标内容。PowerPoint 2010 中的链接主要有两种设置方式，一种是超链接设置，另一种是动作设置。

1）超链接设置

PowerPoint 中设置超链接与之前 Word 中介绍的超链接设置方式基本相同，基本步骤如下。

（1）选中需设置超链接的对象。

（2）单击"插入"选项卡"链接"组中的"超链接"按钮。

（3）在弹出的"插入超链接"对话框中选择要链接的内容即可，如图 4-80 所示。

图 4-80   "插入超链接"对话框

提供的链接内容如下。

① "现有文件或网页"：可链接到本机上的某个文件或浏览过的网页。

② "本文档中的位置"：可链接到本演示文稿中的某个指定幻灯片。

③ "新建文档"：创建并链接到一个新的文件，创建时需写出完整文件名并指定路径。

④ "电子邮件地址"：可链接到指定的电子邮件地址。

2）动作设置

PowerPoint 2010 提供的"动作"设置是针对鼠标的单击或移动操作来实现超链接的一种方式，有两种方法可以实现：一种是插入"动作按钮"，另一种是选中对象后设置"动作"。具体介绍如下。

（1）插入"动作按钮"。

① 单击"插入"选项卡"插图"组中的"形状"下拉按钮，在展开的下拉列表最下方出现了"动作按钮"选项，如图 4-81 所示。

② 选中一个按钮，拖曳鼠标，在幻灯片上画出按钮（这时鼠标指针为十字形），放开鼠标时，自动弹出"动作设置"对话框，如图 4-82 所示。

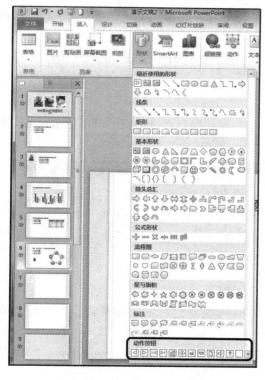

图 4-81 "动作按钮"选项

图 4-82 "动作设置"对话框

③ "动作设置"对话框中有两个选项卡："单击鼠标"选项卡中的设置是放映幻灯片时，当鼠标单击插入的按钮时会执行的动作；"鼠标移过"选项卡中的设置是放映幻灯片时，当鼠标指针从按钮上滑过时会执行的动作。

下面介绍其中的几个选项。

- 无动作：单击按钮时不执行任何动作。
- 超链接到：选择下拉列表中的选项，其中的各项设置可链接到本演示文稿的其他幻灯片上，或其他文件，或网页等，其默认选项随按钮的不同而变化。
- 运行程序：链接到本机的某一可执行程序。
- 运行宏：仅在本演示文稿中设置有"宏"时才能使用。
- 对象动作：仅在选中的是"插入对象"，如 Word、Excel 等外界文件时才能使用。
- 播放声音：单击按钮时发出相应声音。

（2）设置"动作"。选定幻灯片中的某一对象，单击"插入"选项卡"链接"组中的"动作"按钮，弹出如图 4-82 的"动作设置"对话框，其设置与前述步骤③完全一致，仅仅是链接载体由按钮变为了图片、文字等对象。

4.7　演示文稿的放映及输出

演示文稿制作完成后，需要将内容完整、顺利地呈现在观众面前，即幻灯片的放映。要想准确地达到预想的放映效果，就需要确定放映的类型、进行放映的各项控制，以及运用其他的一些辅助放映手段等。

4.7.1　幻灯片放映

1．幻灯片放映的常规操作

幻灯片的放映大致有 4 种情况，即"幻灯片放映"选项卡下的"开始放映幻灯片"组中的 4 个按钮，如图 4-83 所示。

图 4-83　"动作设置"对话框

（1）从头开始：从第 1 张幻灯片开始放映，也可以按 F5 键实现。

（2）从当前幻灯片开始：从当前幻灯片放映到最后的幻灯片，也可以按组合键 Shift+F5 实现。

（3）广播幻灯片：通过 PowerPoint 的"广播幻灯片"功能，PowerPoint 2010 用户能够与任何人并在任何位置轻松共享演示文稿。只需发送一个链接并单击一下，所邀请的每个人就能够在其 Web 浏览器中观看同步的幻灯片放映，即使他们没有安装 PowerPoint 2010 也不受影响。

（4）自定义幻灯片放映：在相应对话框中可以在当前演示文稿中选取部分幻灯片，并调整顺序，命名自定义放映的方案，以便对不同观众选择适合的放映内容。

这里我们用员工培训演示文稿开始播放，单击"从头开始"按钮，此时幻灯片以全屏方式显示第 1 张幻灯片的内容，单击将切换到下一张幻灯片放映。因幻灯片中设置了链接，则单击链接可切换到指定目标放映，单击其中的动作按钮，同样可达到操作幻灯片切换的目的。

2. 辅助放映手段

（1）定位幻灯片：在放映幻灯片时，幻灯片左下方有 4 个按钮，单击其中第 3 个按钮，在弹出的快捷菜单中选择"下一张"或"上一张"命令，可在前后幻灯片间进行切换，而如果选择"定位至幻灯片"命令，在其子菜单中选择相应项目，可直接跳转到对应的幻灯片进行放映，如图 4-84 所示。

（2）放映时添加注解：如果讲解时，需要通过圈点或画横线来突出一些重要信息，单击第 2 个按钮，在弹出的快捷菜单中选择"笔"命令；或在幻灯片上右击，在弹出的快捷菜单中选择"指针选项"命令。在弹出的菜单中选择不同的笔触类型，还可以在"墨迹颜色"展开的列表中选择笔迹的颜色，如图 4-85 所示。或按下组合键 Ctrl+P 直接使用默认的笔型进行勾画，按组合键 Ctrl+U 将"笔"切换回鼠标状态。

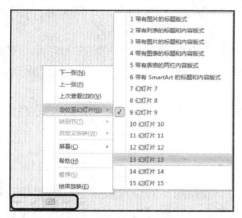
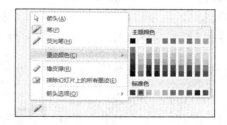

图 4-84 "定位幻灯片"选项   图 4-85 幻灯片放映时设置"笔"

（3）清除笔迹：当需要擦除某条绘制的笔迹时，可以单击第 2 个按钮，或者右击，在弹出的快捷菜单中选择"指针选项"→"橡皮擦"命令，此时鼠标指针变为橡皮擦形状，在幻灯片中单击某条绘制的笔迹即可擦除。或直接按键盘上的 E 键即可擦除所有笔迹。

（4）显示激光笔：当放映演示文稿时，同时按 Ctrl 键和鼠标左键，会在幻灯片上显示激光笔，移动激光笔并不会在幻灯片上留下笔迹，只是模拟激光笔投射的光点，以便引起观众注意。

（5）结束放映：当选择快捷菜单中的"结束放映"命令（或按 Esc 键）时，将立即退出放映状态，回到编辑窗口。如果放映时在幻灯片上留有笔迹，则会弹出对话框询问是否保留墨迹，如图 4-86 所示。单击"保留"按钮，则所有笔迹将以图片的方式添加在幻灯片中；单击"放弃"按钮，则将清除所有笔迹。

3. 排练计时

如果希望演示文稿能按照事先计划好的时间进行自动放映，则需要先通过排练计时，在真实放映演示文稿的过程中，记录每张幻灯片放映的时间。

（1）单击"幻灯片放映"选项卡"设置"组中的"排练计时"按钮 ，幻灯片进入全屏放映状态，并显示"录制"工具栏，如图 4-87 所示。

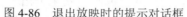

图 4-86　退出放映时的提示对话框　　　　图 4-87　"录制"工具栏

（2）可以看到工具栏中当前放映时间和全部放映时间都开始计时，表示排练开始，这时演示者应根据模拟真实演示进行相关操作，计算需要花费的时间，单击幻灯片，或者单击"录制"工具栏中的 按钮切换到下一张幻灯片。

（3）切换到下一张幻灯片后，可看到第一项当前幻灯片播放的时间重新开始计时，而第二项演示文稿总的放映时间将继续计时。

（4）同样，再进行余下幻灯片的模拟放映。当对演示文稿中的所有幻灯片都进行了排练计时后，会弹出一个提示对话框，显示排练计时的总时间，并询问是否保留幻灯片的排练时间，如图 4-88 所示。

（5）如果单击"是"按钮，幻灯片将自动切换到"幻灯片浏览"视图下，在每张幻灯片的左下角可看到幻灯片播放时需要的时间。

4. 设置幻灯片放映

"幻灯片放映"选项卡的"设置"组提供了多种控制幻灯片放映方式的按钮，单击"设置幻灯片放映"按钮，弹出"设置放映方式"对话框，可根据放映的场合设置各种放映方式，如图 4-89 所示。以下详细介绍各选项的功能。

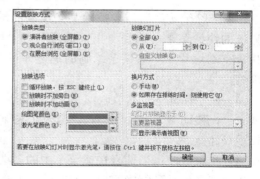

图 4-88　排练计时结束时提示对话框　　　　图 4-89　"设置放映方式"对话框

1）"放映类型"组

（1）"演讲者放映（全屏幕）"选项：全屏演示幻灯片，是最常用的放映方式，演讲者对演示过程可以完全控制。

（2）"观众自行浏览（窗口）"选项：让观众在带有导航菜单的标准窗口中，通过方向键和菜单自行浏览演示文稿内容，该方式又称为交互式放映方式。

（3）"在展台浏览（全屏幕）"选项：一般会通过事先设置的排练计时来自动循环播放演示文稿，观众无法通过单击鼠标来控制动画和幻灯片的切换，只能利用事先设置好的链接来控制放映，该方式也称为自动放映方式。

2）"放映选项"组

（1）"循环放映，按 Esc 键终止"选项：放映时演示文稿不断重复播放，直到用户按 Esc 键终止放映。

（2）"放映时不加旁白"选项：放映演示文稿时，不播放录制的旁白。

（3）"放映时不加动画"选项：放映演示文稿时，不播放幻灯片中各对象设置的动画效果，但是播放幻灯片切换效果。

（4）"绘图笔颜色"和"激光笔颜色"选项：设置各笔型默认的颜色。

3）"放映幻灯片"组

（1）"全部"选项：演示文稿中所有幻灯片都进行放映。

（2）"从……到"选项：在后面的数值框中可以设置参与放映的幻灯片范围。

（3）"自定义放映"选项：只有在创建了自定义放映方案时才会被激活，用于选择不同的自定义放映方案。

4）"换片方式"组

（1）"手动"选项：忽略设置的排练计时和幻灯片切换时间，只用手动方式切换幻灯片。

（2）"如果存在排练时间，则使用它"选项：只有设置了排练计时和幻灯片切换时间，该选项才有效。当选择了"放映类型"组中的"在展台浏览（全屏幕）"选项时，一般配合选择此选项。

5）"多监视器"组

"多监视器"组可以实现在多监视器环境下，对观众显示演示文稿放映界面，而演示者通过另一显示屏观看幻灯片备注或演讲稿。"幻灯片放映显示于"列表只在连接了外部显示设备时才被激活，此时可以选择外接监视器作为放映显示屏，并勾选"显示演示者视图"复选框，方便演示者查看不同界面。

4.7.2 演示文稿的输出

1. 打印幻灯片

屏幕放映是演示文稿最主要的输出形式，但在某些情况下，还需要将幻灯片中的内容以纸张的形式呈现出来。

（1）打开演示文稿，选择"文件"选项卡中的"打印"命令，窗口右侧会出现打印的各类选项及打印预览栏，如图 4-90 所示。

（2）在打印演示文稿前，先要保证正确安装了打印机，在"打印机"下拉列表中选

342 信息技术基础及应用教程

择与计算机连接的打印机。

图 4-90 "打印"界面

（3）单击"设置"栏中的第一个下拉列表，根据需要选择打印所有幻灯片或部分幻灯片，选择"自定义范围"命令时，在下方的"幻灯片"文本框中输入要打印的幻灯片的页码范围；逗号","代表分散的单独页面，横线"-"代表连续页面。例如，输入"1,5"表示打印第 1 页和第 5 页，总共 2 页；输入"1-5"表示打印第 1～5 页，总共 5 页。

（4）单击"打印机属性"命令，在弹出的对话框中可设置幻灯片打印方向。

（5）设置好了打印的基本选项后，在"份数"文本框中输入要打印的份数，如果要打印多页，还可以在"调整"下拉列表中选择各页的打印顺序。

（6）单击"幻灯片"文本框下方的"整页幻灯片"，可设置打印版式。如图 4-91 所示，打印版式有 3 种，"整页幻灯片"版式是打印完整的幻灯片，可在"讲义"组中选择每页打印 1～9 张幻灯片的不同选项；"备注页"版式只能打印幻灯片的备注内容；"大纲"版式只打印幻灯片各版式占位符中的文字内容。

2. 打包演示文稿

演示文稿中一般会使用一些特殊的字体，外部又链接着一些文件，对于这样的演示文稿如果要在其他没有安装 PowerPoint 的计算机中放映，则最好先将其打包，即将所有相关的字体、文件及专门的演示文稿播放器等收集到一起，再复制到其他计算机中放映。这样可以避免出现因丢失相关文件而无法放映演示文稿的情况。具体操作步骤如下。

（1）打开演示文稿，单击"文件"选项卡中的"保存并发送"命令，在中间一栏的"文件类型"组中选择"将演示文稿打包成 CD"命令，再单击右侧的"打包成 CD"按钮，如图 4-92 所示。

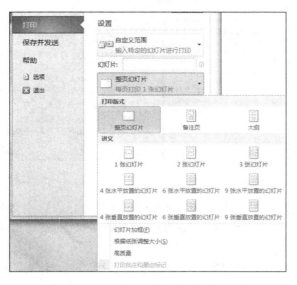

图 4-91 打印版式

图 4-92 "将演示文稿打包成 CD" 界面

（2）在弹出的"打包成 CD"对话框（图 4-93）中单击"选项"按钮，在弹出的"选项"对话框中可勾选"链接的文件"和"嵌入的 TrueType 字体"两个复选框，还可以设置打开或修改演示文稿的密码，如图 4-94 所示，设置好后单击"确定"按钮。

（3）返回"打包成 CD"对话框，单击其中的"复制到文件夹"按钮，在所弹出对话框的"文件夹名称"文本框中为打包文件夹命名，然后单击"浏览"按钮，在弹出的对话框中设置打包演示文稿的文件夹位置，然后单击"确定"按钮。

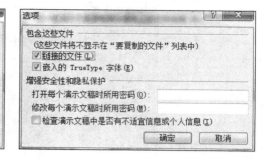

图 4-93　"打包成 CD"对话框　　　　　图 4-94　"选项"对话框

（4）此时程序会出现一个提示框，询问打包时是否包含链接文件（即演示文稿中插入的音频和视频文件），单击"是"按钮，程序将开始自动复制相关的文件到上一步的文件夹，并显示进度。

（5）复制过程完成后，程序默认打开打包文件所在的文件夹，可以看到其中包含了演示文稿、链接的文件及播放器等内容。PowerPoint 返回"打包成 CD"对话框中，单击"关闭"按钮。

（6）要在其他计算机中放映该演示文稿时，只需将整个打包文件夹复制过去，并双击其中的".pptx"文件放映即可。

思考与练习

一、思考题

1．模板和母版有什么区别？

2．PowerPoint 中的主题是什么？

3．网络上可以找到很多 PowerPoint 文档的动画模板，如何可以快速地在我们的文稿中使用这些动画设置？

4．一个插入有音频的演示文稿，设置了自动换片方式和自动播放的动画，在某一页却停住，不继续向下自动播放了，原因可能是什么？

5．PowerPoint 2010 比起 PowerPoint 2003 少了很多动画效果，那么 PowerPoint 2010 中制作的演示文稿能使用 PowerPoint 2003 中的动画效果吗？如果能，该用什么方式实现呢？

6．超链接在幻灯片中有多种用途，可以制作出很多令人惊艳的效果，试举例说明几种超链接做出的特殊效果。

7．PowerPoint 动画效果中的"触发器"有什么作用？

8．SmartArt 是什么？使用它有什么好处？

二、练习题

1．制作学校情况介绍演示文稿。

收集与学校相关的图、文，以向别人介绍自己的学校为目的制作演示文稿。内容要简练直观，整体风格要大方得体。具体要求如下。

（1）新建一个演示文稿，以"本人姓名.pptx"命名并保存。

（2）演示文稿中至少包括 5 张幻灯片，内容以介绍自己学校的面貌为主。

（3）幻灯片内容以文字与图片、图形相配合，利用背景与配色方案的设计美化文稿。

（4）利用母版处理幻灯片中的共同元素。

（5）在演示文稿中应用幻灯片之间的切换、链接功能，达到更好的放映效果。

2．制作一次班会活动宣传短片。

将一次班会活动的各种资料汇集，制作宣传短片，让更多的人了解本次活动的内容，具体要求如下。

（1）将班会活动时的照片、录音、视频等多种元素应用到短片中，以达到更好的宣传效果。

（2）为演示文稿中的多种对象设计动画效果，使短片效果更生动活泼。

（3）排练每张幻灯片的自动播放计时，使演示文稿可以自行循环放映。

（4）用多种方式输出演示文稿，让更多的同学和老师了解本次活动。

3．为了更好地展示毕业论文的内容。需要将毕业论文 Word 文档中的内容制作为可以向答辩老师进行展示的 PowerPoint 演示文稿。

现在，请你根据 Word 章节中毕业论文中的内容，按照如下要求完成演示文稿的制作。

（1）创建一个新演示文稿，内容需要包含毕业论文文件中所有讲解的要点，包括如下内容。

① 演示文稿中的内容编排，需要严格遵循 Word 文档中的内容顺序，并仅需要包含 Word 文档中应用了"标题 1""标题 2""标题 3"样式的文字内容。

② Word 文档中应用了"标题 1"样式的文字，需要成为演示文稿中每张幻灯片的标题文字。

③ Word 文档中应用了"标题 2"样式的文字，需要成为演示文稿中每张幻灯片的第一级文本内容。

④ Word 文档中应用了"标题 3"样式的文字，需要成为演示文稿中每张幻灯片的第二级文本内容。

（2）将演示文稿中的第一张幻灯片，调整为"标题幻灯片"版式。

（3）为演示文稿应用一个美观的主题样式。

（4）在第 2 张幻灯片中，插入个人简历表格，简要介绍自己的姓名、专业、指导老师等信息。

（5）将论文中的基本结构利用 SmartArt 图形展现。

（6）在该演示文稿中创建一个演示方案，该演示方案包含第 1、2、4、7 张幻灯片，并将该演示方案命名为"放映方案 1"。

（7）在该演示文稿中创建一个演示方案，该演示方案包含第 1、2、3、5、6 张幻灯片，并将该演示方案命名为"放映方案 2"。

（8）保存制作完成的演示文稿，并将其命名为"毕业论文.pptx"。

4．小李是创新药业有限公司的人事专员，十一过后，公司招聘了一批新员工，需要对他们进行入职培训。请制作一份"新员工入职培训.pptx"，要求如下。

（1）将第 2 张幻灯片版式设为"标题和竖排文字"，将第 4 张幻灯片的版式设为"比较"；为整个演示文稿指定一个恰当的设计主题。

（2）通过幻灯片母版为每张幻灯片增加利用艺术字制作的水印效果，水印文字中应包含"创新药业"字样，并旋转一定的角度。

（3）根据第 5 张幻灯片右侧的文字内容创建一个组织结构图，其中总经理助理为助理级别，并为该组织结构图添加任一动画效果。

（4）为第 6 张幻灯片左侧的文字"员工守则"加入超链接，链接到 Word 素材文件"员工守则.docx"，并为该张幻灯片添加适当的动画效果。

5．为演示文稿设置不少于 3 种的幻灯片切换方式。根据提供的"PM2.5 简介.docx"文件，制作名为"PM2.5"的演示文稿，具体要求如下。

（1）幻灯片不少于 6 张，选择恰当的版式并且版式要有一定的变化，6 张幻灯片中至少要有 3 种版式。

（2）有演示主题、有标题页，在第 1 张上要有艺术字形式的"爱护环境"字样。选择一个主题应用于所有幻灯片。

（3）在第 2 张幻灯片中使用 SmartArt 图形。

（4）要有两个以上的超链接进行幻灯片之间的跳转。

（5）采用在展台浏览的方式放映演示文稿，动画效果要贴切、丰富，幻灯片切换效果要恰当。

（6）在演示的时候要全程配有背景音乐并实现自动播放。

参 考 文 献

陈达，蒋厚亮，2015．信息技术应用基础教程[M]．北京：中国医药科技出版社．

蒋厚亮，曾洁玲，2017．信息技术基础及应用教程[M]．2 版．北京：人民邮电出版社．

金钟哲，权熙哲，2012．表达的艺术 PPT 动画设计[M]．北京：人民邮电出版社．

林涛，2014．计算机应用基础案例教程（Windows 7+Office 2010）[M]．北京：人民邮电出版社．

未来教育，2015．全国计算机等级考试模拟考场二级 MS Office 高级应用[M]．成都：电子科技大学出版社．

吴长海，陈达，2009．计算机基础教程[M]．北京：科学出版社．

吴宛萍，许小静，张青，2016．Office 2010 高级应用[M]．西安：西安交通大学出版社．

徐兵，曾卫华，刘明保，2016．Word 2010 案例教程[M]．北京：电子工业出版社．

张青，杨族桥，何中林，2014．大学计算机基础实训教程（Windows 7+Office 2010）[M]．西安：西安交通大学出版社．

张赵管，李应勇，刘经天，2013．计算机应用基础 Windows 7+Office 2010[M]．天津：南开大学出版社．

Excel Home，2011．Excel 2010 应用大全[M]．北京：人民邮电出版社．